Suchmaschinenoptimierung mit Google Webmaster Tools

Stephan Czysch

O'REILLY®
Beijing · Cambridge · Farnham · Köln · Sebastopol · Tokyo

Kommentare und Fragen können Sie gerne an uns richten:

O'Reilly Verlag
Balthasarstr. 81
50670 Köln
E-Mail: kommentar@oreilly.de

1. Auflage 2014

Bibliografische Information Der Deutschen Nationalbibliothek
Die Deutsche Nationalbibliothek verzeichnet diese Publikation in der Deutschen Nationalbibliografie; detaillierte bibliografische Daten sind im Internet über http://dnb.d-nb.de abrufbar.

Lektorat: Susanne Gerbert, Köln
Korrektorat: Sibylle Feldmann, Düsseldorf
Umschlaggestaltung: Michael Oreal, Köln
Produktion: Karin Driesen, Köln
Satz: III-satz, www.drei-satz.de
Belichtung, Druck und buchbinderische Verarbeitung:
Druckerei Himmer AG, Augsburg

ISBN 978-3-95561-728-8

Dieses Buch ist auf 100% chlorfrei gebleichtem Papier gedruckt.

Inhalt

1 Einführung

Wenn man Menschen im deutschsprachigen Raum danach fragt, auf welchem Weg sie im Internet Informationen finden, lautet die Antwort in der Regel: Über Google.

Google hat es aufgrund der Websuche und zahlreicher anderer Produkte geschafft, dass es aus dem Alltag vieler Menschen nicht mehr wegzudenken ist. Tagtäglich vertrauen Millionen von Nutzern auf der ganzen Welt Google bei der Suche nach Informationen. Denn viele Nutzer haben gelernt, dass über die Google-Suche zur Suchanfrage passende Dokumente in Windeseile gefunden werden.

Dass Menschen über Suchmaschinen aktiv nach Informationen recherchieren und ihr aktuelles Bedürfnis in Suchanfragen auszudrücken versuchen, macht Suchmaschinen zu einem exzellenten Werbekanal. Über zwei Wege kann man als Website-Betreiber an den Benutzerströmen auf der Google-Website partizipieren: einmal über bezahlte Anzeigen, buchbar über Google AdWords, und natürlich über die »klassische« organische Google-Suche. Diese verspricht, die objektiv relevantesten Suchergebnisse zu einer Nutzeranfrage zu präsentieren.

Viele Webmaster versuchen, die eigenen Inhalte über Suchmaschinenoptimierungsmaßnahmen möglichst weit vorne in den Ergebnissen zu positionieren. Denn anders als bei den Anzeigen muss im sogenannten organischen Bereich der Websuche für den Klick eines Besuchers nichts an Google bezahlt werden. Außerdem können die Nutzer hier genauso zielgenau angesprochen werden, wie über bezahlte Anzeigen.

Suchmaschinenmarketing (SEO und SEA)

SEO, abgeleitet von *Search Engine Optimization*, und SEA, die Abkürzung für *Search Engine Advertising*, sind die beiden Kanäle, die unter dem Oberbegriff Suchmaschinenmarketing, oder auch SEM für *Search Engine Marketing*, zusammengefasst werden. Im Bereich SEO spielen die *Google Webmaster Tools* eine bedeutende Rolle. Denn über die Toolsammlung von Google erhalten Sie ausgezeichnete Hinweise und Performancestatistiken zu Ihrer Website. Diese müssen Sie allerdings richtig verstehen, um anschließend Maßnahmen zu ergreifen, die dazu führen, dass Ihre Website besser über die unbezahlte Google-Suche gefunden wird.

Wie genau Google und andere Suchmaschinen die Ergebnisse berechnen, ist in den letzten Einzelheiten nicht bekannt. Und Google tut auch gut daran, möglichst wenige Informationen zur Ranking-Berechnung preiszugeben. Denn sonst würden zum einen Wettbewerber im Suchmaschinenmarkt diese Informationen nutzen und zum anderen Webmaster versuchen, die eigenen Inhalte rein nach den Algorithmen der Suchmaschinen auszurichten.

Grundsätzlich werten Suchmaschinen zwei Arten von Signalen aus: solche, die durch die Analyse eines Dokuments generiert werden können, und solche, die von anderen Dokumenten auf ein Dokument einwirken. Während die aus einem Dokument gewonnenen Signale als »Onpage«-Faktoren bezeichnet werden, werden externe Signale als »Offpage«-Faktoren beschrieben. Doch was kann man sich unter diesen Begriffen vorstellen?

Bei der Auswertung von *Onpage-Signalen* versuchen Suchmaschinen, herauszufinden, worum es auf einer Webadresse geht: Was ist das Thema des Dokuments? Welche Informationen können aus dem Seitentitel extrahiert werden? Mit welchen Wörtern wird der Inhalt beschrieben? Und vieles mehr.

Unter *Offpage-Signalen* sind vor allem Links, also Referenzierungen, zu verstehen. Die Überlegung dahinter: Relevante Dokumente lassen sich von (aktuell noch) weniger relevanten Dokumenten auf Basis der Quantität und Qualität an eingehenden Verweisen unterscheiden. Vereinfacht gesagt: Es wird einen Grund geben, weshalb sich viele Dokumente auf einige wenige Dokumente innerhalb eines Themengebiets beziehen.

Entgegen der weitverbreiteten Meinung haben Suchmaschinen nichts dagegen, wenn sich Webmaster die Mühe machen, die eigenen Inhalte möglichst optimal aufzubereiten. Problematisch sind in den Augen von Suchmaschinen nur die Tätigkeiten, die eher dem Bereich der Manipulation als der klassischen Optimierung zuzurechnen sind. Zu diesen Tätigkeiten zählen Suchmaschinen vor allem den aktiven Aufbau von Links mit dem Ziel, die Relevanz der eigenen Inhalte künstlich zu erhöhen.

Tools von Google und anderen Anbietern

Rund um die Google-Suche haben sich in den letzten Jahren einige Tools entwickelt, die den eigenen Optimierungserfolg und den von Wettbewerbern darzustellen versuchen. Welche Website wird für einen Suchbegriff auf welcher Position gefunden? Zu welchen Suchanfragen taucht eine Website in den Top Ten der Suchergebnisse auf? Welche Dokumente beziehen sich auf eigene oder fremde Inhalte? Und welche Tipps lassen sich aus Erfahrungswerten ableiten, um ein Webdokument besser für eine Suchanfrage zu platzieren?

Kommerzielle SEO-Toolanbieter wie Searchmetrics, SEOlytics, Sistrix oder XOVI bilden Antworten auf solche Fragen in den tooleigenen Daten ab. Diese für professionelle Suchmaschinenoptimierer sehr hilfreichen Daten haben natürlich ihren Preis. Doch während diese Tools nur eine Betrachtung von außen auf vor allem die Rankings in der Google-Suche zulassen, bieten die kostenlosen *Google Webmaster Tools* einen Blick ins Innere.

Über die Google Webmaster Tools erhalten Sie Daten direkt vom Suchmaschinenbetreiber, die zudem speziell auf Ihre Website ausgerichtet sind. Die Herausforderung ist, die Daten richtig einzuordnen und aus diesen die richtigen Schlüsse abzuleiten. Ich bin mir sicher, dass Sie nach der Lektüre dieses Buchs wesentlich besser verstehen werden, wie Sie die Google Webmaster Tools für Ihren SEO-Erfolg einsetzen sollten.

In die Riege der kostenlosen und zudem sehr hilfreichen Programme, die Sie bei der Suchmaschinenoptimierung unterstützen können, zählen auch die *Bing Webmaster Tools*. Zwar ist der Marktanteil der Suchmaschine von Microsoft in Deutschland überschaubar – gemeinhin wird von einem Marktanteil von 4 bis 5% ausgegangen, während Google rund 90% des Suchmaschinenmarkts für sich beanspruchen kann –, doch im grundsätzlichen Vorgehen unterscheiden sich Bing und Google nicht voneinander.

Beide Suchmaschinenanbieter erfassen über Computerprogramme, sogenannte Crawler, Spider oder Robots, Webdokumente und versuchen, über Algorithmen herauszufinden, was deren Inhalt ist. Wenn ein Nutzer über eine Suchanfrage ein Anliegen beschreibt, analysieren Suchmaschinen in Sekundenbruchteilen, welche der bekannten Dokumente als Ergebnis dieser Anfrage infrage kommen und in welcher Reihenfolge die Dokumente am besten sortiert werden sollten, um die Nutzeranfrage zu beantworten.

Wie arbeiten Suchmaschinen?

Suchmaschinenoptimierung beginnt immer mit der Erstellung von URLs, also Webadressen, unter denen Inhalte erreichbar sind. Ohne die Bereitstellung von Inhalten zu einem Thema ist es natürlich unmöglich, für das Thema über die Websuche gefunden zu werden.

Ihr Ziel sollte es sein, Suchmaschinen die Analyse Ihrer Inhalte möglichst leicht zu machen. Durch klare Signale, worum es auf einer Seite geht, helfen Sie nicht nur Suchmaschinen dabei, sich die Themen Ihres Webauftritts besser zu erschließen. Auch Nutzern machen Sie es wesentlich einfacher, die Relevanz zwischen ihrer Suchanfrage und Ihrem Informationsangebot zu ermitteln.

Suchmaschinen beziehungsweise deren Crawler haben einen großen Berg Arbeit vor sich: Täglich entstehen im Web neue URLs, deren Inhalt analysiert und bewertet werden muss. Dazu müssen Suchmaschinen auch bereits bekannte Dokumente immer wieder aufs Neue analysieren. Fragen wie »Ist der Inhalt noch verfügbar?«, »Wurde der Inhalt um neue Aspekte erweitert?« oder »Wurden zusätzliche Quellen in das Dokument eingebaut?« müssen von Suchmaschinen kontinuierlich beantwortet werden, um die relevantesten Dokumente zu einer Suchanfrage präsentieren zu können.

Dieser als *Crawling* bezeichnete Vorgang ist durchaus komplex. Suchmaschinen gehen davon aus, dass auch geringfügige Abweichungen in der Schreibweise einer URL auf einen eigenen und hoffentlich neuen Inhalt hinweisen. Und dieser muss natürlich erschlossen werden, denn eventuell verbirgt sich hinter der neuen Adresse eine viel bessere Quelle zu einem Thema als die bisher bekannten Dokumente.

Aus diesem Grund ist es für Ihren SEO-Erfolg so wichtig, dass Sie die auf Ihrer Website vorhandenen URL-Strukturen im Griff haben. Denn Sie möchten ja nicht unnötigen Ballast aufseiten der Suchmaschinen erzeugen und diesen bereits bekannte oder den bekannten sehr ähnliche Informationen unter neuen Adressen präsentieren – sogenannten *Duplicate Content*.

Eines der Ziele der Suchmaschinenoptimierung ist es, Inhalte unter nur genau einer URL zur Verfügung zu stellen. Dann und nur dann ist es für Suchmaschinen klar, welche Adresse als Primärquelle für einen Inhalt angesehen werden kann.

Warum Google Webmaster Tools immer wichtiger werden

Die kostenlos von Google zur Verfügung gestellten Webmaster-Tools haben in den letzten Jahren aus meiner Sicht eine enorme Aufwertung erfahren, denn Google hat die Tools in dieser Zeit um einige neue Funktionen erweitert. Noch entscheidender ist, dass Google im Oktober 2011 mit Blick auf den Datenschutz angekündigt hat, die von Nutzern eingegebenen Suchbegriffe seltener an Webanalysetools wie Google Analytics, Piwik oder Webtrekk zu übertragen. Seitdem ist der Anteil der Suchanfragen, die in solchen Tools als »not provided« angezeigt werden, kontinuierlich gestiegen. Laut der Website *www.notprovidedcount.com* sind im April 2014 bei rund 80% der über Google gestellten Suchanfragen die vom Nutzer eingegebenen Suchbegriffe nicht mehr sichtbar – mit weiterhin steigender Tendenz. In den Google Webmaster Tools sehen Sie die Suchanfragen dagegen weiterhin, wenn auch nicht tagesaktuell. Zudem können Sie in den Google Webmaster Tools sehen, welches Dokument Ihres Webauftritts für die Suchanfrage in der Google-Suche angezeigt wurde.

Die Webanalysetools werden damit jedoch nicht überflüssig. Denn die Datenerfassung des Suchanfragenberichts der Google Webmaster Tools endet mit dem Klick des Nutzers auf ein Suchergebnis in der Google-Suche. Alle Aktionen, die ein Nutzer danach auf der besuchten Website durchführt, werden nicht von den Google Webmaster Tools erfasst. Für solche Auswertungen ist Webanalysesoftware (wie die bereits genannten Google Analytics, Piwik und Webtrekk) einzusetzen. Natürlich gibt es noch weitere Tools mit ähnlichem Funktionsumfang.

Wofür Google Analytics und wofür Google Webmaster Tools?

Da wir gerade beim Thema sind: Sie fragen sich wahrscheinlich, worin der Unterschied zwischen Google Analytics und Google Webmaster Tools besteht. Wie soeben erwähnt: Während die Google Webmaster Tools Daten über Google-Aktivitäten auf Ihrer Website und die Performance Ihrer Website in der unbezahlten Google-Websuche bereitstellt, analysiert Google Analytics, wie andere Webanalysesoftware auch, was Besucher auf Ihrer Website machen. Über solche Software können Sie unter anderem herausfinden, wie viele Besucher Sie über verschiedene Kanäle – zum Beispiel Verweise, bezahlte Anzeigen oder soziale Netzwerke – erreicht haben und wie lange diese auf Ihrer Website unterwegs waren. Vereinfacht gesagt: Die Datenerhebung von Webanalysesoftware beginnt dort, wo die Datenerfassung der Google Webmaster Tools endet: mit dem Klick eines Nutzers auf einen Suchtreffer innerhalb der unbezahlten Websuche von Google.

Die Google Webmaster Tools sind, wie bereits beschrieben, die einzige Quelle, über die Sie SEO-spezifische Informationen von Google über Ihren Webauftritt erhalten können. Während des Crawlings Ihrer Website speichert Google eine Vielzahl an Daten über Ihre Dokumente ab und zeigt Ihnen einen Teil dieser Daten in den Webmaster-Tools an.

Google hilft Ihnen über die Google Webmaster Tools unter anderem dabei:

- nicht (mehr) vorhandene Seiten Ihres Webauftritts zu identifizieren,
- eingehende Verweise auf Inhalte Ihrer Website zu analysieren,
- Dopplungen hinsichtlich der in der Google-Suche angezeigten Informationen *Seitentitel* und *Meta Description* zu finden,
- Einblicke in das Crawling-Verhalten zu bekommen,
- Ihre Website unter technischen Gesichtspunkten zu optimieren, um Google das Crawling zu erleichtern, sowie
- die aktuelle Performance Ihrer Website in der Google-Suche zu analysieren.

Tägliche Arbeit mit den Google Webmaster Tools

Das Web ist immer in Bewegung, und speziell dann, wenn Sie viele Inhalte anbieten und diese bereits gut über die Google-Suche zu finden sind, passiert auch ungemein viel auf Ihrer Website.

Für Sie als Webmaster ist es deshalb wichtig, zu wissen, welche Probleme Google aktuell beim Crawling festgestellt hat. Werfen Sie aus diesem Grund einen Blick auf die Entwicklung der Crawling-Fehler, auf den Indexierungsstatus Ihrer Dokumente sowie auf die aktuelle Performance, die über den Suchanfragenbericht eingesehen werden kann.

Da Sie nur die Daten von für Sie freigegebenen Domains einsehen können, sprechen wir bereits über die große Schwachstelle der Webmaster-Tools: das Fehlen eines Wettbewerbsvergleichs. Denn im Netz sind Ihre Inhalte nicht allein unterwegs und bieten sich nicht als einzige Quelle für Suchanfragen an. Vielmehr konkurrieren Ihre Dokumente mit unzähligen anderen um die Aufmerksamkeit der Nutzer.

Wenn Sie Wettbewerber unter SEO-Gesichtspunkten analysieren möchten, kommen Sie an kostenpflichtigen SEO-Tools nicht vorbei. Denn diese liefern für jede über die Google-Suche zu findende Domain einen Blick »von außen« – also sowohl für Ihre Domain als auch für die von Wettbewerbern. Die Voraussetzung hierfür: Sie müssen zu mindestens einer der von SEO-Tools kontrollierten Suchanfragen gefunden werden.

Wie professionelle SEO-Tools arbeiten

Es gibt nicht das eine SEO-Tool, das Ihnen bei allen Fragen rund um das Thema SEO Antworten liefert. Zu den klassischen SEO-Tools zählen Programme, die für einen vom Toolanbieter definierten Stamm an Suchbegriffen in periodischen Abständen die ersten 100 Ergebnisse abfragen und daraus einen Sichtbarkeitswert generieren.

Dieser Wert drückt aus, wie sichtbar eine Domain für die untersuchten Keywords ist. Je häufiger ein Begriff gesucht wird und je besser eine Domain für diesen Begriff positioniert ist, desto sichtbarer ist demzufolge die Website.

Zu diesen Tools zählen:

- Searchmetrics (*www.searchmetrics.de*)
- SEOlytics (*www.seolytics.de*)
- Sistrix (*www.sistrix.de*)
- XOVI (*www.xovi.de*)

Diese Tools verlangen für die Nutzung eine monatliche Gebühr, die im Schnitt bei 100 Euro liegt. In aller Regel können Sie sich über

1

kostenlose Testversionen einen Überblick über den Funktionsumfang der einzelnen Programme verschaffen. Neben der Darstellung von Sichtbarkeitswerten bieten diese Tools üblicherweise noch weitere Funktionen wie beispielsweise das Anlegen eines persönlichen Keyword-Monitorings oder Daten zur externen Verlinkung einer Website. Je nach Tool sind dafür aber Zusatzpakete notwendig, die separat abgerechnet werden.

Andere Tools sind hauptsächlich darauf ausgerichtet, die Struktur von Websites darzustellen. Dazu analysieren sie wie Google oder auch Bing eine Website und versuchen, über unterschiedliche Metriken zu bestimmen, welche Dokumente innerhalb des Webauftritts besonders wertvoll zu sein scheinen. Diese Berechnungen basieren in aller Regel auf internen Links.

Zu diesen Tools zählen:

- ScreamingFrog (*www.screamingfrog.co.uk*)
- Seoratio-Tools (*www.seoratiotools.com*)
- Strucr (*www.strucr.com*)

Diese Tools können auf monatlicher Basis gekauft werden. Die Ausnahme bildet ScreamingFrog, das eine jährliche Lizenz anbietet. Auch hier sind kostenlose Testaccounts mit beschränktem Funktionsumfang die Regel.

Zur letzten Hauptgruppe der SEO-Tools zählen Angebote, die sich auf die Abbildung der externen Linkstruktur von Websites spezialisieren. Diese Tools bieten umfangreiche Daten darüber, wie Dokumente miteinander verknüpft sind.

Zu diesen Tools zählen:

- Ahrefs (*www.ahrefs.com*)
- Linkresearchtools (*www.linkresearchtools.com*)
- MajesticSEO (*www.majesticseo.com*)

Auch diese Tools lassen sich teilweise kostenlos testen. MajesticSEO erlaubt es sogar, die eigene Website vollständig im Tool zu analysieren. Dafür müssen Sie einen Bestätigungsschlüssel auf Ihrer Website integrieren. Mit einem monatlichen Preis von knapp 40 Euro ist MajesticSEO zudem das günstigste der hier vorgestellten Backlink-Tools.

Für die allermeisten Webmaster ist die Kombination aus Google und Bing Webmaster Tools und den kostenfreien Varianten der hier aufgelisteten Tools vollkommen ausreichend. Wenn Sie allerdings mit einem hoch professionellen Anspruch Suchmaschinenoptimierung betreiben, kommen Sie an kostenpflichtigen SEO-Tools nicht vorbei. Denn diese helfen Ihnen dank umfassender Daten über Wettbewerber dabei, weitere Potenziale für Ihre eigene Website zu entdecken.

Es gibt durchaus Schnittmengen zwischen den hier vorgestellten Tools – für welches Sie sich entscheiden, ist abhängig von Ihren Anforderungen und dem Preis, den Sie zu zahlen bereit sind.

Bing Webmaster Tools als perfekte Ergänzung zu Google Webmaster Tools

Aufgrund der Marktverhältnisse in Deutschland, Österreich und der Schweiz ist natürlich eine gute Platzierung in der Google-Suche wesentlich wertvoller als eine ebenso gute Position in der Bing-Suche. Doch die Marktverhältnisse sollten Sie nicht davon abhalten, auch die *Bing Webmaster Tools* einzusetzen.

Denn diese ergänzen über Funktionen wie den SEO-Analysator die Google Webmaster Tools perfekt und geben Ihnen ganz konkrete Hinweise über bisher nicht auf der Website genutzte Potenziale in der Onpage-Optimierung. Zudem dürfte es in der Regel immer der Fall sein, dass eine von Bing als nicht erreichbar gemeldete URL auch für Google und normale Nutzer nicht erreichbar ist.

Mit dem sogenannten Link-Explorer bietet Bing zudem eine Möglichkeit an, Wettbewerber zu beobachten. Welche Websites verlinken auf Dokumente des Wettbewerbers? Diese Frage lässt sich mit dem Link-Explorer von Bing beantworten.

Den Bing Webmaster Tools habe ich in diesem Buch ein eigenes Kapitel gewidmet. Ich kann Ihnen bereits jetzt versprechen. Zukünftig werden Sie den Einsatz der Bing Webmaster Tools nicht mehr missen wollen.

Über den Aufbau dieses Buchs

In diesem Buch erfahren Sie alles über die Google Webmaster Tools und die wichtigsten Funktionen des Pendants von Bing. Beginnend mit der Bestätigung Ihrer Website in den Google Webmaster Tools, arbeiten wir uns langsam den Aufbau der Tools entlang durch jede Funktion, und ich gebe Ihnen hilfreiche Tipps auf den Weg, wie Sie mehr aus den Google Webmaster Tools herausholen können.

Jedem der Hauptpunkte der Google Webmaster Tools ist ein eigenes Kapitel gewidmet. Zum gegenwärtigen Zeitpunkt sind das:

- Darstellung der Suche
- Suchanfragen
- Google-Index
- Crawling
- Sicherheitsprobleme

Bei Fragen zu einer bestimmten Funktion können Sie diese direkt nachschlagen.

Es ist für das Verständnis nicht notwendig, dass Sie das Buch stringent von Anfang bis Ende lesen, dennoch würde ich Ihnen dies empfehlen. Denn durch die an passenden Stellen bereitgestellten Hintergrundinformationen wird die Bedeutung einzelner Funktionen unter Umständen auch an anderer Stelle klarer.

Auch auf Themen wie das Google Disavow Tool und die Verknüpfung von Google Webmaster Tools mit anderen Google-Programmen wie Google AdWords und Google Analytics gehe ich in diesem Buch ein. Zudem erhalten Sie wertvolle Tipps zur Google Webmaster Tools-API, über die Sie – entsprechende Programmierkenntnisse vorausgesetzt – die Daten der Webmaster-Tools automatisiert abfragen und speichern können. Interessant dürften auch die Anwendungsfälle sein: Ich beschreibe hier zum einen, wie Sie mit den Google Webmaster Tools das Crawling-Verhalten analysieren, und zum anderen, wie Sie die Performance Ihrer Website bei Suchanfragen von mobilen Geräten analysieren können.

Nach den Google Webmaster Tools rücken die Bing Webmaster Tools in den Fokus. Das Hauptaugenmerk liegt hierbei auf den Funktionen, die die Google Webmaster Tools ergänzen. Abschließend präsentiere ich Ihnen die Ergebnisse einer Umfrage zur Nutzung der Google Webmaster Tools.

Ich wünsche Ihnen viel Spaß beim Lesen und viel Erfolg bei der Optimierung Ihrer Website mithilfe der Google und Bing Webmaster Tools!

Danksagung

Besonderer Dank gebührt Kathleen, die nicht nur den Anstoß zu diesem Buch geliefert hat, sondern mich zu jeder Zeit unterstützt und mir den Rücken freihält.

Danken möchte ich auch meiner Familie, meinen Brüdern Michael und Christian, meiner Mutter Dorothea und meinem verstorbenen Vater Heinrich, die mir das notwendige Rüstzeug mitgegeben haben, damit ich den Weg gehen konnte, den ich bisher gegangen bin.

Natürlich muss ich auch meinen Trust Agents-Gründungskollegen Benedikt und Dominik danken, die bei fachlichen Fragen die passenden Antworten gegeben und somit zum Gelingen dieses Buchs beigetragen haben.

Erste Schritte und Einrichtung

2

Um Zugriff auf die in den Google Webmaster Tools verfügbaren Daten eines Webauftritts zu erhalten, benötigen Sie ein Google-Konto. Unter Umständen sind Sie bereits Nutzer von anderen Google-Angeboten wie Gmail, Google Drive, Google+ oder YouTube. Wenn Sie möchten, können Sie dieses Konto für die Google Webmaster Tools verwenden oder alternativ ein weiteres Konto eröffnen.

Den zentralen Einstiegspunkt in die Google Webmaster Tools stellt die Übersichtsseite unter *www.google.com/webmasters/tools/home?hl=de* dar, auf der Sie eventuell bereits für Sie freigegebene oder von Ihnen bestätigte Websites sehen können.

Bevor ich den Einrichtungsprozess detailliert beschreibe, möchte ich Ihnen einen umfassenden Überblick über die Startseite der Webmaster-Tools geben.

Die Google Webmaster Tools-Startseite

Sofern bisher keine bestätigte oder unbestätigte Domain mit Ihrem Konto verknüpft wurde, erwartet Sie auf der Webmaster-Tools-Startseite ein Willkommensbild sowie ein englischsprachiges Video, das die Google Webmaster Tools kurz vorstellt. Zusätzlich finden Sie unterhalb des Videos ein Eingabefeld, über das Sie eine Domain bestätigen können. Dieser Prozess wird in diesem Kapitel beschrieben.

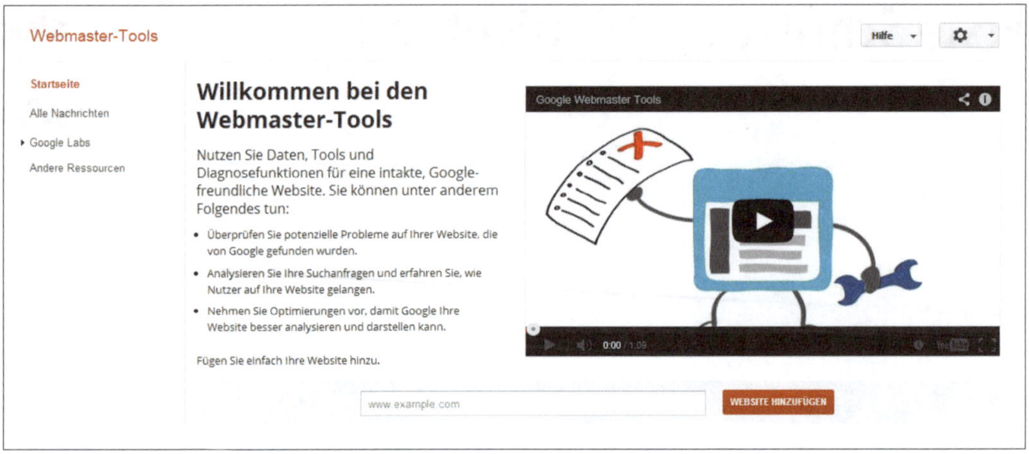

Abbildung 2-1 ▲
Google Webmaster Tools-Startseite ohne bereits bestätigte Domain

Sobald Sie mindestens eine bestätigte Domain Ihrem Konto hinzugefügt haben oder von einem anderen Webmaster zum gemeinsamen Zugriff eingeladen wurden, sehen Sie auf der Startseite eine Übersicht aller bestätigten Domains Ihres Kontos.

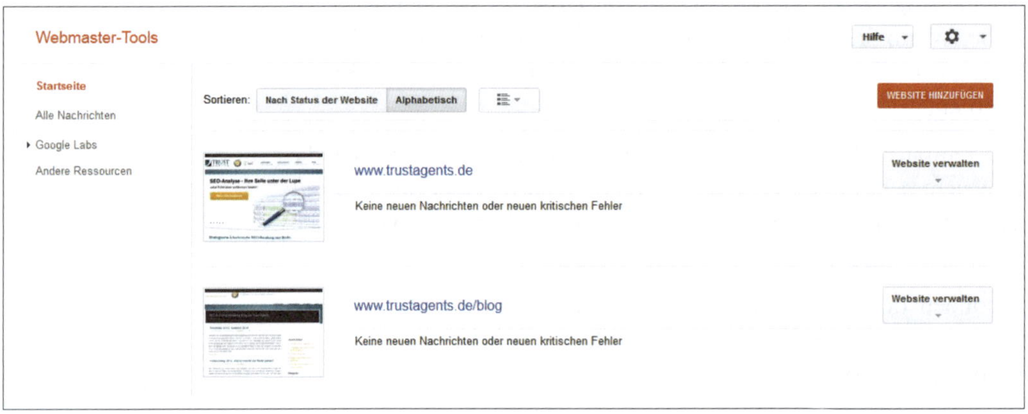

Abbildung 2-2 ▲
Google Webmaster Tools-Startseite mit bereits bestätigten Domains

Im aktuell zweispaltigen Design finden Sie in der linken Spalte die Verweise auf

- Startseite
- Alle Nachrichten
- Google Labs
- Andere Ressourcen

Dazu sind im oberen Bereich ein Verweis auf die Webmaster-Tools-Hilfe sowie die Einstellungen der Webmaster-Tools zu finden.

Alle Nachrichten

Die Benachrichtigungsmöglichkeit der Webmaster-Tools ist eine der wichtigsten Funktionen für Google. Denn über diese ist es für den Suchmaschinenkonzern möglich, mit einem Websitebetreiber zu kommunizieren. Sie sollten jedoch nicht die Erwartung haben, hier persönliche Nachrichten von Google-Mitarbeitern an Sie zu finden. Eingehende Nachrichten sind beispielsweise Informationen über den Status Ihrer Website oder eventuell aufgetretene Probleme.

Verweise auf die Benachrichtigungsfunktion finden Sie noch an weiteren Stellen innerhalb der Webmaster-Tools. Neben dem mit *Alle Nachrichten* benannten Verweis auf der Startseite der Tools finden Sie nach Auswahl einer bestätigten Domain den Verweis *Website-Benachrichtigungen*.

Beide Verweise führen Sie zur selben Funktion. Allerdings beziehen sich *Website-Benachrichtigungen* immer auf die aktuell ausgewählte Domain, unter *Alle Nachrichten* finden Sie hingegen alle Nachrichten, egal zu welcher bestätigten Domain Ihres Kontos diese gehören.

Die von Google gesendeten Nachrichten lassen sich in folgende Themen unterteilen:

- Hinweise zu Aktionen (z.B. Konfiguration)
- Zunahme von Fehlern (insbesondere Crawling-Fehlern)
- Probleme beim Crawling
- Verstöße gegen die Google-Richtlinien

Wie viele unterschiedliche Nachrichten es genau gibt, ist leider nicht bekannt. Es kommen von Zeit zu Zeit aber definitiv neue hinzu. Im Folgenden möchte ich Ihnen ein paar der Nachrichten zeigen, die besonders häufig von Google versendet werden.

Tipp Ich kann Ihnen empfehlen, eingegangene Nachrichten nicht zu löschen. Denn durch das Zustellungsdatum können Sie nachvollziehen, wann Google den Anlass gesehen hat, Sie zu kontaktieren. Dadurch fällt es Ihnen leichter, nach Lösungen für ein Problem oder einen Hinweis zu suchen.

Hinweise zu Aktionen

Sofern Sie oder ein anderer bestätigter Nutzer etwas an der Konfiguration der Website ändert, versendet Google eine Nachricht, die bestätigte Nutzer auf die Änderung hinweist.

Diese Benachrichtigungen dienen rein der Information und bedürfen in den meisten Fällen keiner weiteren Aktion. Eine Ausnahme bildet natürlich eine fehlerhafte beziehungsweise nicht gewünschte Änderung.

Abbildung 2-3▲
Hinweis, dass das geografische Ziel geändert wurde

In diesem Beispiel wurde das geografische Ziel einer Website geändert. Wo Sie diese Einstellung vornehmen können und wann eine solche Konfiguration empfehlenswert ist, erfahren Sie natürlich zu gegebener Zeit in diesem Buch.

Abbildung 2-4▲
Ein Sitelink wurde angepasst.

Als kurzer Vorgriff: Unter »Sitelinks« sind zusätzliche Links zu verstehen, die Google zum Beispiel im Fall einer Suche nach einem Domain- oder Markennamen, gegebenenfalls in Kombination mit allgemeinen Suchbegriffen, anzeigt. Beispiele dafür sind »Zalando Herrenschuhe«, »Google« oder »amazon.de«.

Über die Google Webmaster Tools können Sie darauf Einfluss nehmen, welche Adressen Google als Sitelinks anzeigt. Was Sie nicht beeinflussen können, ist, ob und wie viele Sitelinks dargestellt werden.

Die Nachricht weist Sie darauf hin, dass ein Nutzer etwas an der Konfiguration der Sitelinks geändert hat.

Zunahme von Fehlern

Von Zeit zu Zeit entstehen Probleme beim Crawling, der automatischen Analyse der Website durch Suchmaschinen. Diese äußern sich beispielsweise darin, dass Verweise auf Adressen gefunden wurden, die keine Inhalte (mehr) zurückliefern.

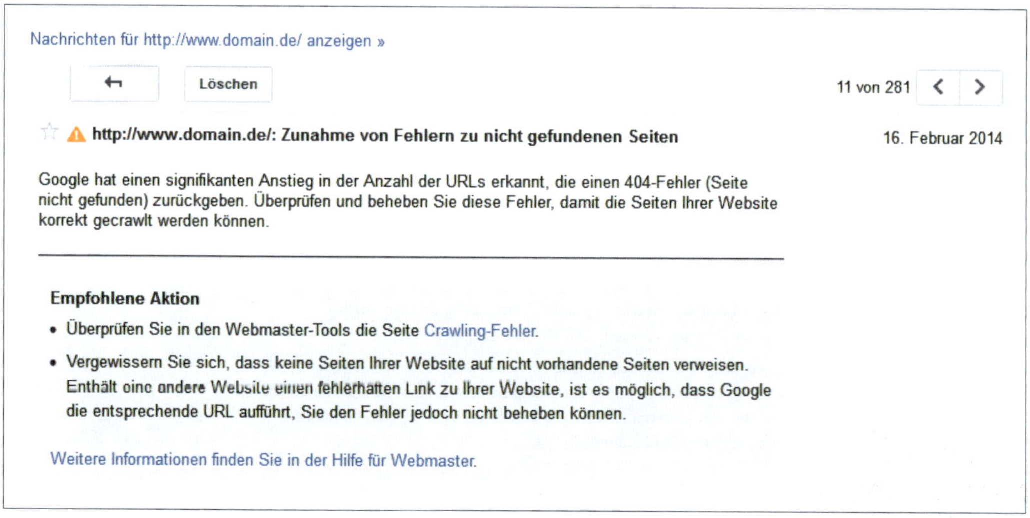

Nachrichten für http://www.domain.de/ anzeigen »

Löschen | 11 von 281

http://www.domain.de/: Zunahme von Fehlern zu nicht gefundenen Seiten — 16. Februar 2014

Google hat einen signifikanten Anstieg in der Anzahl der URLs erkannt, die einen 404-Fehler (Seite nicht gefunden) zurückgeben. Überprüfen und beheben Sie diese Fehler, damit die Seiten Ihrer Website korrekt gecrawlt werden können.

Empfohlene Aktion

- Überprüfen Sie in den Webmaster-Tools die Seite Crawling-Fehler.
- Vergewissern Sie sich, dass keine Seiten Ihrer Website auf nicht vorhandene Seiten verweisen. Enthält eine andere Website einen fehlerhaften Link zu Ihrer Website, ist es möglich, dass Google die entsprechende URL aufführt, Sie den Fehler jedoch nicht beheben können.

Weitere Informationen finden Sie in der Hilfe für Webmaster.

▲ **Abbildung 2-5**
Benachrichtigung, dass URLs nicht mehr verfügbar sind

Wenn dies in kleinerem Maßstab passiert, werden Sie darüber keine gesonderte Nachricht erhalten. Anders sieht es aus, wenn solche Fehler gehäuft auftreten. Dann erhalten Sie eine Nachricht wie die in Abbildung 2-5.

Bereits durch das vorangestellte Warndreieck erkennen Sie, dass die Benachrichtigung eine Aktion durch den Webmaster erfordert. Wenn Sie diese Nachricht erhalten, sollten Sie schauen, welche Inhalte nicht mehr verfügbar sind. Sowohl für Besucher als auch für Suchmaschinen stellt die angemerkte Nichtverfügbarkeit der Inhalte ein Problem dar.

Kontrollieren Sie, ob die Inhalte umgezogen sind oder Verweise auf Inhalte gesetzt wurden, die nicht (mehr) existieren. Eine Anpassung von Links auf verfügbare URLs sowie die Einrichtung von Weiterleitungen sind für einen solchen Fall eine gute Problemlösung.

Eine besonders schwere Form von Crawling-Problem stellt die Nichterreichbarkeit der Website dar. In diesem Fall sind weite Teile oder gar alle Inhalte nicht mehr (vollständig) erreichbar, und Google informiert Sie über dieses Problem.

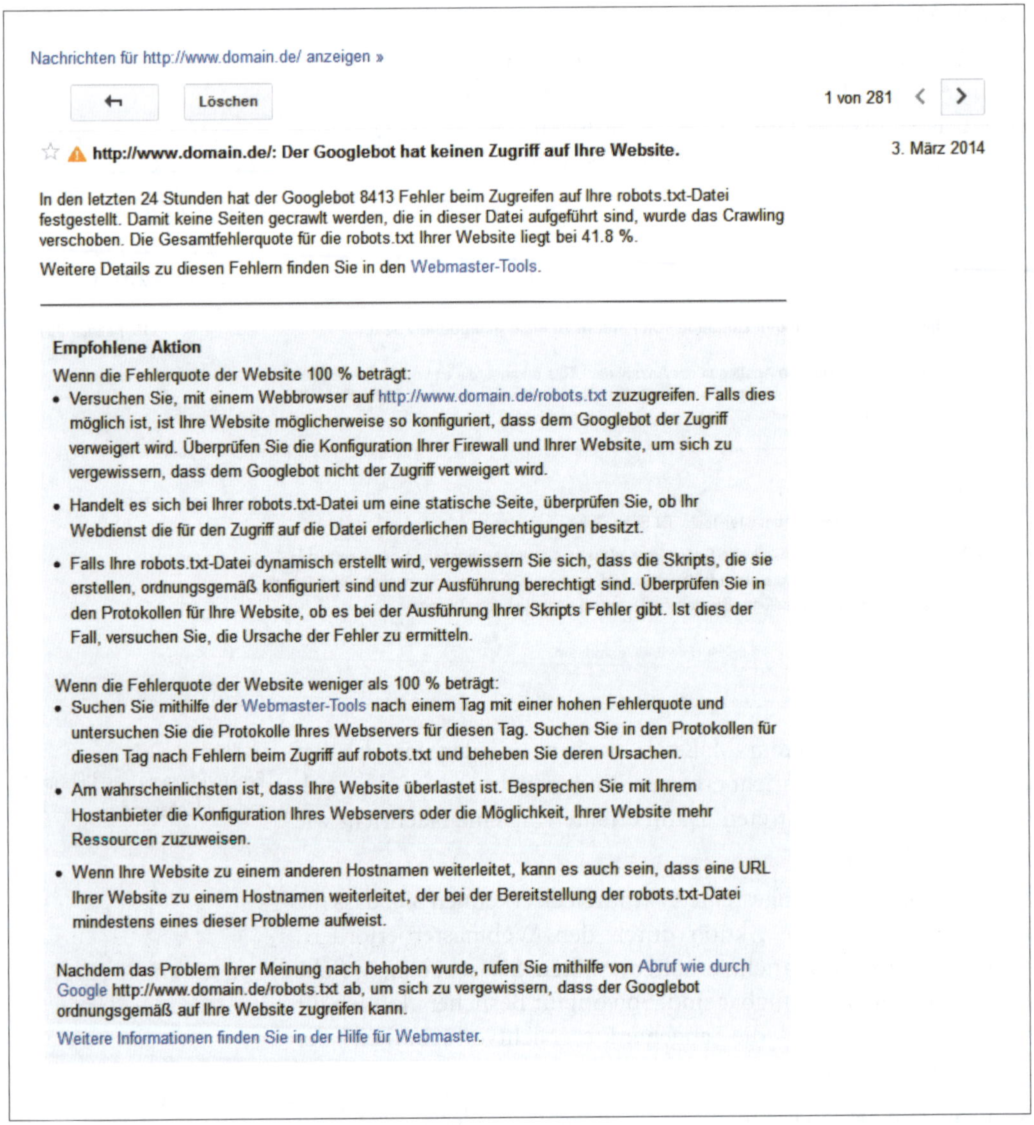

Abbildung 2-6 ▲
Google hat massive Probleme bei Zugriffsversuchen auf die Website festgestellt.

Wie der Nachricht entnommen werden kann, hat Google beim Verbindungsaufbau zur *robots.txt* gehäuft Probleme festgestellt. Über die *robots.txt* können einzelne Dateien oder Verzeichnisse von der Analyse durch Suchmaschinen ausgeschlossen werden. Da sich Suchmaschinen im Allgemeinen an die in der Datei enthaltenen Anweisungen halten, findet ein regelmäßiger Abgleich der Datei statt. Ist die *robots.txt* nicht zu erreichen, wird der Crawling-Prozess unterbrochen. Suchmaschinen wissen in diesem Fall nicht, ob sie eine Datei analysieren dürfen oder nicht.

Der Ursache für dieses Problem kann an vielen Stellen zu finden sein. In aller Regel ist eine temporäre Überlastung des Servers die Problemquelle. Sollte dies häufig auftreten, ist ein Wechsel des Servers beziehungsweise die Buchung eines höherpreisigen Webhosting-Pakets anzuraten.

Probleme beim Crawling

Ein weiteres Problem kann eine enorm hohe Anzahl an gefundenen URLs sein. Auch in solchen Fällen schickt Google einen Hinweis über die Google Webmaster Tools.

Jeder Crawling-Vorgang kostet Suchmaschinenbetreiber bares Geld – und das möchten sie natürlich möglichst effizient einzusetzen. Aus diesem Grund kann eine enorm hohe Anzahl an Webadressen ein großes Problem darstellen – sowohl für den Webmaster als auch für Suchmaschinen. Wenn Letztere nicht alle Inhalte (regelmäßig) analysieren, wird unter Umständen kein oder nur ein sehr schlechtes Ranking erzielt.

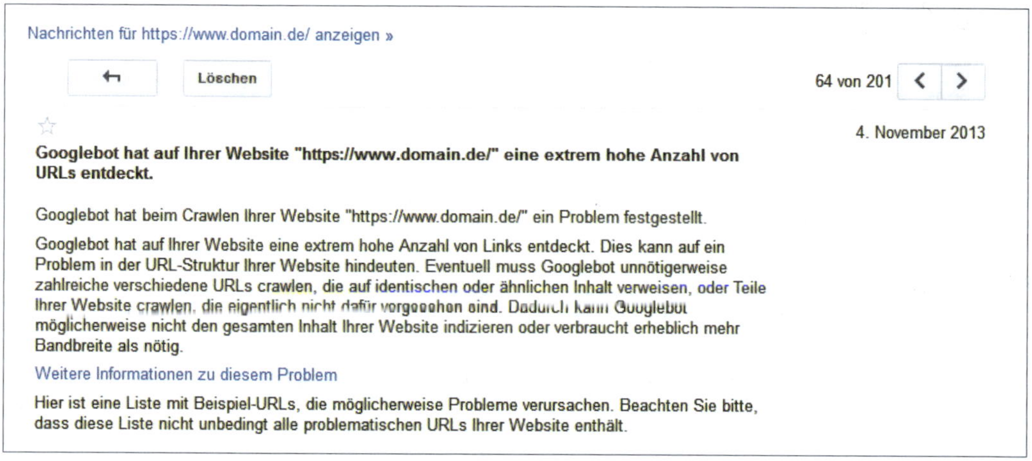

▲ **Abbildung 2-7**
Google hat sehr viele URLs auf dem Webauftritt gefunden – liegt ein Problem mit der URL-Struktur vor?

Wenn Sie eine solche Nachricht erhalten, ist eine Analyse der URL-Strukturen Ihres Webauftritts ratsam. Werden in großem Maßstab URLs erzeugt, die keine neuen Inhalte präsentieren? Sollte das der Fall sein, schalten Sie die unnötigen URLs am besten ab oder beschränken den Zugriff auf sie, zum Beispiel über die *robots.txt*.

Verstöße gegen die Google-Richtlinien

Eine gute Platzierung in der Google-Suche ist das Ziel vieler Webmaster und häufig finanziell wertvoll. Um diese Platzierungen zu erreichen, werden Webseiten aktiv optimiert – manchmal auch über die Grenzen des Erlaubten hinaus. Denn Google hat, wie auch andere Suchmaschinenbetreiber, Richtlinien definiert, in denen verbotene Optimierungen gelistet werden. Sofern eine Website gegen die Richtlinien verstößt, werden temporäre oder dauerhafte Sanktionen verhängt.

Nachrichten für http://www.domain.de/ anzeigen »

Löschen | 17 von 18

http://www.domain.de/: Unnatürliche eingehende Links | 7. August 2013

Google hat ein Muster künstlicher oder unnatürlicher Links erkannt, die auf Ihre Website verweisen. Der Kauf von Links oder die Teilnahme an Linktauschprogrammen mit der Absicht, den PageRank zu manipulieren, stellt einen Verstoß gegen die Google-Richtlinien für Webmaster dar.

Infolgedessen hat Google eine manuelle Spam-Maßnahme gegen shop-apotheke.com/ verhängt. Gegebenenfalls erfolgen weitere Maßnahmen für Ihre Website oder Teile davon.

Empfohlene Vorgehensweise

- Mit der Funktion Links zu Ihrer Website in den Webmaster-Tools können Sie eine Liste der auf Ihre Website verweisenden Links herunterladen.
- Sorgen Sie dafür, dass unnatürliche, auf Ihre Website verweisende Links entfernt werden.
- Wenn Sie die entsprechenden Änderungen vorgenommen haben und der Ansicht sind, dass Ihre Website den Richtlinien für Webmaster entspricht, können Sie einen Antrag auf erneute Überprüfung einreichen. Wenn Sie die auf Ihre Website verweisenden Links nicht entfernen können, geben Sie in Ihrem Antrag auf erneute Überprüfung so viele Informationen wie möglich dazu an.
- Eine aktuelle Liste der manuellen Maßnahmen, die zurzeit für Ihre Website gelten, finden Sie auf der Seite Manuelle Maßnahmen. Sind dort keine manuellen Maßnahmen aufgeführt, brauchen Sie keinen Antrag auf erneute Überprüfung mehr zu stellen.

Die manuelle Maßnahme wird aufgehoben, sobald Ihre Website nicht mehr gegen unsere Richtlinien verstößt.

Falls Sie Fragen zur Lösung dieses Problems haben, besuchen Sie das Forum für Webmaster.

Abbildung 2-8 ▲ Aufgrund manipulativen Verhaltens wurde eine Strafe verhängt.

Im Fall der gezeigten Nachricht ist Google der Ansicht, dass gezielt manipulative Verlinkungen akquiriert wurden. Das Ziel des Webmasters: Durch mehr Verweise sollte die Relevanz der Webseiten erhöht und dadurch sollten bessere Platzierungen erzielt werden. Damit diese Sanktion aufgehoben wird, muss zuerst das angemahnte Fehlverhalten beseitigt werden. In diesem Fall wäre ein

Abbau der Verlinkungen die notwendige Maßnahme. Nach Beseitigung des angemahnten Fehlverhaltens muss ein sogenannter Reconsideration Request über die Google Webmaster Tools gestellt werden. Ein Google-Mitarbeiter schaut sich diesen an und entscheidet, ob die Maßnahme gegen die Website aufgehoben wird oder weitere Nachbesserungen erforderlich sind.

Hinweis Die Google-Richtlinien können Sie unter *https://support.google.com/webmasters/answer/35769?hl=de* lesen.

Google Labs

Der Menüpunkt *Google Labs* ist Ihnen sicher aufgrund des vorangestellten Pfeils bereits ins Auge gesprungen. Durch einen Klick auf diesen klappt ein Untermenü auf, das auf der Webmaster-Tools-Startseite zum gegenwärtigen Zeitpunkt mit *Autorenstatistiken* nur einen einzigen Punkt enthält. Doch dieser Punkt ist hochinteressant! Zumindest dann, wenn Sie bereits von Ihnen publizierte Inhalte mit Ihrem Google+-Profil verknüpft haben.

Wenn Sie eine einzelne Domain ausgewählt haben, wird unter *Google Labs* noch eine weitere Funktion verlinkt: die Vorschau.

Autorenstatistik

Mit ziemlicher Sicherheit sind Sie innerhalb der Google-Suche bereits auf Autorenintegrationen gestoßen, die ähnlich wie die Ansicht in Abbildung 2-9 aussehen.

◀ Abbildung 2-9
Beispielhafte Ansicht für eine Autorschaftsauszeichnung in der Google-Suche

Hier erscheinen nicht nur die klassischen Informationen zum Suchtreffer, wie Seitentitel, die Adresse des Beitrags sowie der Beschreibungstext, sondern zusätzlich noch das Bild des Autors samt einem Verweis auf dessen Google+-Profil.

Google ist in der Lage, den Autor des Beitrags direkt in der Google-Suche anzuzeigen, wenn der Autor einen entsprechenden Verweis auf sein Google+-Profil in den Artikel eingefügt hat.

Exkurs: Autorschaft auszeichnen

Ein Autor kann seinen Text mit dem eigenen Google+-Profil verknüpfen. Dies hat zur Folge, dass unter gewissen Umständen sein Google+-Profilbild neben dem Suchtreffer erscheint.

Google bietet verschiedene Wege an, um eine Beziehung zwischen einem Autorenprofil und einer Veröffentlichung auszuzeichnen. Die aktuell verfügbaren Möglichkeiten sind diese:

- Wenn Sie eine E-Mail-Adresse besitzen, die zur Domain gehört, auf der Sie Inhalte veröffentlicht haben, müssen Sie innerhalb des Artikels sichtbar angeben, dass Sie der Autor sind, beispielsweise so: »von *Ihr Name*« oder »Autor: *Ihr Name*«.

  Zusätzlich ist es notwendig, dass Sie die zur Domain gehörende E-Mail-Adresse über ein spezielles Formular an Google übermitteln. Dieses finden Sie unter *https://plus.google.com/authorship*
- Wenn Sie keine zur Domain gehörende E-Mail-Adresse besitzen, können Sie über einen entsprechenden Link einen Hinweis auf die Autorschaft geben. Dazu müssen Sie die Adresse Ihres Google+-Profils samt dem Zusatz `rel=author` verlinken. In meinem Fall würde ein solcher Link wie folgt aussehen:

  ```
  <a href="https://plus.google.com/
  115440004594996752932?rel=author">
  Gewünschter Ankertext</a>
  ```
- Eine weitere Möglichkeit ist die Auszeichnung der Autorschaft im `<head>`-Bereich des HTML-Dokuments. Diese Methode ist allerdings ohne technische Kenntnisse wesentlich schwieriger umzusetzen als die oben beschriebenen Alternativen, denn die meisten Content-Management-Systeme erlauben es nicht, zusätzliche Informationen in den `<head>`-Bereich zu setzen.

  Bei dieser Möglichkeit wird mittels `<link rel="autor" link="Adresse-des-Google+-Profils">` die Verknüpfung zwischen Text und Autor herbeigeführt. Das `<link>`-Element muss dabei im `<head>`-Bereich des HTML-Dokuments platziert werden.

  Um Ihnen auch hierfür ein Beispiel zu geben: So würde der Verweis für eine Verknüpfung mit meinem Autorenprofil aussehen:

  ```
  <link rel="author"
  href="https://plus.google.com/
  115440004594996752932/"/>
  ```

Bei allen gezeigten Varianten ist es darüber hinaus notwendig, im Google+-Profil anzugeben, dass man an einer Seite mitwirkt. Dies geschieht im Abschnitt *Macht mit bei* im eigenen Profil.

Der Vorteil der Autorschaftsauszeichnung liegt darin, dass das in der Google-Suche angezeigte Bild zusätzliche Aufmerksamkeit für die eigenen Inhalte generieren und somit zu mehr Besuchern führen kann. Die Einrichtung mag sich auf den ersten Blick kompliziert anhören, sie ist es aber nicht.

An dieser Stelle möchte ich darauf hinweisen, dass der Einbau der Autorschaftsauszeichnung nicht zwangsläufig dazu führt, dass das Autorenbild in der Google-Suche angezeigt wird. Nur wenn eine gewisse Aktivität innerhalb von Google+ und eine thematische Übereinstimmung zwischen Profil und zu verknüpfender Website gegeben ist, wird das Autorenbild regelmäßig angezeigt.

Um eventuell bei der Verknüpfung aufgetretene Probleme identifizieren zu können, sollten Sie auf das sogenannte »Test-Tool für strukturierte Daten« zurückgreifen, das Ihnen im Laufe dieses Buchs häufiger begegnen wird. Es steht unter der Adresse *www.google.com/webmasters/tools/richsnippets* zur kostenlosen Verwendung bereit und sagt Ihnen, welche strukturierten Informationen Google bei der Analyse einer Seite extrahieren konnte. Was genau unter strukturierten Informationen zu verstehen ist, erfahren Sie in Kapitel 3.

Die Autorenstatistiken analysieren

Wenn Sie bereits Inhalte mit Ihrem Google+-Profil verknüpft haben, können Sie innerhalb der Autorenstatistik sehen, wie häufig dieses Profil in der Google-Suche angezeigt wurde. Im eigentlichen Sinn hat diese Funktion der Google Webmaster Tools nichts mit einer einzelnen Website zu tun, sondern bezieht sich auf das Google-Konto, in dem Sie aktuell eingeloggt sind. Im Fall meines Google+-Profils sehen die Autorenstatistiken wie folgt aus:

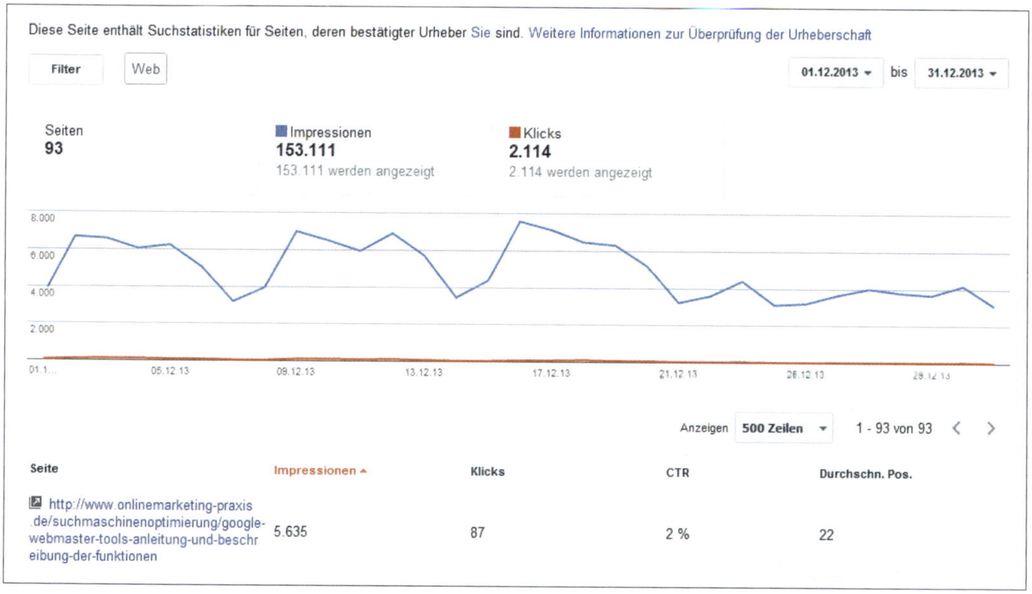

▲ Abbildung 2-10
Beispielhafte Autorenstatistik des Autors Stephan Czysch

Innerhalb des Diagramms zeigt Ihnen Google im zeitlichen Verlauf die Entwicklung der Impressionen und Klicks an, die von URLs mit aktiver Autorschaftsauszeichnung im gewählten Zeitraum generiert wurden. Doch was ist eine Impression? Unter diesem Begriff versteht man die Anzeige einer URL oder eines Werbemittels auf einer Seite.

Angenommen, eine URL hat 228 Impressionen in der Google-Suche generiert. Das bedeutet, dass bei 228 Suchanfragen diese URL in der Google Suche angezeigt wurde, unabhängig davon, ob auch ein Klick daraus resultierte.

Unterhalb des Diagramms werden für jede URL die entsprechenden Statistiken getrennt ausgewiesen und zusätzlich noch mit der Information zur mit CTR (Click-Through-Rate) abgekürzten Klickrate sowie der durchschnittlichen Position angereichert.

An dieser Stelle soll es das mit der Betrachtung des Diagramms gewesen sein, denn dieses wird Ihnen im Laufe des Buchs innerhalb von Kapitel 4 detailliert vorgestellt.

Vorschau

Neben der Autorenstatistik ist aktuell nur noch eine weitere Funktion in Google Labs enthalten: die *Vorschau*. Da diese Funktion allerdings mit einzelnen Websites zu tun hat, wird Ihnen der Link nur dann angezeigt, wenn Sie eine bestätigte Website in den Webmaster-Tools ausgewählt haben.

Die Vorschaufunktion einer Website ist zurzeit nicht mehr direkt in der Google-Suche integriert. Zwischen November 2010 und April 2013 war es möglich, durch einen Klick auf einen neben dem Suchergebnis angezeigten Doppelpfeil ein optisches Abbild der Website aufzurufen. Darin markierte Google, an welcher Stelle sich ein gesuchter Text auf der Seite befindet. Aufgrund der geringen Nutzung hat Google diese Funktion allerdings eingestellt.

Aktuell wird diese Funktion nur noch in den Google Webmaster Tools bereitgehalten. Dank der Funktion können Sie weiterhin sehen, wie eine Vorschau Ihrer Website aussehen würde.

In das Eingabefeld muss die URL eingetragen werden, für die die Vorschau generiert werden soll. Google generiert für die eingegebene URL drei verschiedene Vorschaubilder:

- Vorschau für On-Demand-Desktop-Suche
- Vorschau für Desktop-Suche vorrendern
- Vorschau für die mobile Suche

Abbildung 2-11 ▼
Nach Eingabe der abzurufenden URL können die Vorschaubilder durch einen Klick auf den Status aufgerufen werden.

Durch einen Klick auf das Abrufergebnis in der Spalte *Status* können Sie die einzelnen Vorschaubilder aufrufen. Bei der in Abbildung 2-11 gestellten Anfrage wurde die Anfrage nicht fehlerfrei ausgeführt.

In diesem Fall konnte Google einzelne Dateien nicht abrufen, und daher sind auch die Vorschaubilder nicht identisch mit der Ansicht, die ein Nutzer angezeigt bekommt.

▼ Abbildung 2-12
Nicht alle Dateien konnten aufgerufen werden. Deshalb war es nicht möglich, die Vorschau richtig zu generieren.

Da die ehemals Instant Preview genannte Funktion nicht mehr in der Google-Suche angezeigt wird, gehe ich davon aus, dass die Vorschaufunktion mittelfristig aus den Webmaster-Tools entfernt wird.

Andere Ressourcen

Unter dem Menüpunkt *Andere Ressourcen* erwartet Sie eine Liste mit Verweisen zu anderen von Google angebotenen Tools, die im Zusammenhang mit den Google Webmaster Tools relevant sind.

Test-Tool für strukturierte Daten

Das »Test-Tool für strukturierte Daten« wird Ihnen im Laufe der weiteren Lektüre noch mehrfach begegnen. Das ursprünglich unter dem Namen »Rich Snippet Testing Tool« veröffentlichte Tool sagt Ihnen, ob und, wenn ja, welche Daten auf einer von Ihnen eingegebenen Website in einem maschinenlesbaren Format ausgezeichnet wurden. Diese Informationen helfen Ihnen dabei, zu verifizieren, ob eine korrekte Einbindung von maschinenlesbaren (strukturierten) Daten vorliegt. Zudem hilft das Tool bei der Fehlerfindung. Was genau maschinenlesbare Daten sind und weshalb diese eine hohe Relevanz für Suchmaschinen haben, erfahren Sie in Kapitel 3.

Hilfsprogramm zur Auszeichnung strukturierter Daten

Dieses Tool mit dem etwas sperrigen Namen hilft Ihnen dabei, Daten in maschinenlesbaren Formaten auszuzeichnen – letztendlich das, was Sie benötigen, um das Test-Tool für strukturierte Daten sinnvoll einzusetzen. Der Funktionsumfang dieses Tools ist sehr stark an die Funktion *Data Highlighter* angelehnt, die ebenfalls in Kapitel 3 näher betrachtet wird.

E-Mail-Markup-Tester

Auch in E-Mails kann auf strukturierte, maschinenlesbare Datenauszeichnungen zurückgegriffen werden. Dieses Tool sagt Ihnen in Anlehnung an das Test-Tool für strukturierte Daten, welche strukturierten Dateninhalte in einem E-Mail-Text enthalten sind. Als kleiner Tipp: Das Hilfsprogramm zur Auszeichnung strukturierter Daten können Sie auch zur strukturierten Auszeichnung von Informationen in E-Mails verwenden.

Google Places

Mit ziemlicher Sicherheit kennen Sie Google Places, das kostenlose Branchenbuch von Google, das besonders bei Suchanfragen mit lokalem Bezug sehr häufig in der Google-Websuche erscheint. Das mittlerweile auch unter dem Namen Google+ Local bekannte Branchenbuch ist ein sehr guter Hebel, um auch als kleiner Anbieter bei regionalen Suchen nach dem eigenen Produkt oder der eigenen Dienstleistung gefunden zu werden.

Google Merchant Center

Über das Google Merchant Center haben Sie die Möglichkeit, Produktdaten eines Shops an Google zu übermitteln, um diese dadurch in diversen Google-Produkten nutzen zu können. Zu den bekanntesten Integrationen von Produktdaten gehören die Google Product Listing Ads, kurz PLA, mit denen einzelne Produkte in der bezahlten Suche beworben werden können.

PageSpeed Insights

Mit dem Programm PageSpeed Insights weist Google die Webmaster auf potenzielle Geschwindigkeitsverbesserungen hin. Sobald Sie die zu analysierende URL eingetragen haben, listet Ihnen Google Möglichkeiten auf, wie die Ladegeschwindigkeit der Website verbessert werden kann.

Benutzerdefinierte Suche

Der Suchmaschinenkonzern stellt Ihnen die sehr umfangreiche Google-Suchtechnologie auch für Ihre eigenen Angebote zur Verfügung. Mit wenigen Schritten können Sie eine ganz persönliche Suche erstellen, die zum Beispiel nur Inhalte Ihrer eigenen Website als Ergebnis präsentiert.

Webmaster-Tools-Einstellungen

Zu den Webmaster-Tools-Einstellungen gelangen Sie durch einen Klick auf das Zahnrad im oberen rechten Bereich der Webmaster-Tools-Startseite. Die hier vorgenommenen Einstellungen beziehen sich auf Ihr Konto.

Aktuell haben Sie nur die Möglichkeit, die Sprache sowie die Benachrichtigungsfrequenz per E-Mail bei von Google festgestellten Problemen zu beeinflussen. Der Hinweis auf E-Mails ist an dieser Stelle wichtig, denn selbst wenn Sie keine Benachrichtigungen an Ihr E-Mail-Konto erhalten möchten, finden Sie diese weiterhin innerhalb der Google Webmaster Tools.

Tipp Standardmäßig ist die Weiterleitung von E-Mail-Benachrichtigungen an die zur Eröffnung des Google-Kontos verwendete E-Mail-Adresse aktiviert, und ich empfehle Ihnen, dies so beizubehalten.

Abbildung 2-13 ▲ Blick auf die Webmaster-Tools-Einstellungen

Unter *Typ* können Sie wählen, ob Sie bei einer eingehenden Nachricht zusätzlich in jedem Fall eine Benachrichtigung von Google per E-Mail erhalten möchten oder diese nur bei den »häufigsten Problemen der Website« an Sie versendet werden sollen.

Diese Benennung ist etwas irreführend und wurde nicht ideal übersetzt. In der englischen Sprachversion ist diese Auswahl mit *Top site issues* beschrieben worden. So ergibt auch Googles Erklärung der Auswahl mehr Sinn. Im Zusammenhang mit den »häufigsten Problemen der Website« spricht Google in der Erklärung von *Kritische[n] Probleme[n] (wie Malware), die sofort behoben werden sollten*. Zum Glück ist der Befall durch Malware, also eine den Computer schädigende Software, nicht zu den »häufigsten Problemen« zu zählen. Ich würde Ihnen empfehlen, die Einstellung auf *Alle Probleme* zu setzen und lieber eine E-Mail mehr zu erhalten als eine zu wenig.

Nicht gerade selbsterklärend ist die Möglichkeit, Benachrichtigungen an eine andere E-Mail-Adresse als die für die Kontoerstellung verwendete senden zu lassen. Um dies zu erreichen, müssen Sie in

Ihrem Google-Konto eine alternative E-Mail-Adresse hinterlegt haben, die Sie dann im zweiten Schritt in den Webmaster-Tools-Einstellungen auswählen können.

Eine alternative E-Mail hinterlegen Sie, indem Sie auf Ihre E-Mail-Adresse am rechten oberen Rand klicken, im erscheinenden Menü dem Link *Konto* folgen und unter *Personenbezogene Daten* durch einen Klick auf *Bearbeiten* eine weitere E-Mail-Adresse hinzufügen.

Weitere Möglichkeiten auf dem Dashboard

Sofern Sie bereits eine bestätigte Domain Ihrem Webmaster-Tools-Konto hinzugefügt haben, erscheinen auf dem Dashboard zusätzliche Auswahlmöglichkeiten.

So können Sie die Sortierung der Domains anpassen, die Ansicht wechseln oder durch einen Klick auf *Website verwalten* je nach Zugriffsrecht unterschiedliche Einstellungen vornehmen. Die verschiedenen Zugriffsrechte werden in einem späteren Abschnitt dieses Kapitels vorgestellt.

Standardmäßig sortiert Google alle bestätigten Domains nach *Status der Website*. Dabei werden Websites, auf denen Google (technische) Probleme festgestellt hat, oben angezeigt. Alternativ können Sie die bestätigten Domains alphabetisch von A nach Z sortieren lassen.

Die Ansicht können Sie von *Detailansicht* auf *Kompakte Ansicht* umstellen – in diesem Fall werden keine Vorschaubilder angezeigt, und auch die Einzelnennung der letzten Benachrichtigungen weicht dem Hinweis, dass Nachrichten vorliegen. Für welche Ansicht und Sortierung Sie sich entscheiden, bleibt Ihnen überlassen.

Doch widmen wir uns noch kurz dem Drop-down-Menü unter *Website verwalten*. Sofern Sie *Website-Inhaber* sind (was die umfassendsten Zugriffsrechte mit sich bringt), sehen Sie nach einem Klick auf das Drop-down-Menü folgende Unterpunkte:

- *Nutzer hinzufügen oder entfernen*
- *Google Analytics Property*
- *Website löschen*

Sollten Sie nicht *Website-Inhaber* der Domain sein, beschränkt sich Ihre Auswahlmöglichkeit auf den letztgenannten Punkt.

Zu guter Letzt soll an dieser Stelle erwähnt werden, dass Google immer dann, wenn Sie über einen »eingeschränkten Zugriff« auf eine Domain verfügen, diese Information neben dem Domainnamen anzeigt.

Abbildung 2-14 ▼
Hinweis auf den eingeschränkten Zugriff auf eine Domain

Google Webmaster Tools einrichten

Auf der Google Webmaster Tools-Übersichtsseite unter *www.google.com/webmasters/tools/home?hl=de* sehen Sie nach dem Log-in oder der Erstellung eines Google-Kontos bereits die Schaltfläche *Website hinzufügen* im oberen rechten Bereich des Bildschirms oder, wenn Sie bisher noch keine bestätigte Website in Ihrem Konto verzeichnen konnten, direkt unterhalb des Willkommensbildschirms.

Durch Eingabe des zu bestätigenden Hostnamens, beispielsweise *www.trustagents.de*, und einem Klick auf *Weiter* gelangen Sie auf eine neue Seite, auf der Sie die Bestätigungsmethode auswählen müssen.

Hostname

Im Zusammenhang mit Websites ist ein Hostname die eindeutige Bezeichnung einer Website. Im genannten Beispiel ist *www.trustagents.de* der Hostname. Dieser setzt sich aus dem Domainnamen *trustagents.de* sowie der Subdomain *www.* zusammen. Die Domainendung *.de* ist dabei die Top-Level-Domain.

Aktuell ist eine Bestätigung der Website über folgende Methoden möglich:

- Hochladen einer HTML-Datei auf den Webserver
- Integration eines Metatags im Quelltext der Startseite
- Einfügen des Bestätigungsschlüssels in den DNS-Eintrag der Domain

- Authentifizierung über Google Analytics
- Bestätigung via Google Tag-Manager

Die Bestätigung findet in den meisten der oben genannten Fälle über einen persönlichen Schlüssel statt, der das Google-Konto als sogenannten *Website-Inhaber* identifiziert. Dieser Status beinhaltet die weitestgehenden Rechte. Als Website-Inhaber haben Sie auf alle Funktionen inklusive des Nutzermanagements Zugriff. Über dieses können Sie weitere Nutzer mit »uneingeschränkten« beziehungsweise »eingeschränkten« Zugriffsrechten ausstatten. Mehr zu diesem Thema finden Sie im weiteren Verlauf dieses Kapitels.

Übrigens: Die Anzahl der Website-Inhaber pro Domain ist nicht beschränkt. Selbiges gilt auch für das eigene Konto. Sie können also Inhaber mehrerer Websites mit demselben Google-Konto sein.

Sofern Sie die Website eines Unternehmens in den Google Webmaster Tools bestätigen möchten, sollten Sie besser keine personengebundene E-Mail-Adresse für die Bestätigung verwenden. Die geeignetere Alternative kann hier eine Adresse wie *marketing@unternehmen.de* sein. Das hat den Hintergrund, dass im Idealfall unterschiedliche Google-Produkte wie Google AdWords und Analytics in einem Konto gebündelt werden, was die Verknüpfung der Services erleichtert. Zudem gibt es im Fall des Ausscheidens aus dem Unternehmen weniger Komplikationen mit der Übertragung der Inhaberschaft.

Für welche der Bestätigungsmethoden Sie sich entscheiden, bleibt Ihnen überlassen. Auf die Funktion und den Funktionsumfang der Google Webmaster Tools hat die Bestätigungsmethode keinerlei Einfluss. Der Hauptunterschied liegt hier in der Komplexität der Einrichtung.

Standardmäßig empfiehlt Google, die Bestätigung durch das Hochladen einer HTML-Datei durchzuführen, da dies die einfachste Methode darstellt. Dieser Empfehlung kann ich mich nur anschließen, und daher werde ich diese auf den kommenden Seiten mit Ihnen zusammen durchsprechen.

Übrigens ist im vorherigen Schritt die Angabe des gewünschten Protokolls nur dann notwendig, wenn Sie eine unter HTTPS laufende Website bestätigen wollen. Im Fall oben, in dem der Hostname unter dem HTTP-Protokoll läuft, wäre auch die Angabe von *www.trustagents.de* bereits zielführend gewesen. Doch zurück zum Bestätigungsprozess.

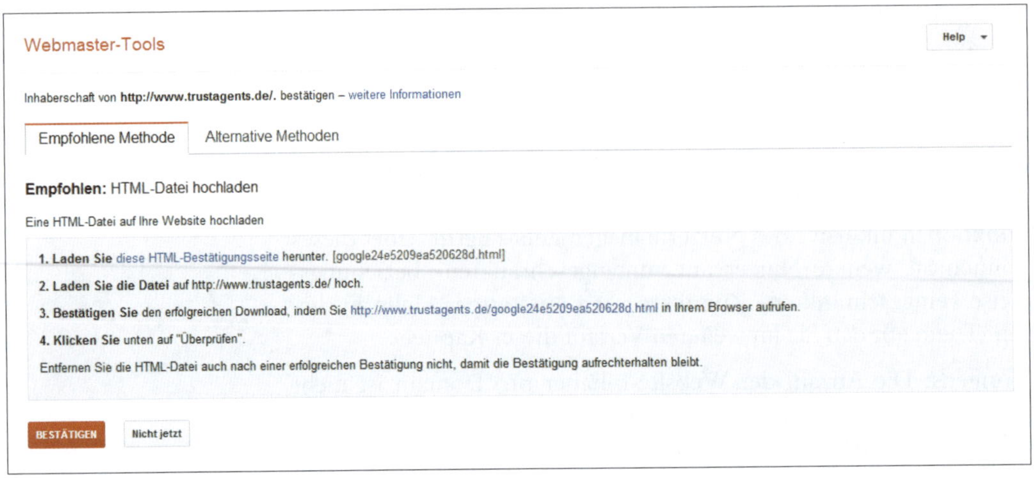

Abbildung 2-15 ▲
Google schlägt vor, den Hostnamen über die Methode HTML-Datei zu bestätigen

Hochladen einer HTML-Datei auf den Webserver

Das Hochladen des persönlichen Schlüssels in einer HTML-Datei ist die einfachste Möglichkeit, eine Website in den Google Webmaster Tools zu bestätigen. Auf der Bestätigungsseite beschreibt Google, wie Sie die Bestätigung durchführen sollen.

Um den Bestätigungsprozess zu starten, benötigen Sie einen sogenannten FTP-Zugriff auf Ihre Domain beziehungsweise Ihren Webserver. FTP steht für *File Transfer Protocol* und ist zum Datenaustausch zwischen zwei Computern konzipiert worden. Über einen sogenannten FTP-Client, beispielsweise das kostenlose Programm WINSCP für Windows-PCs oder Cyberduck für Macintosh-Geräte, wird dabei eine Verbindung mit dem Webserver hergestellt.

Neben einem FTP-Programm brauchen Sie natürlich auch die Zugangsdaten zum Server: den Servernamen (in aller Regel können Sie auch den Domainnamen verwenden), die Benutzerkennung (Log-in) sowie das dazugehörige Passwort. Viele Webhosting-Anbieter bieten auch sogenannte Web-FTP-Clients an, mit deren Hilfe man sich direkt im Browser mit dem Webserver verbinden kann.

Nachdem Sie die Verbindung zum Webserver hergestellt haben, sollten Sie sich in aller Regel im Hauptverzeichnis, dem sogenannten Root-Verzeichnis, befinden. In dieses müssen Sie Ihre persönliche Google Webmaster Tools-Bestätigungsdatei übertragen. Diese Bestätigungsdatei erhalten Sie, wenn Sie auf der Google Webmaster

Tools-Bestätigungsseite auf die Wörter *diese HTML-Bestätigungsseite* klicken und die Datei auf Ihren Computer übertragen.

Wechseln Sie in Ihrem FTP-Programm (oder im Web-FTP) zu dem Verzeichnis Ihres Computers, in dem sich die Bestätigungsdatei befindet. Übertragen Sie sie in das Hauptverzeichnis des Webservers, sodass die Datei unter der Adresse *www.ihre-zu-bestätigende-domain.de/name-der-bestätigungsdatei.html* erreichbar ist.

Nachdem Sie diesen Schritt abgeschlossen haben, können Sie zurück zu Ihrem Webbrowser wechseln. Sie befinden sich nun bei Schritt 3 und können die erfolgte Übertragung durch einen Klick auf die dort angegebene Adresse überprüfen.

Haben Sie auch diesen Schritt erfolgreich beendet, können Sie die Bestätigung der Website durch einen Klick auf *Bestätigen* abschließen. Spätestens jetzt können Sie auch die FTP-Verbindung zu Ihrem Webserver wieder trennen, da Sie diese – zumindest im Zusammenhang mit den Google Webmaster Tools – nicht mehr benötigen.

HTML-Tag

Eine weitere Bestätigungsmethode ist die Integration des Bestätigungsschlüssels in den sogenannten `<head>`-Bereich des Startseitenquelltexts. Eine Integration in weitere Seiten eines Webauftritts ist nicht notwendig.

Ihren persönlichen Bestätigungsschlüssel erhalten Sie, indem Sie den Tab *Alternative Methoden* auf der Bestätigungsseite auswählen und auf den Punkt *HTML-Tag* klicken.

Nach erfolgter Integration des Bestätigungsschlüssels im `<head>`-Bereich der Startseite kann die Website durch einen finalen Klick auf *weiter* bestätigt werden.

Domainnamen-Anbieter

Der Weg, die Bestätigung über den Domainnamen-Anbieter durchzuführen, ist für den durchschnittlichen Webmaster wesentlich anspruchsvoller als die bisher vorgestellten Methoden. Unter einem Domainnamen-Anbieter sind Unternehmen zu verstehen, die die Registrierung von Domainnamen erlauben und für ihre Kunden verwalten.

Durch Kooperationen zwischen Google und einzelnen Anbietern ist eine Bestätigung etwas einfacher geworden, allerdings sind aktuell kaum europäische oder gar deutsche Anbieter in der Liste anzutreffen.

Sofern Sie sich für diese Methode entscheiden und Ihr Domainhoster nicht in der Auswahlliste genannt wird, müssen Sie dort *Sonstige* auswählen. Im nächsten Schritt werden Sie dazu aufgefordert, den Bestätigungsschlüssel in die DNS-Konfiguration einzutragen.

Hinweis DNS steht für Domain Name System. Dieses System wird dazu benötigt, um Anfragen nach einer Internetadresse auf den richtigen Webserver weiterzuleiten.

Ihr persönlicher Schlüssel soll hierbei als TXT-Eintrag hinzugefügt werden. Als weitere Möglichkeit steht eine Bestätigung über einen CNAME-Eintrag bereit.

Wie Sie anhand der vielen technischen Begriffe sehen, ist diese Bestätigungsmethode eher auf Experten ausgerichtet.

Google Analytics

Wenn Sie die Webanalysesoftware Google Analytics auf Ihrer Website einsetzen und bereits den asynchronen Tracking-Code verwenden, können Sie über diesen Weg die Inhaberschaft der Website bestätigen.

Dabei ist es, neben der Verwendung des asynchronen Trackings, notwendig, dass Sie mit dem aktuell verwendeten Google-Konto über eine Bearbeitungsberechtigung für das Google Analytics-Konto verfügen und der Tracking-Code im <head>-Bereich der Seite integriert wurde. Andernfalls können Sie diese Bestätigungsmethode nicht verwenden.

Google Tag-Manager

Besonders große Websites müssen eine hohe Anzahl an Tracking-Lösungen auf einer Website integrieren. Eine relativ einfache Administrationsmöglichkeit bietet der sogenannte Tag-Manager von Google an.

Wenn Sie dieses Tool bereits auf Ihrer Website einsetzen, können Sie die Bestätigung der Inhaberschaft auch auf diesem Weg durchführen. Ähnlich wie bei der Bestätigung über Google Analytics muss dabei das aktuell verwendete Google-Konto über entsprechende Rechte im Tag-Manager verfügen. In diesem Fall sind Verwaltungsrechte notwendig.

Das können Sie alles in den Google Webmaster Tools bestätigen

Nachdem Sie spätestens jetzt Ihre erste Website erfolgreich in Google Webmaster Tools bestätigt haben, möchte ich Ihnen sagen, was Sie über den bisher bestätigten Hostnamen hinaus noch in den Webmaster-Tools bestätigen können.

Neben dem Haupt-Hostnamen, in aller Regel ist dies *http://www.name-ihrer-domain.de/*, können Sie eventuell noch weitere von Ihnen genutzte Hostnamen bestätigen. Bieten Sie beispielsweise auch unter dem HTTPS-Protokoll (*https://www.name-ihrer-domain.de/*) Inhalte an, sollten Sie auch diesen Hostnamen in den Google Webmaster Tools bestätigen. Selbiges gilt natürlich für Hostnamen wie *http://blog.name-ihrer-domain.de/*.

Die Bestätigung weiterer Hostnamen läuft komplett analog zur bereits durchgeführten Authentifizierung ab. Sofern Sie sich für die HTML-Variante entscheiden, müssen Sie über ein FTP-Programm eine Verbindung zum gewünschten Hostnamen herstellen und die Bestätigungsdatei in den Hauptordner des Webspace kopieren.

Eine weitere interessante Möglichkeit stellt die Bestätigung von einzelnen Verzeichnissen dar. Ein Verzeichnis oder Ordner ist dabei eine URL wie *www.name-ihrer-domain.de/produkte/*. Damit Sie einen solchen Ordner bestätigen können, ist es notwendig, dass dieser Ordner mindestens ein weiteres Dokument beziehungsweise eine weitere Seite enthält.

Die Bestätigung von Verzeichnissen läuft ein klein wenig anders ab als das Bestätigen eines weiteren Hostnamens. Im Fall von Ordnern wurde der Hostname in aller Regel bereits vorher verifiziert, weshalb eine Integration des Bestätigungsschlüssels innerhalb des Ordners nicht notwendig ist.

Um einen Ordner hinzuzufügen, verwenden Sie wie gewohnt den Dialog *Website hinzufügen* und geben dort den Pfad des Ordners an. Bitte denken Sie daran, dass die Bestätigung von einzelnen Seiten, beispielsweise *www.name-ihrer-domain.de/unterseite.html*, nicht möglich ist.

Warum es sinnvoll ist, Verzeichnisse und weitere Hostnamen zu bestätigen

Sie fragen sich jetzt sicher, worin der Mehrwert liegt, wenn Sie neben Ihrem Haupt-Hostnamen auch noch weitere Hostnamen oder gar Verzeichnisse bestätigen. Ganz einfach: Durch ihre Bestätigung haben Sie die Möglichkeit, Auswertungen und zum Teil auch Konfigurationen auf Ordner- oder Subdomainbasis durchzuführen. Das kann bei der täglichen Arbeit sehr hilfreich sein, beispielsweise wenn Sie wissen wollen, welcher Ordnerpfad Ihrer Website die meisten Besuche verzeichnen konnte oder wie viele Crawling-Probleme in eben diesem festgestellt wurden. Zusätzlich ist es seit März 2014 möglich, den Indexierungsstatus einzelner Ordner in den Webmaster-Tools zu analysieren. Dadurch wissen Sie genau, wie viele URLs eines Ordners im Google-Index enthalten sind.

Was Sie sonst noch über die Einrichtung wissen sollten

Die Bestätigung einer Website in den Google Webmaster Tools sollte kein großes Problem darstellen. Doch im Anschluss an die Einrichtung sehen Sie nicht immer direkt Daten, zum Beispiel über Suchanfragen, Crawling-Fehler oder eingehende Verlinkungen.

Ob Sie direkt nach der Bestätigung Daten einsehen können, hängt von der Größe und Historie Ihrer Website ab. Wenn Ihre Website bereits seit Längerem online ist und darauf schon einige Inhalte veröffentlicht wurden, ist die Wahrscheinlichkeit hoch, dass direkt Daten in den Google Webmaster Tools für Sie bereitstehen.

Werden für Ihren Webauftritt noch keine Daten angezeigt, hilft Ihnen im ersten Moment nichts anderes als Warten. Nach einigen Tagen sollten auch bei kleineren Websites Statistiken und Informationen zu den meisten Funktionen der Webmaster-Tools vorliegen. In der Zwischenzeit haben Sie aber bereits die Möglichkeit, Ihre Website über die Google Webmaster Tools zu konfigurieren und beispielsweise weitere Hostnamen oder Ordner Ihres Webauftritts freizuschalten.

Dass bei vielen Websites die Daten umgehend nach Bestätigung vorliegen, zeigt Ihnen, dass Google diese Daten bereits seit Längerem gesammelt hat. Die Datenerhebung durch Google beginnt also nicht erst mit der erstmaligen Authentifizierung einer Website, sondern bereits vorher. Google hat die Daten und möchte Sie mit Ihnen teilen – dazu müssen Sie allerdings die Google Webmaster Tools nutzen.

Sobald der Bestätigungsschlüssel entfernt wird, erlischt auch der Zugriff auf die Website. Doch keine Angst: Nach Wiederbestätigung der Daten sind die bis dahin gesammelten Daten wieder da. Google hört nicht damit auf, Daten über Ihren Webauftritt zu ermitteln.

Die Nutzerverwaltung

Nachdem Sie mit Ihrem Google-Konto die Bestätigung einer Website durchgeführt haben, werden Sie automatisch zum »Website-Inhaber«. Als solcher haben Sie vollen Zugriff auf alle Funktionen und können über die Nutzerverwaltung weiteren Google-Konten Zugriff erteilen oder ihn wieder entziehen. Bis in das Jahr 2010 hinein war es noch wesentlich zeitaufwendiger, Zugriff auf eine Domain zu erteilen, denn bis dahin musste jeder Nutzer über einen eigenen Schlüssel bestätigt werden.

Innerhalb der Google Webmaster Tools gibt es seit dem Jahr 2012 insgesamt drei Berechtigungslevel. Absteigend nach den Zugriffsmöglichkeiten sind dies:

- *Website-Inhaber*
- *Uneingeschränkter Nutzer*
- *Eingeschränkter Nutzer*

Die Terminologie »uneingeschränkter Nutzer« ist in meinen Augen etwas unglücklich von Google gewählt worden. Denn selbst für uneingeschränkte Nutzer gibt es Einschränkungen.

Unterschiede der Berechtigungen

Wie erwähnt, hat nur der Website-Inhaber vollen Zugriff auf alle Funktionen der Google Webmaster Tools. Im Vergleich zu Nutzern mit uneingeschränktem Zugriff unterscheidet sich der Website-Inhaber vor allem durch die Möglichkeit, weiteren Personen Zugriff auf eine Domain zu erteilen sowie eine Domainänderung mitzuteilen.

2

Tabelle 2-1 ▶ Unterschiede in den Zugriffsberechtigungen

Funktion	Inhaber	Uneingeschränkt	Eingeschränkt
Darstellung der Suche			
Strukturierte Daten	✔	✔	✔
Data Highlighter	✔	✔	✖
HTML-Verbesserungen	✔	✔	✔
Sitelinks	✔	✔	Nur ansehen
Suchanfragen			
Suchanfragen	✔	✔	✔
Links zu Ihrer Website	✔	✔	✔
Interne Links	✔	✔	✔
Manuelle Maßnahmen	✔	✔	Nur ansehen
Google-Index			
Indexierungsstatus	✔	✔	✔
Content-Keywords	✔	✔	✔
URLs entfernen	✔	✔	✖
Crawling			
Crawling-Fehler	✔	✔	Nur ansehen
Crawling-Statistiken	✔	✔	✔
Abruf wie durch Google	✔	✔	Nur abrufen
Blockierte URLs	✔	✔	✔
Sitemaps	✔	✔	Nur ansehen und testen
URL-Parameter	✔	✔	Nur ansehen
Sicherheitsprobleme			
Sicherheitsprobleme	✔	✔	✔
Andere Ressourcen			
Andere Ressourcen	✔	✔	✔
Google Labs			
Vorschau	✔	✔	✔
Website-Konfiguration			
Website-Einstellungen	✔	✔	Nur ansehen
Adressänderungen	✔	Nur ansehen	Nur ansehen
Google Analytics-Property	✔	✖	✖
Nutzer & Website-Inhaber	✔	✖	✖
Überprüfungsdetails	✔	✖	✖
Partner	✔	✖	✖
Weitere Funktionen			
Antrag auf erneute Überprüfung	✔	✔	✖
Disavow-Tool	✔	✔	✖

Welche Zugriffsberechtigung sollten Sie welcher Nutzergruppe erteilen?

Google hat die unterschiedlichen Zugriffsberechtigungen auch deshalb eingeführt, um die teilweise sehr mächtigen Funktionen nicht jeder bestätigten Person zuteilwerden zu lassen.

In der täglichen Arbeit stellt sich dadurch natürlich die Frage, welche Nutzergruppe mit welchen Zugriffsrechten ausgestattet werden sollte.

Website-Inhaber

Mit diesem Zugriffslevel sollten Sie sehr sparsam umgehen. Der Website-Inhaber muss nicht zwangsläufig operativ mit den Google Webmaster Tools arbeiten, den Zugriff auf die Tools aber verwalten.

Empfehlung für:

- Leiter der Technik
- verantwortliche Mitarbeiter für Suchmaschinenoptimierung

Uneingeschränkter Zugriff

Ungeachtet der nicht ganz glücklichen Benennung dieser Zugriffsform, bringt dieses Level die notwendigen Funktionen mit, auf die ein mit dem Thema SEO betrauter Mitarbeiter Zugriff haben sollte.

Gängige Aufgaben wie die Analyse von Suchanfragen, Behebung von Crawling-Fehlern sowie Auswertung von eingehenden Verlinkungen lassen sich mit diesem Zugriffsrecht sehr gut umsetzen.

Empfehlung für:

- SEO-Mitarbeiter mit Erfahrung
- externe SEO-Berater

Eingeschränkter Zugriff

Die Zugriffsrechte auf diesem Level reichen in aller Regel für Mitarbeiter aus, die sich über die Entwicklung der Website hinsichtlich Suchanfragen, HTML-Verbesserungen und Crawling-Fehlern informieren möchten und hier entstandene Probleme beheben sollen.

Vom Profil her passt dieses Zugriffslevel sehr gut auf Mitarbeiter, die aktiv an der Suchmaschinenoptimierung mitarbeiten, aber noch keine tiefer gehenden Kenntnisse über die technische Konfiguration und deren Auswirkungen haben.

Es wäre wünschenswert, wenn Google Nutzern mit eingeschränktem Zugriff eine Markierung von Crawling-Fehlern erlauben würde.

Empfehlung für:

- Redaktion
- SEO-Mitarbeiter mit geringer Vorerfahrung
- SEA-Team

Zugriff auf eine Website gewähren

Sie wissen jetzt bereits, wie Sie einen Webauftritt bestätigen können und dass es unterschiedliche Zugriffslevel gibt. Unter Umständen sind Sie nicht allein für das Thema Suchmaschinenoptimierung verantwortlich und möchten aus diesem Grund Mitarbeitern die Möglichkeit geben, ebenfalls auf die Daten und Funktionen der Google Webmaster Tools zuzugreifen.

Zur Nutzerverwaltung kommen Sie als Website-Inhaber auf verschiedenen Wegen. Von der Webmaster-Tools-Startseite (der Seite, auf der alle Domains aufgelistet sind, auf die Sie Zugriff haben) können Sie nach Klick auf *Website verwalten* in der rechten Spalte den Unterpunkt *Nutzer hinzufügen oder entfernen* wählen.

Abbildung 2-16 ▼ Ein Klick auf Website verwalten bringt Sie zum Nutzermanagement.

Alternativ gelangen Sie zur Nutzerverwaltung, indem Sie nach Auswahl einer Domain auf das Zahnrad im oberen rechten Bereich klicken und dort *Nutzer & Website-Inhaber* auswählen.

Abbildung 2-17 ▶ Nach Auswahl einer Domain gelangen Sie über das Zahnrad zur Nutzerverwaltung.

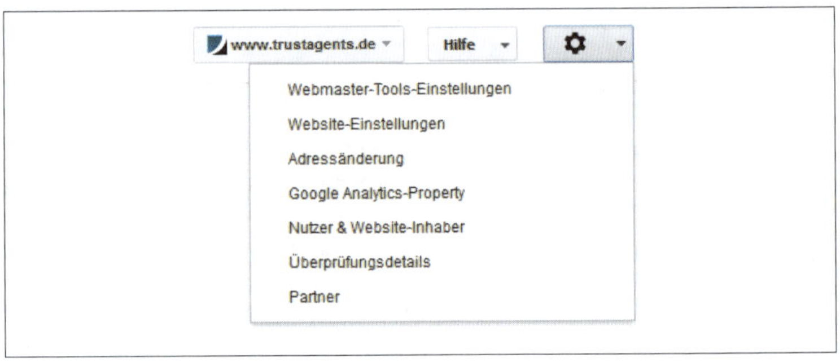

Hinweis Bitte beachten Sie, dass Sie nur als Website-Inhaber auf das Nutzermanagement zugreifen können und auch nur in diesem Fall die angesprochenen Links angezeigt werden.

Im Nutzermanagement sehen Sie eine Auflistung der aktuell freigeschalteten Google-Konten samt den dazugehörigen Zugriffsrechten. Sofern es Nutzer mit eingeschränktem oder uneingeschränktem Zugriff gibt, können Sie über das Drop-down-Menü die Zugriffsrechte wählen.

▼ **Abbildung 2-18**
Auflistung der Google-Konten mit Zugriff auf die Website

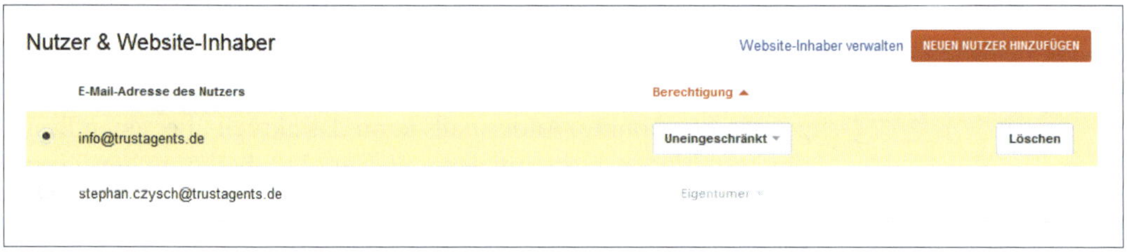

Um jemandem die Zugriffsrechte komplett zu entziehen, müssen Sie die gewünschte Adresse markieren. Dadurch wird diese, wie auf der Abbildung gezeigt, gelb hinterlegt, und ein Klick auf *Löschen* entfernt den Zugriff des Nutzers.

Über die rote Schaltfläche können Sie durch die Angabe der E-Mail-Adresse weitere Nutzer mit uneingeschränktem und eingeschränktem Zugriff hinzufügen.

Sie vermissen an dieser Stelle wahrscheinlich die Möglichkeit, weitere Nutzer zum Inhaber eines Webauftritts zu machen. Für diese Aktion stellt Google eine eigene Prozedur bereit, die Sie über den Link *Website-Inhaber verwalten* im oberen Bereich der Seite starten können.

▼ **Abbildung 2-19**
Inhaberrechte können über »Website-Inhaber verwalten« administriert werden.

Wie auf der Abbildung zu sehen ist, wurde dem E-Mail-Konto *stephan.czysch@trustagents.de* die Inhaberschaft von einem bereits vorhandenen Website-Inhaber übertragen. Dieser hat die Inhaberschaft durch das Hochladen einer HTML-Datei bestätigt.

Da ich im Fall der Beispieldomain zur Inhaberschaft ermächtigt wurde, steht mir die Option zur Verfügung, durch den normalen Bestätigungsprozess die Inhaberschaft nochmals zu bestätigen. Dies hat den Vorteil, dass dem Konto die Inhaberschaft schwerer entzogen werden könnte. Andernfalls kann das aktuell über einen Bestätigungsschlüssel authentifizierte Website-Inhaberkonto den Zugriff wieder entziehen.

Im unteren Bereich listet Google nicht nur die Inhaber auf, sondern weist auch aus, wie sie die Inhaberschaft erlangt haben. Die zur Bestätigung gewählte Methode können Sie durch einen Klick auf *Bestätigungsdetails* herausfinden.

Sie fragen sich jetzt vielleicht, wie das hinzugefügte Google-Konto mitbekommt, dass es Zugriff auf eine Website erhalten hat. Aktuell verschickt Google in diesem Fall keine Nachricht an das Konto. Die freigegebene Domain erscheint allerdings automatisch auf der Übersichtsseite der Webmaster-Tools.

Kontrollieren Sie die Zugriffe!

Aus eigener Erfahrung kann ich Ihnen nur raten, die Zugriffsrechte regelmäßig zu kontrollieren. Das sollten Sie speziell dann tun, wenn mehrere Personen über Inhaberrechte verfügen und somit selbst weiteren Personen Zugriffe erteilen können.

Häufig haben Nutzer Zugriff auf Google Webmaster Tools, die schon seit Längeren nicht mehr operativ für eine Website arbeiten. Man möchte niemandem böse Absichten unterstellen, doch eine falsche Konfiguration der Website kann unerwünschte Folgen haben.

Google hält etwas versteckt noch eine Übersicht über die eigenen Website-Inhaberschaften bereit. Darin sehen Sie direkt, bei welchen bestätigten Domains Sie über Inhaberrechte verfügen und mit einem Klick auf die Seite zur Verwaltung der Inhaberschaft gelangen.

Diese Seite finden Sie unter *www.google.com/webmasters/verification/home*.

Website-Dashboard

Das Dashboard stellt den zentralen Einstiegspunkt für eine genauere Betrachtung einer Domain dar und ist nach erfolgreicher Bestätigung einer Website durch einen Klick auf den Domainnamen aufrufbar. Google fasst auf dem Dashboard wichtige Informationen zur Website prägnant zusammen.

Auf dem Dashboard sehen Sie:

- eingegangene Nachrichten,
- eine Übersicht über die Crawling-Fehler,
- die Suchanfragencharts der letzten vier Wochen sowie
- Informationen zu eventuell eingereichten Sitemaps.

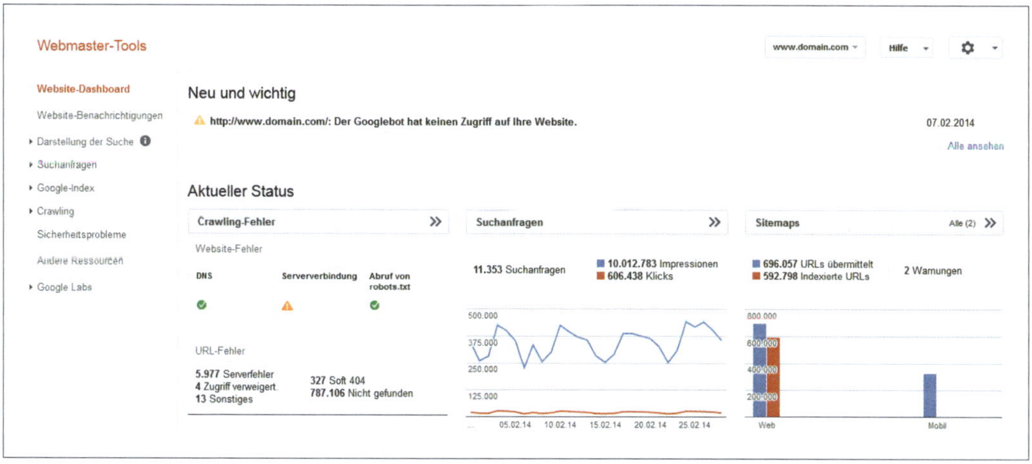

Durch einen Klick auf die grau hinterlegten Bereiche können Sie zur Detailansicht wechseln. Zusätzlich zu den auf dem Dashboard angezeigten Informationen wird in der linken Spalte die Navigation angezeigt, die sich in die folgenden Menüpunkte untergliedert:

▲ **Abbildung 2-20**
Das Google Webmaster Tools-Dashboard

- *Website-Dashboard*
- *Website-Benachrichtigungen*
- *Darstellung der Suche*
- *Suchanfragen*
- *Google-Index*
- *Crawling*
- *Sicherheitsprobleme*

- *Andere Ressourcen*
- *Google Labs*

Teilweise ist diesen Menüpunkten ein Pfeil vorangestellt, der darauf hinweist, dass weitere Unterpunkte zur Auswahl stehen.

Bevor wir uns diesen Funktionen in den kommenden Kapiteln in aller Ausführlichkeit widmen, schauen wir uns noch kurz die Informationen an, die Sie dem Dashboard entnehmen können.

Crawling-Fehler

Unter dem Punkt *Crawling-Fehler* sehen Sie auf dem Dashboard, ob Google in den letzten 90 Tagen Probleme bei der Verbindungsherstellung zu Ihrer Website hatte. Diese werden als *Website-Fehler* zusammengefasst. Wenn keine Probleme vorlagen, sehen Sie unter *DNS*, *Serververbindung* und *Abruf von robots.txt* einen grünen Haken. Andernfalls wird ein gelbes Warndreieck oder sogar ein rotes Ausrufezeichen dargestellt.

Neben Website-Fehlern werden auch URL-Fehler ausgewiesen, wie bei Website-Fehlern aber auch nur dann, wenn diese in letzter Zeit aufgetreten sind. Wünschenswert wäre es, wenn Google auch hier einen Indikator lieferte, der Aufschluss darüber gibt, ob einzelne URL-Fehler in letzter Zeit häufiger oder seltener aufgetreten sind.

Suchanfragen

Der Suchanfragenbericht basiert auf Suchbegriffen, über die die betrachtete Website in der unbezahlten Google-Suche gefunden wird. Für die Darstellung liegen die letzten vier Wochen zugrunde. Bei jeder Darstellung von Suchanfragen in den Google Webmaster Tools müssen Sie beachten, dass die Daten der letzten beiden Tage nicht verfügbar sind.

Zusätzlich zum Diagramm sehen Sie, zu wie vielen unterschiedlichen Suchanfragen Ihre Website gefunden wurde, sowie Informationen zu Impressionen und Klicks.

Sitemaps

Sitemaps sind Übersichtsseiten mit den auf einer Website verfügbaren URLs. Durch eine Sitemap kann unter anderem sichergestellt werden, dass jede URL über mindestens eine Verlinkung erreichbar ist.

Sitemaps müssen in den Google Webmaster Tools explizit angemeldet werden. Sofern Sie das getan haben und Google Ihre Datei(en) verarbeitet hat, sehen Sie auf dem Dashboard – getrennt nach Medientyp, zum Beispiel URLs und Bilder –, wie viele Medien eingereicht und wie viele davon indexiert wurden. Wenn Fehler beziehungsweise Meldungen im Zusammenhang mit der Sitemap vorliegen, werden Sie auf diese auf dem Dashboard hingewiesen.

Zusammenfassung des Kapitels

- Für die Nutzung der Google Webmaster Tools ist ein *Google-Konto* zwingend erforderlich. Dafür kann ein bereits bestehendes Konto (z.B. Gmail, YouTube, Google AdWords) verwendet werden.

Tipp Für Unternehmen empfiehlt es sich, eine nicht personengebundene E-Mail-Adresse zur Bestätigung der Website zu verwenden.

- Die Ansicht auf der Webmaster-Tools-Startseite unterscheidet sich abhängig davon, ob Sie bereits Zugriff auf bestätigte Domains haben oder nicht.
- Die einfachste Bestätigungsmethode ist das Hochladen einer HTML-Datei. Alle Bestätigungsmethoden sind gleichwertig.
- Mit demselben Google-Konto können mehrere Domains bestätigt werden.
- Es ist möglich, Domains, Subdomains sowie Verzeichnisse in den Google Webmaster Tools zu bestätigen. Nutzen Sie diese Möglichkeit.
- Durch die Bestätigung einer Domain mittels eines eigenen Schlüssels werden Sie zum Website-Inhaber. Dies stellt den *Vollzugriff* dar. *Uneingeschränkter* und *eingeschränkter Zugriff* sind die beiden weiteren Zugriffslevels.
- Über das Nutzermanagement können Website-Inhaber weiteren Google-Konten Zugriff auf eine Domain erteilen. Freigegebene Domains werden automatisch auf der Übersichtsseite angezeigt.
- Über die Benachrichtigungsfunktion weist Google Sie auf Probleme hin. Diese Meldungen werden standardmäßig an die E-Mail-Adresse versendet, die zum Google-Konto gehört.

- In den über das Zahnrad erreichbaren Einstellungen können Sie auf Wunsch E-Mail-Benachrichtigungen deaktivieren sowie die Benachrichtigungshäufigkeit ändern.
- Auf der Startseite der Webmaster-Tools finden Sie unter *Google Labs* die Autorenstatistiken. Wenn Sie die Autorschaft von Inhalten ausgezeichnet haben, sehen Sie hier, wie häufig Ihr Profil in der Google-Suche pro Suchwort erschienen ist.
- Nachdem Sie eine einzelne Domain ausgewählt haben, erscheint unter *Google Labs* die Vorschaufunktion. Über diese können Sie ein optisches Abbild einer Webseite erstellen lassen.
- Wenn in den Google Webmaster Tools noch keine Daten für Ihre Domain vorliegen, hilft nur warten. Innerhalb von 48 Stunden sollten Sie, sofern Sie den richtigen Hostnamen bestätigt haben und Zugriffe von Suchmaschinen auf Ihre Website nicht blockieren, Daten analysieren können.

Darstellung der Suche

3

Unter dem Menüpunkt *Darstellung der Suche* sind alle Funktionen zusammengefasst, die die Darstellung eines Suchtreffers Ihrer Website in der Google-Suche betreffen.

Im Laufe der Jahre hat sich die Darstellung von Suchergebnissen in der Websuche wesentlich verändert: Wo früher zehn blaue Links zu sehen waren, erscheinen heute unter anderem Bilder, Autoreninformationen oder Bewertungen.

Diese gestiegene Vielfalt hat Google zum Anlass genommen, die in der Suche dargestellten Elemente in einer interaktiven Grafik aufzulisten. Durch einen Klick auf das neben *Darstellung der Suche* angezeigte *i* können Sie diese aufrufen.

Zu den klassischen Elementen, die Google in der Websuche im Zusammenhang mit einem Suchtreffer anzeigt, gehören:

- Seitentitel
- Meta-Description (Snippet)
- URL des Treffers

Diese Informationen werden im Allgemeinen direkt von Ihrem Webauftritt übernommen. In Fällen, in denen Google andere Informationen im Zusammenhang mit der angezeigten URL für relevanter hält, werden Seitentitel oder Meta-Descriptions automatisch angepasst. Dies geschieht mit dem Zweck, die Klickwahrscheinlichkeit auf eine Seite zu erhöhen.

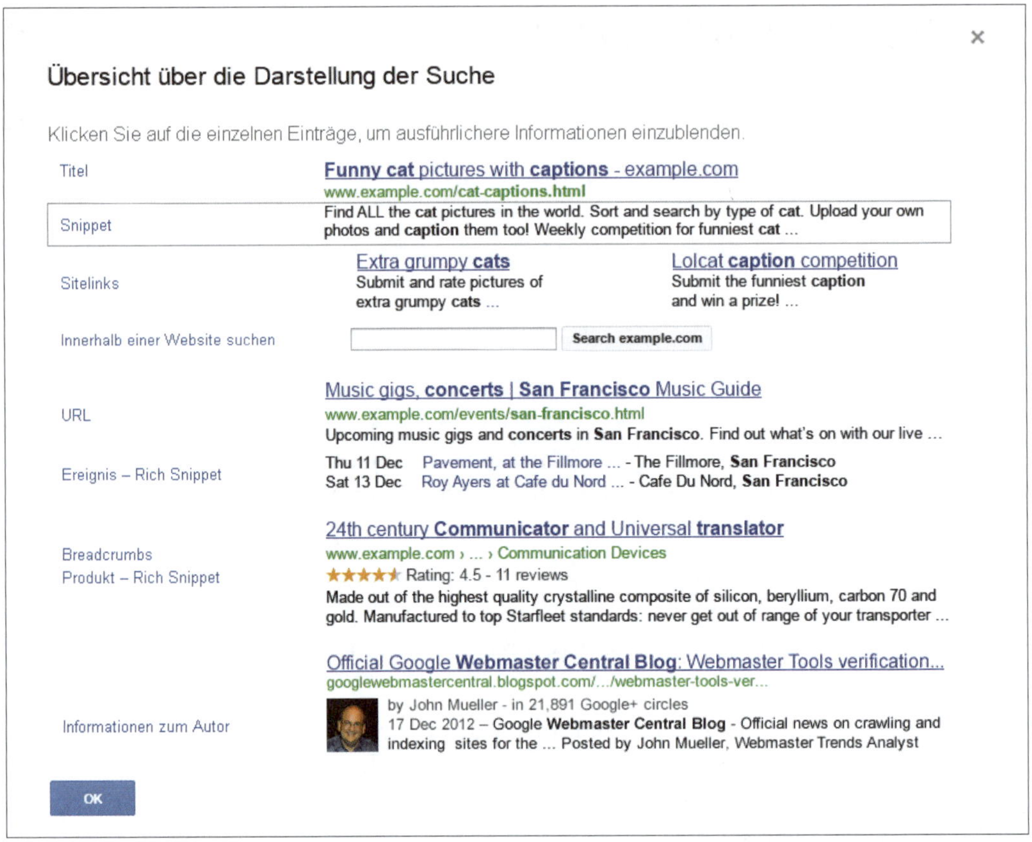

Abbildung 3-1 ▲
Übersicht und Bezeichnung von in der Google-Suche angezeigten Informationen zu einem Suchtreffer

In der Abbildung zeigt Google weitere Elemente an, die in der Google-Suche dargestellt werden können. Nehmen wir zum Beispiel das »Ereignis – Rich Snippet«. Durch einen Klick auf das Datum erfahren Sie, wie Sie dieses Element beeinflussen können. Im Fall von Ereignis- beziehungsweise Eventinformationen ist dies durch die Verwendung einer von Google und anderen Suchmaschinenkonzernen definierten strukturierten Auszeichnung möglich. Als Alternative zur Auszeichnung strukturierter Daten im Quelltext bietet Google den sogenannten *Data Highlighter* in den Google Webmaster Tools an.

Bevor wir bereits an dieser Stelle tiefer in die Thematik einsteigen, sollten wir einen Blick auf die Funktionen werfen, die Google unter *Darstellung der Suche* gruppiert.

Das sind aktuell:

- Strukturierte Daten
- Data Highlighter

- HTML-Verbesserungen
- Sitelinks

Lassen Sie uns zusammen erkunden, wie Sie diese Funktionen nutzen können.

Strukturierte Daten

Suchmaschinen versuchen, über diverse Algorithmen zu bestimmen, welche Dokumente im Netz zu einer Suchanfrage relevant sind und in welcher Reihenfolge diese Dokumente angezeigt werden sollten. Problematisch ist für Suchmaschinen hierbei, dass vorliegende Daten je nach Kontext eine andere Bedeutung haben können. Wofür steht beispielsweise 03047377093? Ist das eine bedeutungslose Aneinanderreihung von Zahlen? Eine Kontonummer? Oder eventuell eine Telefonnummer?

Um die Semantik von Daten und Informationen zu verbessern, haben sich unter anderem die Suchmaschinenbetreiber Google, Bing, Yahoo! und Yandex zusammengeschlossen und mit schema.org ein Reihe von Schemata definiert, die dieses Ziel erreichbar machen sollen.

schema.org

Mit schema.org haben Suchmaschinenbetreiber den Versuch unternommen, eine einheitliche Mikroformatauszeichnung von Daten zu etablieren, die in den Quelltext eingefügt wird.

Zum gegenwärtigen Zeitpunkt gibt es eine Reihe von Möglichkeiten, um Daten strukturiert auszuzeichnen. So ist es beispielsweise auf verschiedene Art und Weise möglich, den Preis eines Produkts auf einer Webseite für Suchmaschinen in strukturierter Weise kenntlich zu machen. Eine Anpassung der Suchmaschinenalgorithmen auf diverse Auszeichnungsmöglichkeiten wäre sowohl zeit- als auch kostenintensiv. Zudem steigt auch die Fehleranfälligkeit bei der Verarbeitung der Daten.

Vor diesem Hintergrund haben sich Suchmaschinenkonzerne auf schema.org als bevorzugtes Auszeichnungsformat für strukturierte Daten geeinigt.

Wenn Daten in einem strukturierten Format vorliegen, sind sie für Suchmaschinen einfacher verarbeitbar. So ist in schema.org ein festes Datenformat definiert, das für Filme angewendet werden kann. Stellt eine Webseite etwa Informationen zu Filmen bereit, kann mittels schema.org zum Beispiel der Regisseur oder die Spieldauer eindeutig ausgezeichnet werden.

Neben schema.org gibt es weitere Mikroformatauszeichnungen, beispielsweise microformats.org oder goodrelations. Weitere Informationen zu schema.org finden Sie unter *http://schema.org*.

Weshalb sind strukturierte Daten für Suchmaschinen wichtig?

HTML erlaubt zwar in gewisser Art und Weise eine strukturierte Auszeichnung von Daten, diese Auszeichnung ist allerdings sehr grob. Suchmaschinen würden gern genau wissen, ob es sich bei einer auf einer Webseite verfügbaren Zahlenfolge zum Beispiel um eine Telefonnummer oder eine Bankverbindung handelt. Diese Problematik wird auf der Website von schema.org so beschrieben:

> »Your web pages have an underlying meaning that people understand when they read the web pages. But search engines have a limited understanding of what is being discussed on those pages.«

Als Beispiel dient dort die Auszeichnung `<h1>Avatar</h1>`. Diese Angabe weist den Browser an, die Zeichenkette `Avatar` im Format »Überschrift 1. Grades« darzustellen. Diese Auszeichnung kann auch etwas über die Bedeutung der Zeichenkette für den Inhalt der Seite aussagen. Allerdings wird nicht klar, wofür die Zeichenkette `Avatar` genau steht. Handelt es sich dabei um einen Film? Oder handelt es sich um ein Profilfoto?

Durch eine Analyse des Kontexts ist diese Frage für Suchmaschinen klärbar, allerdings ist dies ressourcenintensiv. Aus diesem Grund wäre eine Auszeichnung der Zeichenkette zum Beispiel mit schema.org sehr hilfreich.

Wie können Webmaster durch strukturierte Datenauszeichnungen profitieren?

Verfügbare HTML-Auszeichnungen sinnvoll einzusetzen, hat der Suchmaschinenoptimierung noch nie geschadet. So ist und bleibt beispielsweise die Verwendung von HTML-Überschriften im Zusammenhang mit den auf der Seite optimierten Suchanfragen ein Grundpfeiler von SEO. Suchmaschinen wünschen sich allerdings eine noch spezifischere Auszeichnung von Daten. Dies würde eine einfachere Analyse der Inhalte erlauben.

Als Website-Betreiber profitieren Sie durch das verbesserte semantische Verständnis Ihrer Website auch dadurch, dass die strukturiert ausgezeichneten Informationen in der Websuche angezeigt werden können. In diesem Fall spricht man von Rich Snippets. Durch deren

Darstellungsform kann eine höhere Click-Through-Rate erzielt und somit können mehr Besucher generiert werden.

◀ **Abbildung 3-2**
Rich Snippet-Integration beim Onlinemodeshop fashionid.de

In der Abbildung zeigt Google neben den in aller Regel in der Google-Suche anzutreffenden Elementen (Seitentitel, Meta-Description und URL) zusätzlich noch Informationen zu Bewertungen, Verfügbarkeit und Preis an. Google ist dazu in der Lage, weil auf der Webseite diese Informationen (neben anderen) in einer für Suchmaschinen verständlichen Form vorliegen.

Hinweis Die Unterscheidung von strukturierten Daten und Rich Snippets ist wichtig. Zwar basieren Rich Snippets auf strukturierten Daten, allerdings führen nicht alle strukturierten Daten auch zu Rich Snippets.

Wie sieht eine strukturierte Datenauszeichnung aus?

In dem in Abbildung 3-2 gezeigten Beispiel werden der Produktpreis, die Warenverfügbarkeit und aggregierte Bewertungen in der Google-Suche angezeigt.

Würden die Daten in einem Format wie

Preis: 249,00 Euro

Durchschnittliche Bewertung: 5

Anzahl Bewertungen: 10

Verfügbarkeit: Auf Lager

vorliegen, wäre für Suchmaschinen nicht direkt ersichtlich, wofür diese Daten stehen. Durch eine strukturierte Auszeichnung lässt sich das verbessern.

So wurde auf der Webseite unter anderem folgende Datenauszeichnung vorgenommen.

```
<li itemtype="http://schema.org/Offer" itemscope="" itemprop="offers"
class="Prices">
<span class="Label">Preis</span>
<span>249,00 €</span>
<meta content="new" itemprop="itemCondition">
```

```
<meta content="249,00" itemprop="price">
<meta content="EUR" itemprop="priceCurrency">
<meta content="http://schema.org/InStock" itemprop="availability">
<meta content="Bekleidung &amp; Accessoires &gt; Bekleidung &gt;
Überbekleidung &gt; Mäntel &amp; Jacken" itemprop="category">
</li>
```

Durch die `itemtype`-Angabe wird Suchmaschinen mitgeteilt, dass eine Auszeichnung eines Angebots folgt. In ähnlicher Art und Weise wurde bereits vorher im Quelltext der Seite definiert, dass auf der Seite ein Produkt dargestellt wird. Die Angaben `itemprop="price"` und `"priceCurrency"` teilen Suchmaschinen mit, dass sich der Preis des Produkts auf 249,00 in der Währung Euro beläuft. Die oben gezeigten Auszeichnungen stellen nur einen Auszug aus den strukturiert vorliegenden Informationen auf dieser spezifischen Produktseite dar. Unter der Adresse *https://support.google.com/webmasters/answer/146750?hl=de* finden Sie weitere Informationen zur strukturierten Auszeichnung von Produkten.

Google stellt mit dem »Test-Tool für strukturierte Daten« ein Werkzeug bereit, mit dem strukturierte Daten einer Adresse angezeigt werden können. Abbildung 3-3 zeigt, welche weiteren Daten in maschinenlesbarer Form auf der Seite vorliegen.

Abbildung 3-3 ▼
Auszug aus der URL-Auswertung im Test-Tool für strukturierte Daten

Item	
type:	http://schema.org/product
property:	
image:	http://www.fashionid.de/media/929/wellensteyn-jacke-mit-hahnentrittmuster-weiss-8935387168798f1e41d7.png
brand:	WELLENSTEYN
name:	Jacke mit Hahnentrittmuster
url:	http://www.fashionid.de/wellensteyn/damen-jacke-mit-hahnentrittmuster-8881409_10/
sku:	8881409
offers:	*Item 1*
aggregaterating:	*Item 2*
color:	Weiß
description:	Wir lieben die atmungsaktive, wind- und wasserdichte Jacke von Wellensteyn. Durch ihr Hahnentrittmuster wird sie zum Hingucker. Der leicht taillierte Schnitt, der hohe Stehkrage und die abnehmbare...

Welche Gefahren bestehen, wenn Suchmaschinen Daten in strukturierter Form erhalten?

Neben möglichen positiven Auswirkungen, besonders in Form einer höheren Klickrate in der Google-Suche, gibt es auch immer wieder mahnende Stimmen, die eine maschinenlesbare Auszeichnung von Informationen als kritisch erachten. Suchmaschinen könnten diese Informationen für eigene Angebote nutzen, die nicht unbedingt im Sinne des Webseitenbetreibers sind.

So zeichnet der im Beispiel genannte Onlineshop beispielsweise die Produktidentifizierungsnummer sowie den Preis des Produkts in einem von Suchmaschinen unterstützten und präferierten Format aus. Diese Information könnten Suchmaschinen dazu verwenden, die Preise des Produkts über verschiedene Anbieter hinweg zu vergleichen und nur noch den günstigsten Anbieter in der Google-Suche anzuzeigen. Ein weiteres Denkmodell wäre, die Daten in eine eigene Preissuchmaschine zu integrieren und Anbieter für einen Klick zur Kasse zu bitten.

Ich halte diese Bedenken für durchaus ernst zu nehmend, möchte die Entscheidung über die Nutzung strukturierter Daten allerdings Ihnen überlassen. Neben der eigenen Strategie ist bei einer solchen Frage auch immer der Wettbewerb relevant. Wenn andere Anbieter diese Auszeichnungen einsetzen und auch nur durch eine höhere Klickrate in der Google-Suche dafür belohnt werden, kann dies ein Wettbewerbsvorteil für Konkurrenten sein.

Zudem wäre es denkbar, dass aufgrund der breiten Verwendung strukturierter Daten auch das Verständnis von bisher nicht maschinenlesbar ausgezeichneten Daten verbessert wird. Die mögliche Folge: Suchmaschinen sind trotz »fehlender« Auszeichnung in der Lage, Daten miteinander zu vergleichen. Folglich wäre es langfristig unerheblich, ob eine Website auf strukturierte Datenauszeichnung zurückgreift.

Ein weiterer Einwurf von Kritikern ist, dass natürlich nicht nur Suchmaschinen, sondern auch Konkurrenten von der besseren Verarbeitbarkeit der Daten profitieren könnten – zum Nachteil des eigenen Unternehmens. Es soll durchaus Unternehmen geben, die zum Beispiel die Warenverfügbarkeit und die Preise von Wettbewerbern über eigene Crawler erheben. Durch die Verwendung strukturierter Auszeichnungen wäre die Datenverarbeitung noch leichter möglich.

Strukturierte Daten in den Google Webmaster Tools

Die Bestrebung von Suchmaschinenkonzernen, mehr über die Bedeutung von Daten im Web zu erfahren, ist auch in den Spezifikationen von HTML5 enthalten. So kann man in HTML5 beispielsweise eine Navigation als solche auszeichnen. Dass das Thema Semantik für Google von Interesse ist, sieht man außerdem daran, dass strukturierte Daten seit Juli 2012 in die Google Webmaster Tools eingezogen sind.

Zwar werden strukturierte Daten bereits seit längerer Zeit unterstützt, eine direkte Statistik dazu, welche Daten in welcher Anzahl auf dem Webauftritt gefunden und ausgewertet wurden, fehlte bis dato allerdings. Diese Informationen können Sie für Ihre Website nun unter *Strukturierte Daten* einsehen.

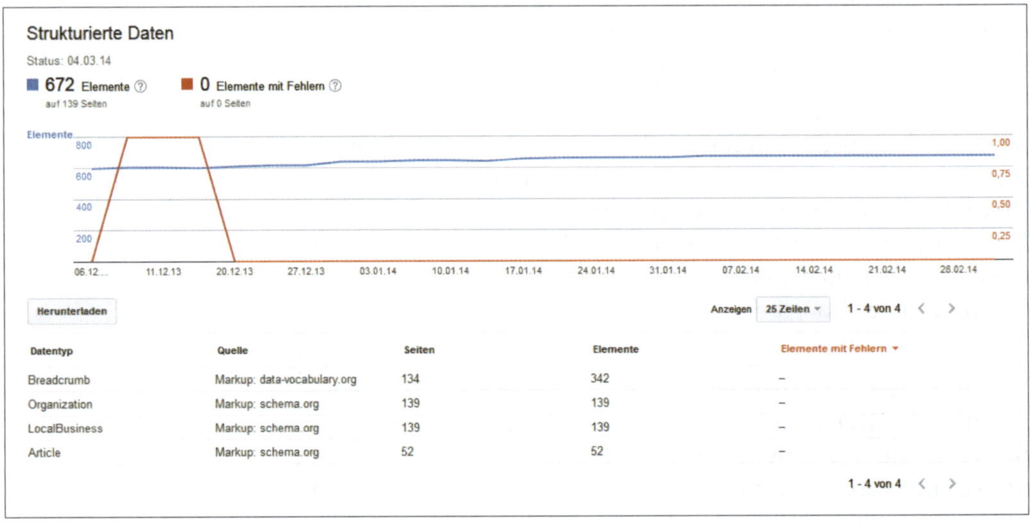

Abbildung 3-4▲
Informationen zu strukturierten Daten auf der Website

Im Fall der Beispieldomain wurden vier unterschiedliche Datenauszeichnungen verwendet. Neben dem Datentyp *Breadcrumb*, der im Auszeichnungsformat data-vocabulary.org ausgezeichnet wurde, sind dies *Organization*, *LocalBusiness* und *Article*. Bei der Auszeichnung dieser Datentypen wurde auf schema.org zurückgegriffen.

Neben den Datentypen und dem verwendeten Markup sehen Sie, auf wie vielen Seiten ein Markup gefunden wurde und wie viele einzelne Elemente das Markup verwenden. Da beispielsweise ein *Breadcrumb*, der Nutzern bei der Navigation auf der Seite behilflich sein soll, aus mehreren Elementen besteht, ist die Anzahl der Elemente höher als die Anzahl der Seiten. Als weitere Information zeigt Google an, ob bei der Verarbeitung der Daten beziehungsweise deren Auszeichnung Fehler aufgetreten sind.

Durch die Auswahl eines Datentyps können Sie eine Detailanalyse durchführen. Nach einem Klick auf den Datentyp sehen Sie,

- auf welchen Seiten der gewählte Datentyp vorkommt,
- wie viele Elemente mit dem Typ ausgezeichnet wurden,
- wie viele fehlerhafte Elemente auf der Seite enthalten sind (für den gewählten Datentyp) und
- wann Google die Seite zuletzt auf strukturierte Daten untersucht hat.

Zusätzlich werden noch, von Datentyp zu Datentyp unterschiedlich, weitere Informationen angezeigt. Im Fall einer Produktauszeichnung wären das unter anderem der Produktname, der Preis sowie die Marke.

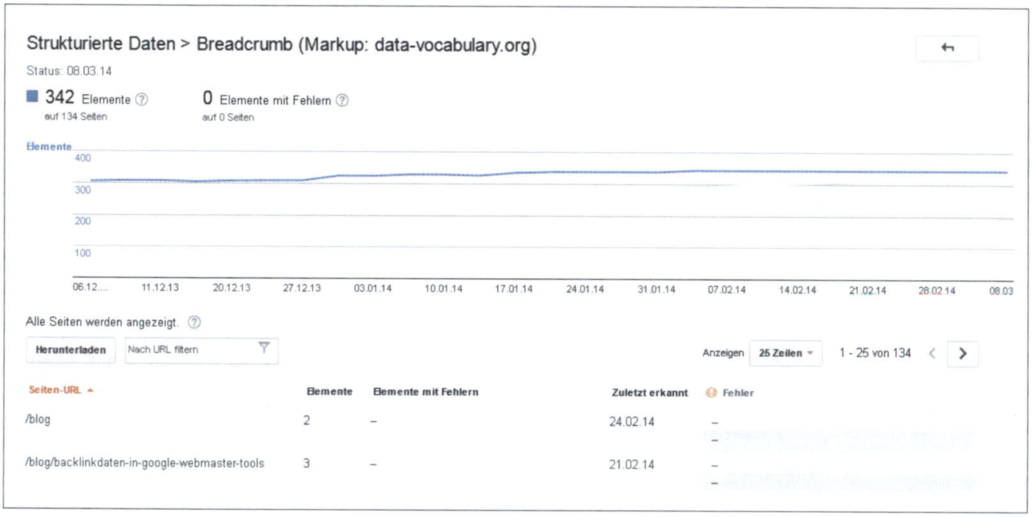

▲ **Abbildung 3-5**
Nach Auswahl eines Datentyps sehen Sie weitere Informationen dazu.

Durch die Auswahl einer einzelnen URL können Sie sich anzeigen lassen, welche strukturierten Daten auf einer Seite enthalten sind. Eine weitere Möglichkeit ist, eine Live-Auswertung der gewählten Seite im *Test-Tool für strukturierte Daten* durchzuführen. Dadurch können Sie erfahren, ob seit der letzten Analyse durch Google Auszeichnungsfehler auf der Seite vorkommen. Zudem sehen Sie zu jedem ausgezeichneten Element die aktuellen Werte.

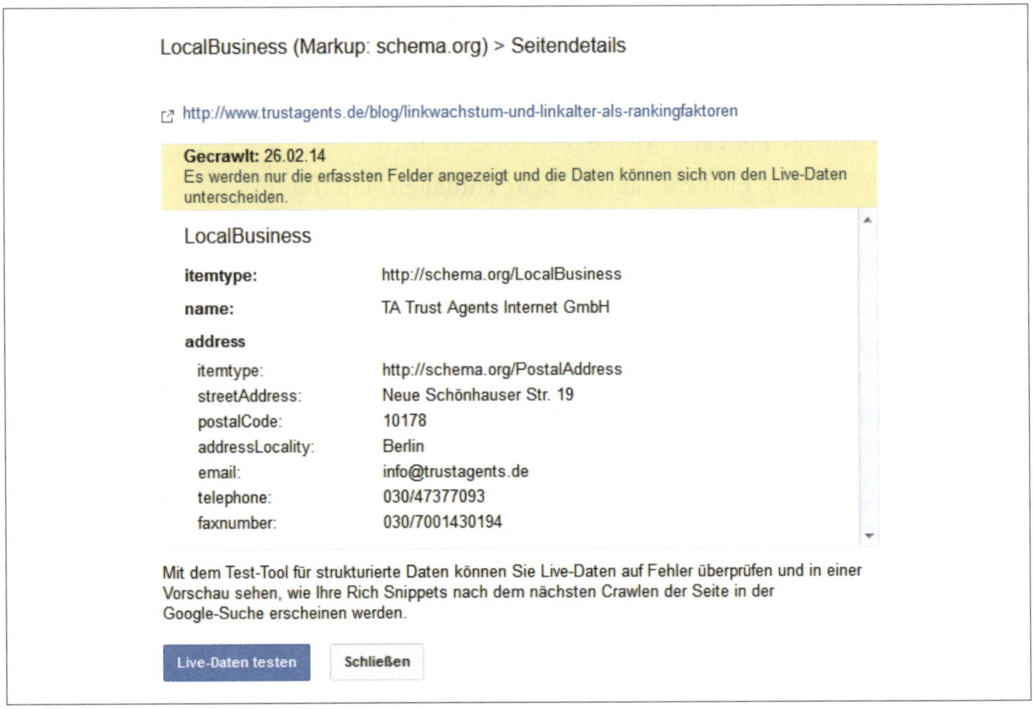

Abbildung 3-6▲
Nach Auswahl einer URL werden die strukturierte Daten aufgelistet.

Data Highlighter

Für HTML-affine Webmaster ist der Einbau von schema.org oder anderen Datenauszeichnungen relativ einfach umsetzbar. Doch häufig sind Webmaster mit der Situation konfrontiert, dass sie Daten in einem strukturierten Format auszeichnen wollen, dies aber z.B. aufgrund von Beschränkungen seitens des verwendeten Content-Management-Systems (CMS) nicht können.

Speziell bei den Informationen, die in der Google-Websuche dargestellt werden, kann dadurch ein Wettbewerbsnachteil entstehen. Denn wenn Nutzer nur noch auf die Seiten klicken, die die Daten am besten für Google aufbereiten, bekommen Seiten, die die Auszeichnungen nicht verwenden (können), deutlich weniger Klicks und verschwinden unter Umständen mittelfristig aus den Top-Suchergebnissen.

Um die Hürde zum Einstieg in die Welt der strukturierten Auszeichnungen zu senken, hat Google den Google Webmaster Tools im Dezember 2012 den *Data Highlighter* hinzugefügt. Über diese Funktion ist es möglich, auf einer einfach zu bedienenden Oberfläche eine strukturierte Auszeichnung von Daten durchzuführen.

Ob Sie den Data Highlighter verwenden oder die Auszeichnung lieber direkt im Quelltext durchführen, bleibt Ihnen überlassen. Doch bedenken Sie: Mit dem Data Highlighter zeichnen Sie Ihre Daten nur für Google in strukturiertem Format aus. Das Tool ist also eine Insellösung zur Auszeichnung strukturierte Daten. Andere Suchmaschinen können von der mittels Data Highlighter vorgenommenen Auszeichnung nicht profitieren, da die Daten nur Google vorliegen.

Grundsätzlich sind beide Wege – zumindest für Google – gleichwertig. So sollten Sie sowohl bei erfolgreicher Auszeichnung von Daten mit dem Data Highlighter als auch bei der Auszeichnung direkt im Quelltext unter *Strukturierte Daten* in den Webmaster-Tools Informationen angezeigt bekommen.

Solange Sie über den Data Highlighter noch keine Auszeichnung vorgenommen haben, erwartet Sie nach Auswahl des Menüpunkts ein englischsprachiges Video, in dem die Funktionsweise des Tools vorgestellt wird.

▼ Abbildung 3-7
Noch keine Auszeichnung vorgenommen? Dann erwartet Sie diese Seite.

Nachdem in der ersten Version des Tools nur eine Auszeichnung von Events möglich war, ist mittlerweile eine Auszeichnung folgender Datentypen mit dem Data Highlighter durchführbar:

- Artikel
- Buchrezensionen
- Ereignisse (Events)
- Filme
- Lokale Unternehmen
- Produkte
- Restaurants
- Softwareprogramme
- TV-Folgen

Es ist durchaus zu erwarten, dass in der Zukunft weitere Datentypen vom Data Highlighter unterstützt werden. Denn im Vergleich zu den Schemata von schema.org deckt der Data Highlighter zwar wichtige Datentypen ab, schema.org bietet aktuell jedoch noch eine wesentlich breitere Auswahl.

Den Data Highlighter einsetzen

Der Data Highlighter ist natürlich nur dann sinnvoll einzusetzen, wenn auf Ihrer Website Daten verfügbar sind, die vom Data Highlighter unterstützt werden. Sofern das der Fall ist, können Sie in einfachen Schritten eine Auszeichnung durchführen.

Dazu müssen Sie:

1. Die URL kopieren, auf der die Auszeichnung durchgeführt werden soll.
2. *Markieren starten* wählen.
3. Den gewünschten Datentyp aussuchen.
4. Auswählen, ob nur die eingegebene URL oder diese und ähnliche Seiten ausgezeichnet werden sollen.
5. Auf der erscheinenden Seite die auszuzeichnenden Daten auswählen.
6. Die Auszeichnung gegebenenfalls auf weiteren Seiten Ihres Webauftritts wiederholen.
7. Die Auszeichnung abspeichern.

Falls Sie *diese und ähnliche Seiten taggen* ausgewählt haben, schlägt Google Ihnen im Lauf des Auszeichnungsprozesses weitere URLs vor, die der von Ihnen ausgewählten Seite entsprechen.

Beispielhaft möchte ich Ihnen zeigen, wie Sie *Artikel* mit dem Data Highlighter auszeichnen können.

Schritt 1: URL auswählen

Um mit dem Auszeichnungsprozess zu starten, wählen Sie eine URL aus, auf der ein Artikel dargestellt wird. Diese kopieren Sie und fügen sie nach dem Klick auf *Markieren starten* in das erscheinende Fenster ein.

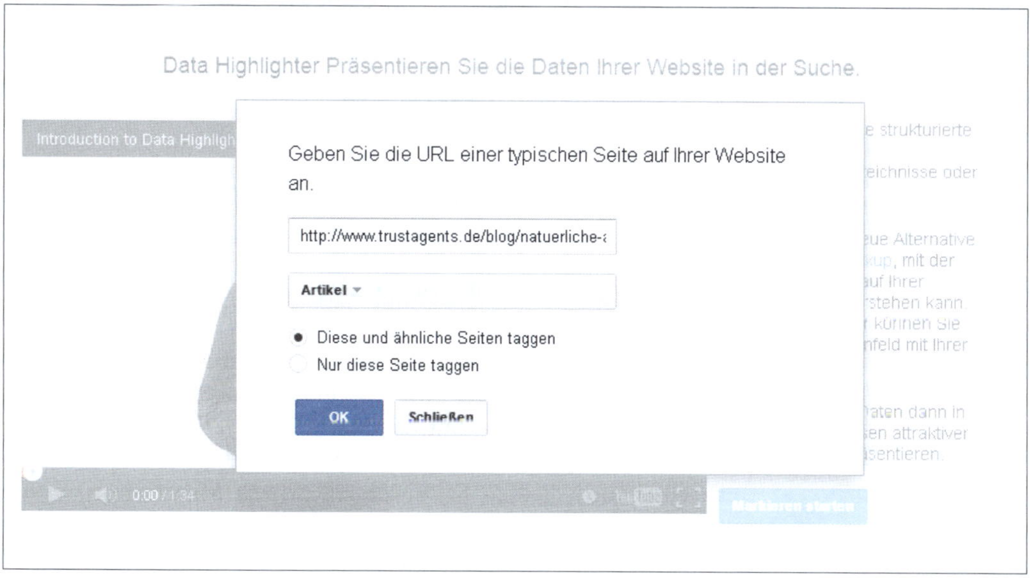

▲ **Abbildung 3-8**
Nach Angabe der URL muss der gewünschte Datentyp ausgewählt werden.

Schritt 2: Datentyp auswählen

Da wir einen Artikel auszeichnen möchten, wählen wir diesen Datentyp im Drop-down-Menü aus.

Schritt 3: Eine oder mehrere Seiten auszeichnen?

Um mehrere Seiten als Artikel auszuzeichnen, wählen wir *Diese und ähnliche Seiten taggen* aus.

Schritt 4: Die angegebene URL wird im Data Highlighter geladen

Ab jetzt beginnt die eigentliche Auszeichnung. Die ausgewählte URL sollte im Data Highlighter geladen werden. In der rechten Spalte sehen Sie, welche Informationen Sie zwingend auszeichnen müssen. Denn neben notwendigen Angaben gibt es auch optionale.

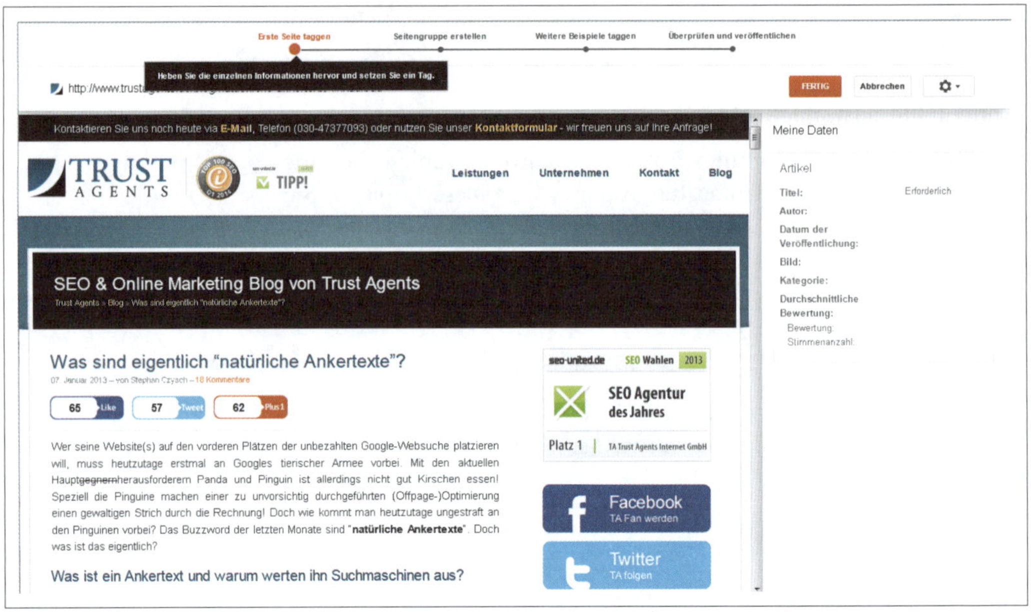

Abbildung 3-9 ▲
Die angegebene Adresse wurde im Data Highlighter geladen.

Eine Pflichtangabe ist bei Artikeln nur der Name des Beitrags. Um den Artikelnamen auszuzeichnen, markieren Sie diesen auf der Seite durch Überfahren mit der Maus. Halten Sie dabei die linke Maustaste so lange gedrückt, bis Sie das Ende des Artikeltitels erreicht haben. Lassen Sie anschließend die Maustaste los. Nun sollte ein Kontextmenü erscheinen, über das Sie Ihrer Auswahl die gewünschte Bedeutung zukommen lassen.

Im Fall einer Auszeichnung als Artikel wäre damit der notwendigen Angaben bereits Genüge getan. Der Vollständigkeit halber habe ich auch noch einige optionale Angaben markiert und ausgezeichnet.

Sollten Sie sich bei der Auszeichnung verklickt haben, können Sie sie natürlich rückgängig machen oder ändern. Um eine Auszeichnung komplett zu löschen, können Sie:

- in der rechten Spalte auf das beim Überfahren der Auszeichnung erscheinende X klicken oder
- die Auszeichnung nochmals markieren und *Tag löschen* auswählen.

Die letztgenannte Variante ermöglicht es Ihnen auch, eine Auszeichnung zu ändern.

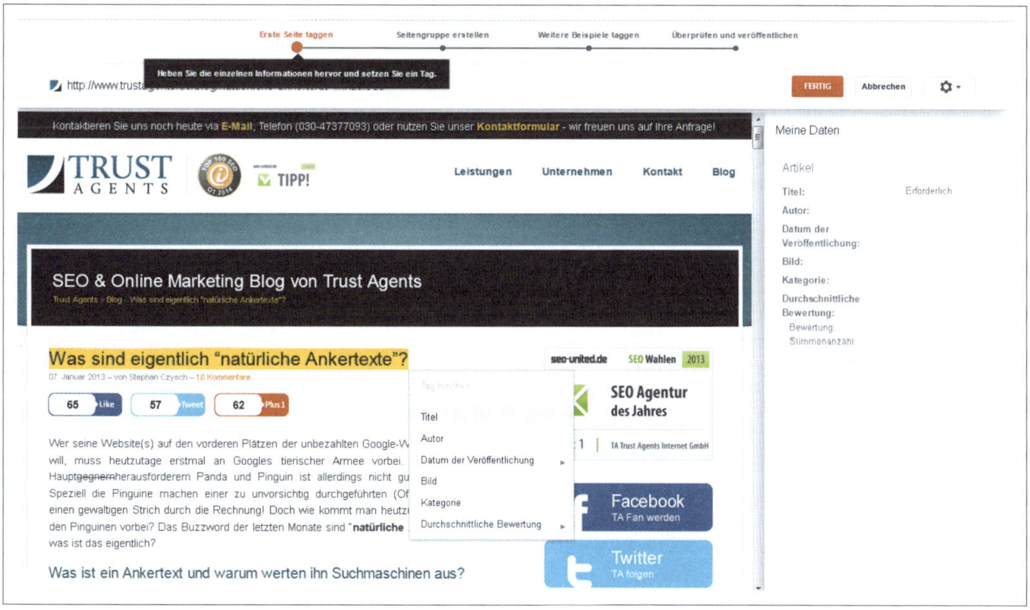

▲ **Abbildung 3-10**
Markieren Sie die gewünschten Inhalte durch Überfahren mit der Maus.

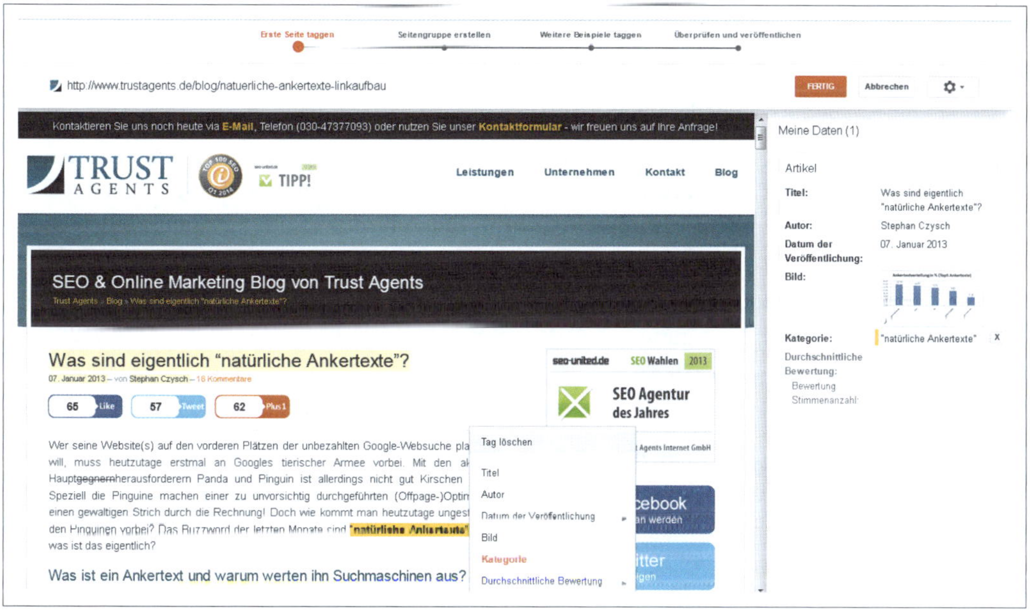

▲ **Abbildung 3-11**
Getätigte Auszeichnungen können Sie zurücknehmen – entweder in der rechten Spalte oder durch nochmaliges Markieren.

Beachten Sie, dass rechts oben ein Zahnrad zu sehen ist. Nutzen Sie dieses, um

- fehlende Tags hinzuzufügen,
- alle Tags auf der Seite zu löschen,
- Einstellungen (Datumsformat und Sprache der Website) festzulegen oder
- Tipps und Tricks sowie die Hilfe aufzurufen.

Die Funktion *Fehlende Tags hinzufügen* können Sie immer dann verwenden, wenn eine notwendige oder optionale Angabe auf der Seite fehlt.

Nehmen wir an, dass Sie zum Beispiel den Namen Ihres Unternehmens nicht auf der Seite anzeigen, aber eine lokale Auszeichnung vornehmen möchten. Über *Fehlende Tags hinzufügen* können Sie die fehlenden Daten der Seite hinzufügen. Die dort hinterlegte Einstellung übernimmt Google für alle Seiten, die Sie aktuell auszeichnen.

Wenn Sie alle notwendigen und gegebenenfalls noch optionale Auszeichnungen durchgeführt haben, klicken Sie auf *Fertig*. Sollten Sie nur eine Seite auszeichnen, wird Ihnen anstelle von *Fertig* der Link *veröffentlichen* angezeigt, über den Sie den Prozess abschließen.

Schritt 5: Auszeichnung auf weiteren URLs wiederholen

Da wir nicht nur eine URL, sondern gleich mehrere auszeichnen möchten, ist der Prozess noch nicht abgeschlossen. Im nächsten Schritt öffnet sich ein Dialog mit dem Namen *Seitengruppen erstellen*. In diesem

- schlägt Google ähnliche Seiten Ihres Webauftritts zur Bestätigung der Auszeichnung vor, und
- alternativ können Sie selbst einen Startpunkt zur automatischen Bestimmung ähnlicher Seiten durch Google vorschlagen.

In beiden Fällen basieren die automatischen Vorschläge Googles auf einem ähnlichen Aufbau. Zusätzlich fragt Google nach einer Bezeichnung für die Seitengruppe. Diesen Namen sollten Sie beschreibend wählen, damit Sie die verschiedenen Seitengruppen unterscheiden können. Diese werden Ihnen auf der Startseite des Data Highlighter angezeigt. Zusätzlich wird dieser Name auch unter *Strukturierte Daten* angezeigt.

Im Allgemeinen ist Google sehr gut darin, ähnliche Seiten zu bestimmen. Deshalb gibt es wenig Veranlassung, *Benutzerdefiniert* auszuwählen. Sollten Sie dies dennoch wünschen, können Sie Google nach einem Klick auf *Benutzerdefiniert* eine Startadresse zur Analyse geben. Die von Ihnen angegebene URL sollte keine absolute Adresse eines einzelnen Webdokuments sein, sondern auf eine Ordnerstruktur verweisen. Eine Angabe wie *www.trustagents.de/blog/** inklusive des Platzhalters * ist ideal. Dadurch geben Sie Google den Hinweis, nach ähnlichen Seiten zu suchen, die innerhalb des Ordners */blog/* liegen.

In Abbildung 3-12 sehen Sie bereits ein kleines Problem: Nicht für alle vorgeschlagenen Seiten sind Vorschaubilder vorhanden. Das hat an dieser Stelle allerdings keinen Einfluss auf die weitere Auszeichnung.

Durch einen Klick auf *Seitengruppe erstellen* übertragen Sie die Auszeichnungen auf ähnlichen Seiten. Ist eine Seite nicht passend, können Sie sie durch einen Klick auf *Seite entfernen* überspringen. Einige weitere Auszeichnungen später können Sie den Prozess final abschließen.

▲ Abbildung 3-12
Wenn Sie mehrere URLs auszeichnen möchten, müssen Sie eine Seitengruppe anlegen.

Weitere Informationen

Werden die von Ihnen ausgezeichneten Daten als Rich Snippets in der Google-Suche dargestellt, sollten sie auch für Ihre Website angezeigt werden. Dies setzt natürlich voraus, dass Sie eine valide Datenauszeichnung durchgeführt und nicht z.B. versucht haben, ein lokales Unternehmen als Event auszuzeichnen.

Wenn kein Verstoß gegen die Nutzungsrichtlinien vorliegt (siehe *https://support.google.com/webmasters/answer/1093493?hl=de#usage*) und keine Rich Snippets angezeigt werden, können Sie über ein Formular eine Überprüfung anfordern (*http://support.google.com/webmasters/bin/request.py?&contact_type=rich_snippets_feedback*). Geben Sie Google aber mindestens zwei Wochen, bevor Sie auf dieses Formular zurückgreifen.

Auszeichnungen editieren oder löschen

Um nachträglich Änderungen an einer Auszeichnung vorzunehmen oder sie gar komplett zurückzunehmen, wählen Sie auf der Startseite des Data Highlighter die entsprechend Seitengruppe aus. Diese können Sie über den von Ihnen gewählten Namen einfach identifizieren.

Bekannte Probleme

Im Großen und Ganzen funktioniert der Data Highlighter sehr gut. Zu den bekannten Problemen zählen automatisch angezeigte Pop-ups. Da sich diese über die eigentliche Seite legen, kann unter Umständen keine Auszeichnung durchgeführt werden. Dies liegt daran, dass jeder Mausklick als Auszeichnung interpretiert wird. Das Schließen eines Fensters wird dadurch unmöglich.

Deaktivieren Sie aus diesem Grund vor Verwendung des Data Highlighter temporär alle automatisch ausgespielten Pop-ups auf Ihrer Seite.

Ein anderes bekanntes Problem ist, dass Bilder nicht richtig geladen werden. Das ist besonders dann ärgerlich, wenn Sie Bildinformationen mit auszeichnen möchten. Aktuell gibt es für dieses Problem keine mir bekannte Lösung.

Falls Sie das Layout Ihrer Website in größerem Umfang ändern, ist es ratsam, die Datenauszeichnung zu wiederholen. Denn in einem solchen Fall befinden sich die vorgenommenen Auszeichnungen aller Wahrscheinlichkeit nach an anderen Stellen der Seite.

HTML-Verbesserungen

Das Erste, was ein Nutzer von Ihrer Website in der Google-Suche zu sehen bekommt, ist neben der URL der Seitentitel sowie die sogenannte Meta-Description. An dieser Stelle blende ich mögliche Rich Snippet-Integrationen erst mal aus.

Über Seitentitel und Description haben Sie die Möglichkeit, den Nutzer von der Relevanz seiner Anfrage zu den von Ihnen angebotenen Inhalten zu überzeugen. Aus diesem Grund ist es empfehlenswert, die wahrscheinlich vom Nutzer als »Problembeschreibung« verwendeten Begriffe in diesen Elementen zu verwenden.

Zusätzlich sollte es Ihr Ziel sein,

- jede Seite mit einem eigenen Titel und einer eigenen Beschreibung auszustatten und
- diese auf die richtige Länge zu bringen.

Unter richtiger Länge ist dabei die Anzahl an Zeichen zu verstehen, die Google im Allgemeinen in der Google-Suche anzeigt.

Korrekterweise muss hier gesagt werden, dass Google nicht die Anzahl an Zeichen fest definiert, sondern die maximale Breite an anzuzeigenden Bildpunkten (Pixeln) festmacht. So wäre es möglich, durch die Verwendung »schlanker« Buchstaben wie »l« mehr Zeichen in der Google-Suche angezeigt zu bekommen. Im Allgemeinen lässt sich mit 65 Zeichen für den Seitentitel sowie 155 Zeichen für die Meta-Description, jeweils inklusive Leerzeichen, gut kalkulieren.

Sollte diese Längenangaben überschritten werden, ist das kein dramatisches Problem – zumindest solange Sie sicherstellen, dass inhaltsbeschreibende Wörter im angezeigten Text enthalten sind. Bei zu langen Titeln und Beschreibungstexten zeigt Google nur einen Ausschnitt an. Sie verpassen dadurch möglicherweise die Chance, einen potenziellen Besucher von der Relevanz Ihrer Inhalte für seine Suchanfrage zu überzeugen.

Der Seitentitel wird zudem als eines der wichtigsten Ranking-Kriterien angesehen. Das ergibt auch Sinn, denn der Titel eines Dokuments sollte Aufschluss über dessen Inhalt geben. Wenn Sie also in einem Dokument die Funktionsweise der Google Webmaster Tools beschreiben, ist es sinnvoll, die Wörter »Google Webmaster Tools« in den Seitentitel aufzunehmen. Dadurch erhält Ihr Text eine höhere Relevanz für diese Wortfolge, als wenn diese erst am Ende des Texts auftreten würden.

Bei der Analyse von Webseiten, dem sogenannten Crawling, sammelt Google eine Vielzahl an Informationen über den Inhalt einer Website und einzelner Dokumente. Darunter fallen auch Informationen zu Seitentitel und Meta-Description.

Wenn Google in Ihrem Webauftritt Informationen innerhalb von Seitentitel und Description findet, die

- mehrfach vorkommen,
- fehlen,
- zu kurz sind,
- zu lang sind oder
- als irrelevant eingestuft wurden,

werden diese unter *HTML-Verbesserungen* aufgelistet. Zusätzlich weist Sie Google möglicherweise auf nicht indexierbare Inhalte hin. Dies wäre zum Beispiel der Fall, wenn Bilder in Dateien, die keine Textdateien sind – beispielsweise Flash-Filme –, enthalten sind. Diese sind für Suchmaschinen wesentlich schwieriger fehlerfrei zu analysieren.

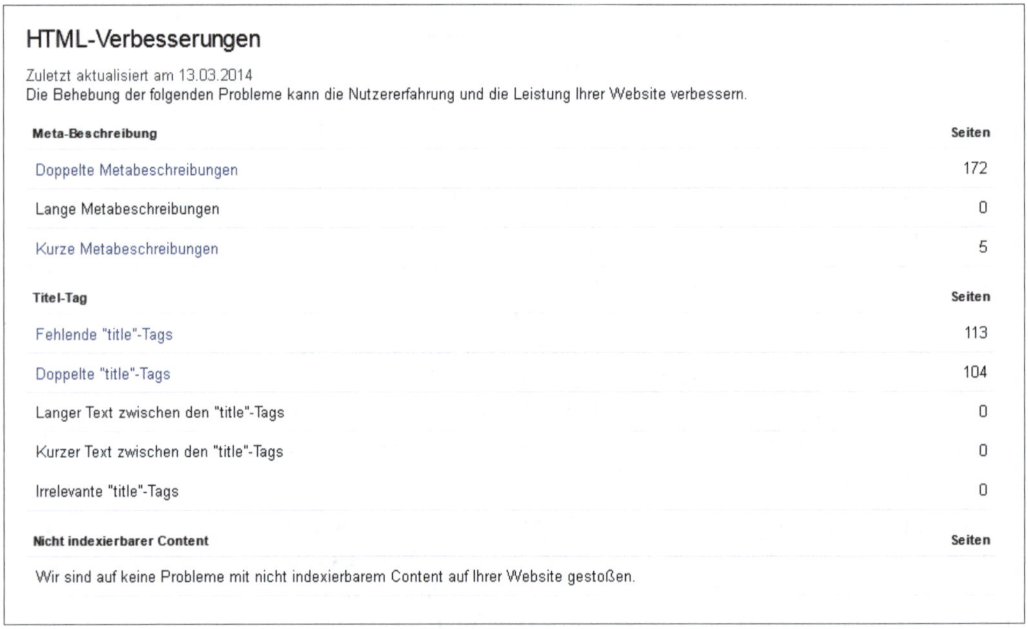

HTML-Verbesserungen

Zuletzt aktualisiert am 13.03.2014
Die Behebung der folgenden Probleme kann die Nutzererfahrung und die Leistung Ihrer Website verbessern.

Meta-Beschreibung	Seiten
Doppelte Metabeschreibungen	172
Lange Metabeschreibungen	0
Kurze Metabeschreibungen	5
Titel-Tag	**Seiten**
Fehlende "title"-Tags	113
Doppelte "title"-Tags	104
Langer Text zwischen den "title"-Tags	0
Kurzer Text zwischen den "title"-Tags	0
Irrelevante "title"-Tags	0
Nicht indexierbarer Content	**Seiten**
Wir sind auf keine Probleme mit nicht indexierbarem Content auf Ihrer Website gestoßen.	

Abbildung 3-13 ▲
Google unterteilt die gefundenen Potenziale in verschiedene Gruppen.

Auf der Übersichtsseite der HTML-Verbesserungen werden die von Google identifizierten Probleme in unterschiedliche Gruppen eingeteilt. Zudem sehen Sie hier bereits, ob und, wenn ja, auf wie vielen Seiten Ihres Webauftritts ein bestimmtes Verbesserungspotenzial vorhanden ist. Halten Sie sich immer vor Augen, dass die Analyse Ihrer Inhalte durch Suchmaschinen mithilfe einzigartiger Beschreibungstexte sowie Seitentitel erleichtert wird. Durch einen Klick auf die blau hinterlegten Links können Sie weitere Informationen aufrufen.

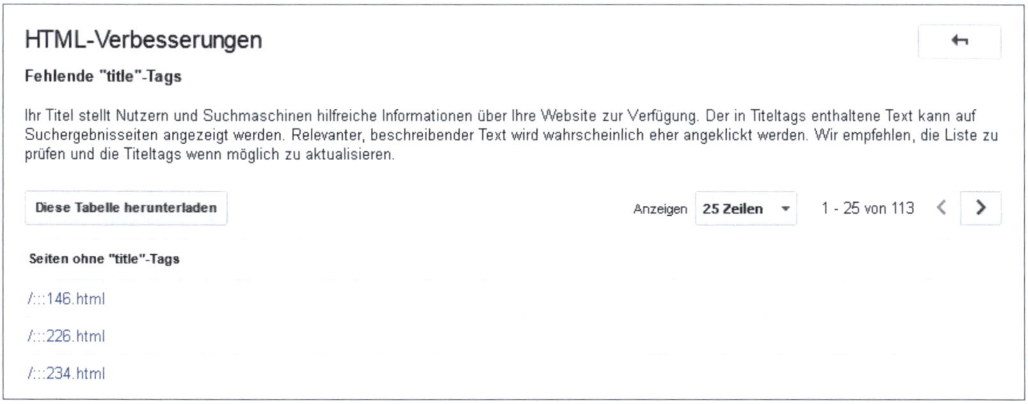

▲ **Abbildung 3-14**
In der Detailansicht eines Potenzials finden Sie die Download-Option sowie betroffene URLs.

Beachten Sie hierbei, dass Sie nach Auswahl eines einzelnen Potenzials die aufgelisteten URLs herunterladen können. Zur Verfügung stehen Ihnen hierfür das CSV-Format sowie ein Export in Google Docs.

Bei der Fehleranalyse ist es wichtig, zu wissen, dass Google bei HTML-Verbesserungen das Canonical-Tag nicht berücksichtigt. So kann es vorkommen, dass Sie mittels `rel="canonical"` von einer URL auf eine andere verweisen (da diese beiden URLs denselben Inhalt anzeigen), Google Ihnen beide URLs aber in den HTML-Verbesserungen anzeigt. In diesem Fall wäre es zwar grundsätzlich der Fall, dass dieselbe Information unter mehr als einer URL erreichbar ist, durch das Canonical-Tag sollte dieser Fehler aber behoben sein. Lediglich von der Indexierung ausgeschlossene Inhalte werden bei den HTML-Verbesserungen nicht berücksichtigt. (Zum »Canonical-Tag« siehe den Kasten auf Seite 68.)

Sie sollten das doppelte Auftreten einer Description oder eines Titels nicht mit »Duplicate Content« gleichsetzen. Von Duplicate Content wird gesprochen, wenn der Seiteninhalt vollständig oder zumindest in größerem Umfang auf mehreren Seiten verfügbar ist.

Doppelte Meta-Descriptions und Seitentitel können ein Hinweis auf mehrfach vorhandene Inhalte sein, müssen es aber nicht. Google weist Sie erst einmal nur darauf hin, dass ein Titel oder ein

Beschreibungstext mehrfach zum Einsatz kommt. Dies erschwert die Analyse der Inhalte.

Canonical-Tag

Wenn der gleiche oder zumindest ein sehr ähnlicher Inhalt auf mehreren URLs verfügbar ist, kann durch die Verwendung des Canonical-Tags die präferierte URL ausgewiesen werden. Dies führt dazu, dass eingehende Signale wie Links auf die »kanonische« URL übertragen werden.

Die Verwendung des Tags führt dazu, dass die als Kopien ausgezeichneten Adressen nicht im Google-Index erscheinen, die Seiten also nicht doppelt angezeigt werden.

Das Tag hat folgenden Aufbau:

```
<link rel="canonical" href="http://www.
meinedomain.de/kanonische-adresse">
```

Google wertet das Canonical-Tag als eine Empfehlung. Wenn möglich, können Sie statt des Canonical-Tags auch Weiterleitungen einsetzen. Dadurch wird die weitergeleitete URL allerdings nicht mehr anzeigbar. Ein Einsatzgebiet für das Canonical-Tag können Produktsortierungen in einem Shop sein. Die über eine eigene URL abgebildete Sortierung ist für Suchmaschinen nicht zwingend relevant, weshalb per Canonical-Tag auf die Standardsortierung verwiesen werden kann.

Doppelte Metabeschreibungen

Da jede Seite ein eigenes Thema behandelt (beziehungsweise behandeln sollte), muss auch für jede Seite eine einzigartige Beschreibung hinterlegt sein. Sollten Sie exakt denselben Text als Beschreibung auf mehreren URLs verwenden, wird der Beschreibungstext die unterschiedlichen Inhalte nur schwer spezifisch beschreiben können. In einem solchen Fall wird die Beschreibung zwar als mehrfach vorkommend in den Google Webmaster Tools angezeigt, in der Google-Suche wird allerdings in aller Regel ein automatisch aus dem Seiteninhalt erstellter Beschreibungstext von Google gezeigt.

Kontrollieren Sie deshalb, ob neben der Meta-Description weitere Textteile auf den betroffenen Seiten mehrfach vorkommen.

Lange Metabeschreibungen

Da Google maximal rund 155 Zeichen als Beschreibungstext anzeigt, sollten Sie versuchen, zu lange Beschreibungstexte zu vermeiden. Zu lange Texte werden, wie bereits erwähnt, meist verkürzt dargestellt. Eine zielgenaue Ansprache des Nutzers ist dadurch häufig nicht mehr möglich.

Kurze Metabeschreibungen

Google stellt Ihnen rund 155 Zeichen zur Verfügung, um Ihre Nutzer von einem Besuch Ihrer Website überzeugen zu können. Diese Zeichenanzahl sollten Sie nutzen, speziell dann, wenn Sie diese Seite auf ein wettbewerbsintensives Keyword optimieren.

Allgemeine Seiten, wie z.B. Ihr Impressum, sind unter SEO-Gesichtspunkten meistens nicht sonderlich relevant und müssen nicht zwingend über eine optimierte Description verfügen. Das liegt daran, dass es für diese Seiten häufig kein passendes und suchvolumenreiches Keyword gibt.

Fehlende title-Tags

Wie bereits erwähnt, ist der Seitentitel eines der wichtigsten Ranking-Kriterien. Aus diesem Grund sollten Sie auf die Hinterlegung eines Seitentitels nicht verzichten.

Doppelte title-Tags

Vermeiden Sie es dringend, Seiten mit demselben Seitentitel zu belegen. Für Suchmaschinen ist es wichtig, dass jede Seite über einen eigenen Seitentitel verfügt. Zudem sollten sich diese Seitentitel möglichst von anderen Seiten unterscheiden. Das hilft Suchmaschinen dabei, die relevanteste Seite eines Webauftritts für ein bestimmtes Thema zu identifizieren.

Sollten doppelte Seitentitel auf Ihrer Website vorkommen, beheben Sie dieses Problem am besten möglichst schnell.

Langer Text zwischen den title-Tags

Zu lange Seitentitel werden von Google abgeschnitten oder gänzlich automatisiert umgeschrieben. Bei der Erstellung von Seitentiteln sollten Sie darauf achten, dass die wichtigsten Informationen möglichst weit vorne stehen. Denn ansonsten fällt es auch Nutzern schwer, den Seiteninhalt zu unterscheiden, wenn sie mehrere Tabs im Browser geöffnet haben.

Anders als doppelte Seitentitel sollten lange Seitentitel keine hohe Priorität bei Ihrer Optimierung genießen – zumindest dann nicht, wenn die einzigartige, unterscheidbare Information weit vorne im Titel erscheint.

Kurzer Text zwischen den title-Tags

Wie kurze Descriptions sollten Sie auch zu kurze Titel nach Möglichkeit vermeiden. Nutzen Sie die Ihnen zur Verfügung stehende Zeichenanzahl, um den Inhalt der Seite möglichst präzise zu beschreiben.

Irrelevante title-Tags

Unter einem irrelevanten Titel sind Angaben wie »Startseite« oder »untitled Document« zu verstehen. Solche Angaben sagen wenig über den Inhalt der Seite aus und sollten deshalb schnellstmöglich ersetzt werden.

Sitelinks

Speziell bei Suchen nach dem Domain- oder Markennamen kommt es häufig vor, dass Google sogenannte *Sitelinks* anzeigt. Diese bieten Nutzern die Möglichkeit, zwischen verschiedenen (zur Anfrage relevanten) Seiten der Domain auszuwählen. Beispielhaft sehen Sie hier die Sitelinks bei der Suchanfrage nach »Google«:

Abbildung 3-15 ▶
Sitelinks bei einer Suche nach Google.de

Der Sinn und Zweck von Sitelinks ist es, Nutzern bei der Navigation zu helfen und direkte Einstiegsmöglichkeiten in tiefere Ebenen einer Website anzubieten. Die Auswahl der Adressen, die als Sitelinks angezeigt werden, findet mittels eines komplexen Algorithmus statt. Als Webmaster haben Sie zunächst wenig Einfluss darauf, ob

Sitelinks angezeigt werden. Auch die Anzahl der Sitelinks können Sie nicht direkt beeinflussen.

Durch den Algorithmus wählt Google unter Umständen Adressen als Sitelinks aus, die Sie persönlich nicht für relevant halten. Aus diesem Grund gibt Ihnen Google über die Google Webmaster Tools die Möglichkeit, einzelne Sitelinks abzuwerten. Durch diesen Prozess können Sie allerdings nur beeinflussen, dass eine bestimmte URL nicht mehr als Sitelink angezeigt wird. Ob und gegebenenfalls welche Adresse Google stattdessen als Sitelink auswählt, kann über das Tool nicht bestimmt werden.

Bis ins Jahr 2011 hat Google innerhalb der Webmaster-Tools direkt aufgelistet, welche Sitelinks im Zusammenhang mit einer URL einer Website angezeigt wurden. Dadurch dass Google den Prozess der Sitelink-Auswahl wesentlich dynamisiert hat, ist eine solche feste Zuordnung nicht mehr in den Google Webmaster Tools vorhanden.

Doch was hat sich geändert? Früher war es so, dass zusammen mit einer URL, beispielsweise der Startseite, immer dieselben Sitelinks angezeigt wurden. Mittlerweile ist es möglich, dass abhängig von der Suchanfrage zusammen mit der Startseite unterschiedliche Sitelinks angezeigt werden.

Da Ihnen Google nicht verrät, bei welchen URLs (und welchen Suchanfragen) Sitelinks angezeigt werden, müssen Sie sich selbst auf die Suche machen. In aller Regel erscheinen Sitelinks bei einem Großteil der Seiten nur im Zusammenhang mit Suchanfragen nach dem eigenen Marken- oder Domainnamen. Ich persönlich hielte es für eine großartige Ergänzung des Suchanfragenberichts, wenn Google dort anzeigen würde, ob eine Suchanfrage auch Sitelinks hervorruft.

So werten Sie einen Sitelink ab

Um einen Sitelink abzuwerten, benötigen Sie:

- die URL, zu der Sitelinks angezeigt werden, und
- die Adresse des Sitelinks, den Sie abwerten möchten.

Die erstgenannte URL ist dabei diejenige, die Sie unter *Für dieses Suchergebnis* eintragen müssen. Die Adresse des aktuell angezeigten Sitelinks kopieren Sie in das Eingabefeld *Diese Sitelink-URL abwerten*. Durch einen Klick auf *Abwerten* ist der Prozess abgeschlossen.

Abbildung 3-16▲
Auf der Sitelink-Übersichtsseite sehen Sie bestehende Abwertungen und können neue Abwertungen einreichen.

Sie sollten nicht erwarten, dass der Sitelink nun innerhalb von Sekunden nicht mehr angezeigt wird. Es kann durchaus einige Tage dauern, bis Google Ihrer Abwertung Folge geleistet hat. Falls Sie eine Abwertung versehentlich durchgeführt haben, können Sie sie selbstverständlich wieder zurücknehmen.

Für jede in den Google Webmaster Tools bestätigte Domain ist eine Abwertung von 100 Sitelinks möglich. Wenn Sie Unterverzeichnisse einer Domain ebenfalls authentifiziert haben, erhöht sich die Anzahl pro bestätigtes Unterverzeichnis um weitere 100 Sitelinks. Logischerweise ist es bei Unterverzeichnissen nur möglich, Sitelinks abzuwerten, die innerhalb des Verzeichnisses liegen. Eine eingereichte Abwertung behält aktuell für die Dauer von 90 Tagen ihre Gültigkeit. Durch einen Aufruf der Sitelinks-Sektion in den Google Webmaster Tools beginnt dieses Zeitintervall wieder von vorn. Falls Sie jedoch innerhalb dieses Zeitraums den Sitelinks-Bereich nicht aufgerufen haben, müssen Sie die Abwertung von Neuem vornehmen.

Gegenwärtig ist es leider nicht möglich, Google den Hinweis zu geben, dass nur der Titel eines Sitelinks geändert werden soll. Diese Option wurde vor einigen Jahren noch angeboten.

Falls Sie sich fragen, woher Google den Beschreibungstext für Sitelinks zieht: Dieser wird aus der Meta-Description generiert. Allerdings ist die Description in diesem Fall auf die ersten 55 Zeichen begrenzt.

Zusammenfassung des Kapitels

- *Strukturierte Daten* helfen Suchmaschinen dabei, die Bedeutung von Daten bzw. von Zeichenfolgen noch besser zu verstehen. Neben schema.org und anderen Mikroformatauszeichnungen kann auch der Data Highlighter dazu verwendet werden, das Verständnis von Daten zu verbessern.

Strukturierte Daten sollten nicht mit Rich Snippets gleichgesetzt werden. Diese basieren zwar auf strukturiert ausgezeichneten Daten, allerdings werden aktuell nur wenige strukturierte Daten in der Google-Suche angezeigt.

In den Webmaster-Tools können Sie unter *Strukturierte Daten* sehen, ob Google solche Datenauszeichnungen auf Ihrer Website gefunden hat. Zudem werden Sie auf Fehler und Probleme hingewiesen.

- Dank des *Data Highlighter* können semantische Datenauszeichnungen auch ohne Optimierung des HTML-Codes durchgeführt werden. Unter anderem ist eine Auszeichnung von Produkten, Filmen sowie lokalen Unternehmensdaten möglich. Nach Angabe der gewünschten URL sowie des Datentyps wird diese im Data Highlighter geöffnet. Durch Markieren wird die semantische Auszeichnung vorgenommen.
- Der Bereich *HTML-Verbesserungen* hilft Ihnen dabei, Optimierungspotenziale hinsichtlich Seitentitel und Meta-Description zu finden. Google listet in der Funktion auf, welche URLs über zu kurze, zu lange, irrelevante oder mehrfach vorkommende Titel oder Beschreibungstexte verfügen.

  Beachten sollten Sie, dass Google bei den HTML-Verbesserungen keine Canonical-Tags berücksichtigt.
- Besonders bei der Suche nach Domain- oder dem eigenen Markennamen erscheinen *Sitelinks*. Diese zusätzlich zum relevantesten Dokument angezeigten Adressen helfen Nutzern dabei, direkt zu tieferen und ebenfalls relevanten Adressen zu navigieren.

  Über die Sitelinks-Funktion können einzelne Sitelinks abgewertet werden. In der Folge erscheinen diese nicht mehr im Zusammenhang mit der definierten Adresse als Sitelink.

Suchanfragen

4

Unter »Suchanfragen« hat Google Funktionen zusammengefasst, die Sie zum einen die aktuelle Performance der Website in der unbezahlten Google-Websuche analysieren lassen und zum anderen auf die Performance selbst Einfluss nehmen.

Sie können zwischen diesen Unterpunkten auswählen:

- Suchanfragen
- Links zu Ihrer Website
- Interne Links
- Manuelle Maßnahmen

4

Suchanfragen

Einen ersten Blick auf den *Suchanfragenbericht* hat bereits das Website-Dashboard offenbart. Auf diesem wurde die Entwicklung der Anzahl an Impressionen und Klicks über die unbezahlte Google Websuche in den letzten 28 Tagen dargestellt.

Während auf dem Dashboard aggregierte Zahlen dargestellt wurden, können Sie im Suchanfragendiagramm detaillierte Informationen zu einzelnen Suchanfragen erhalten.

Das Suchanfragendiagramm

Sie möchten auswerten, zu welchen Suchbegriffen Sie in der Google-Suche gefunden werden? Dann bietet der Suchanfragenbericht die Antwort auf Ihre Fragen. Speziell seitdem immer weniger über Google gestellte Suchanfragen in Webanalysesoftware wie Google Analytics, Webtrekk oder eTracker zur Verfügung stehen

(»not provided«), hat die Bedeutung des Suchanfragenberichts der Google Webmaster Tools zugenommen. Denn hier sehen Sie nach wie vor, zu welchen Suchanfragen Ihre Website gefunden wurde.

Was Sie, anders als in Analytics, über den Webmaster-Tools-Suchanfragenbericht jedoch nicht erfahren, ist, was ein Nutzer auf Ihrer Website getan hat. Die Datenerhebung der Google Webmaster Tools endet mit dem Klick des Nutzers auf einen Suchtreffer. Alles was danach auf einer Domain passiert, ist in Webanalysesoftware wie Google Analytics einsehbar.

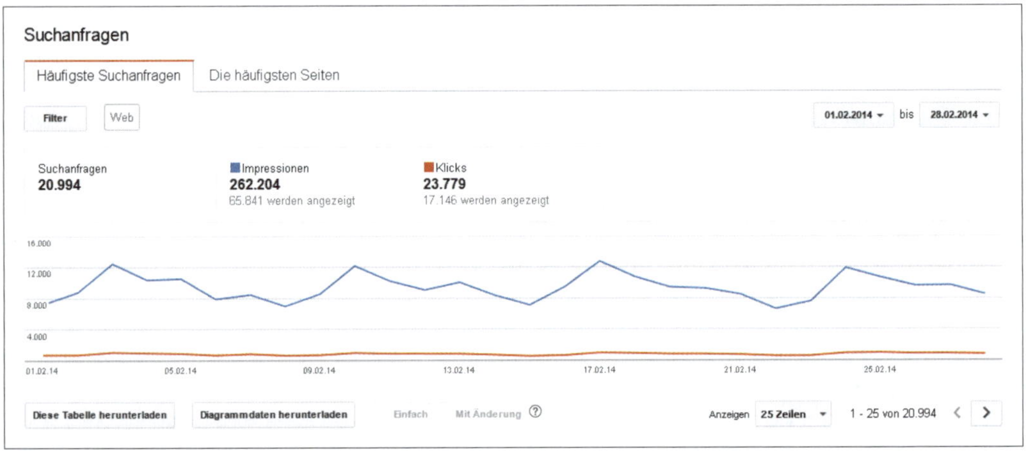

Abbildung 4-1 ▲ Das Suchanfragendiagramm zeigt die Entwicklung der SEO-Performance.

Die in Webmaster-Tools unter *Suchanfragen* verfügbaren Daten können Sie sowohl anhand der einzelnen Suchanfragen als auch über die gefundenen Seiten betrachten. Standardmäßig basiert der Bericht auf *Häufigste Suchanfragen*. Um zur alternativen Datendarstellung zu gelangen, müssen Sie oberhalb des Diagramms zu *Die häufigsten Seiten* wechseln.

Auf der Startseite der *Suchanfragen* sehen Sie im oberen Bereich:

- die aktuell ausgewählte Dimension (*Suchanfragen* oder *Seiten*),
- den Verweis auf Filter sowie möglicherweise gerade aktivierte Filter,
- den Datumsfilter,
- die Anzahl der Suchanfragen, die den gewählten Einstellungen entsprechen,
- die Anzahl der Impressionen sowie den Hinweis, auf wie vielen Impressionen der Suchanfragenbericht basiert, sowie
- Selbiges für die Anzahl der Klicks.

Das Diagramm stellt die Impressionen und Klicks im zeitlichen Verlauf der standardmäßig letzten 30 Tage dar. Durch Überfahren des Diagramms mit der Maus können Sie die Tageswerte zu Impressionen und Klicks aufrufen.

Wichtig ist es, zu erwähnen, dass die Daten maximal für die letzten 90 Tage analysiert werden können. Aus diesem Grund sollten Sie sich die Daten periodisch herunterladen. Zudem dauert es zwei Tage, bis die Daten in den Google Webmaster Tools verfügbar sind. Sie haben also nicht die Möglichkeit, eine tagesaktuelle Auswertung durchzuführen.

> **Impression**
>
> Unter einer Impression ist die Anzeige einer Seite Ihres Webauftritts für eine Suchanfrage zu verstehen. Eine Impression sagt nichts darüber aus, ob ein Nutzer das Ergebnis Ihrer Seite auch wahrgenommen hat.

Unterhalb des Diagramms haben Sie die Möglichkeiten:

- die angezeigte Tabelle herunterzuladen,
- das Diagramm zu speichern,
- zwischen den Darstellungsweisen *Einfach* und *Mit Änderung* zu wählen,
- die Anzahl der angezeigten Datensätze (Standard: 25) einzustellen sowie
- zwischen den einzelnen Seiten zu blättern.

An dieser Stelle kurz ein paar Informationen zu den Download-Möglichkeiten: Sie können entweder das angezeigte Diagramm oder die aktuell angezeigte Tabelle herunterladen. Als Download-Option stehen wie gewohnt das CSV-Dateiformat sowie Google Docs zur Verfügung. Mit gängigen Tabellenkalkulationsprogrammen können Sie die CSV-Datei öffnen und weiterverarbeiten. Mehr dazu siehe Anhang B.

Erklärungsbedürftig ist die Möglichkeit, die Darstellungsweise anzupassen. Wenn Sie sich Daten anzeigen lassen, die nicht älter als 30 Tage sind, können Sie die Veränderung der Impressionen, Suchanfragen, Klickrate sowie durchschnittlichen Position zu jedem Suchbegriff im Vergleich zum Vorzeitraum in der Tabelle aufrufen.

Filtermöglichkeiten

Durch einen Klick auf *Filter* können Sie die Filtermöglichkeiten einblenden lassen. Mit dem Filter können Sie:

- Suchanfragen filtern,
- nur markierte Suchanfragen anzeigen lassen,
- Suchräume wählen,
- Standorte auswählen und
- Suchanfragen nach Zugriffszahlen eingrenzen.

Abbildung 4-2 ▲
Mit dem Filter kann das Diagramm beeinflusst werden.

Bereits standardmäßig hat Google einen Filter aktiviert. So basieren die Daten, die Sie nach einem Aufruf des Suchanfragendiagramms sehen, auf dem Suchraum *Web*.

Dass Filter aktiv sind, können Sie daran erkennen, dass oberhalb des Diagramms in grauer Schrift mit Umrandung der Name des gesetzten Filters erscheint. Es ist möglich, mehrere unterschiedliche Filter zu setzen. Eine Anfrage wie »enthält Begriff 1« und »Nutzerstandort ist Deutschland« wäre beispielsweise möglich.

Was nicht funktioniert, ist die Auswahl von mehreren Filteroptionen eines bestimmten Filters. Es ist also nicht möglich, nach »enthält Begriff 1, aber nicht Begriff 2« zu filtern.

Der Filter bietet die folgenden Konfigurationsmöglichkeiten:

Suchanfragen
: Hier lässt sich auswählen, ob die Suchanfrage eine eingegebene Zeichenfolge enthalten soll oder nicht.

Suchen
: Mit *Suchen* meint Google die verschiedenen Suchräume, die von Google angeboten werden. Wenn Sie z.B. über die Bildersuche Impressionen und hoffentlich auch Klicks generiert haben, können Sie *Bilder* unter *Suchen* auswählen. Durch diese

Einstellung werden in der Tabelle und im Diagramm nur die Suchanfragen angezeigt, für die Dokumente Ihres Webauftritts in der Bildersuche gefunden wurden.

Eine weitere häufig anzutreffende Filtermöglichkeit ist die nach *Mobil*. Dadurch sehen Sie Suchanfragen, die über mobile Endgeräte gestellt wurden.

Standort

Es kommt häufig vor, dass eine deutschsprachige Website sowohl in Deutschland als auch in Österreich in der Google-Suche als Ergebnis enthalten ist. Über den Standortfilter können Sie den Suchanfragenbericht so konfigurieren, dass nur in einem bestimmten Land gestellte Suchanfragen angezeigt werden.

Zugriffszahlen

Bei der Betrachtung des Suchanfragenberichts ist Ihnen sicher aufgefallen, dass es einige Begriffe gibt, die für sich betrachtet nur für wenige Zugriffe verantwortlich waren.

Über den Filter *Zugriffszahlen* können Sie festlegen, dass Suchanfragen mit *weniger als 10 Impressionen/Klicks* nicht in die Darstellung aufgenommen werden. Es wäre wünschenswert, wenn eine feinere Filterung möglich wäre.

Nur markierte Suchanfragen

Wenn Sie von der Markierungsfunktion mittels des Sterns Gebrauch gemacht haben, können Sie sich nur diese Suchbegriffe durch die Auswahl dieses Filters anzeigen lassen.

4

Suchanfragentabelle

Je nach den im oberen Teil der Suchanfragenfunktion gewählten Einstellungen werden unterschiedliche Daten innerhalb der Suchanfragentabelle angezeigt. Und auf diesen Daten basiert wiederum das Suchanfragendiagramm.

In der Tabelle wird Ihnen je nach ausgewählter Dimension der Suchanfragen entweder eine Übersicht der Suchanfragen angezeigt oder die gefundenen Seiten.

Die Tabelle zeigt Ihnen

- die Suchanfrage oder die Seite, die Impressionen (und Klicks) generiert hat,
- die Anzahl an Impressionen, die die Suchanfrage oder Seite ausgelöst hat,

- die Anzahl der Klicks, die daraus entstanden sind,
- die Klickrate (CTR, Click-Through-Rate), also das Verhältnis von Klicks zu Impressionen, sowie
- die durchschnittliche Position.

Vor jedem einzelnen Suchbegriff können Sie einen Stern setzen, um den Begriff zu markieren. Über den Filter können Sie dann nur die Begriffe aufrufen, die von Ihnen ausgezeichnet wurden.

Wenn Sie die Daten der letzten 30 Tage betrachten, ist es Ihnen ebenfalls möglich, Veränderungen im Vergleich zum Vorzeitraum anzeigen zu lassen. Dadurch sehen Sie, ob zum Beispiel das Suchvolumen im Vergleich zum Vorzeitraum zurückgegangen ist. Durch die farbige Auszeichnung lässt sich sehr schnell erkennen, ob sich die einzelnen Kennzahlen positiv oder negativ verändert haben.

Speziell dann, wenn sich die Anzahl der Besucher über die Google-Suche wesentlich verändert hat, ist ein Vergleich der Analyse des aktuellen Zeitraums mit der des Vorzeitraums sinnvoll, um den Gründen für den Rückgang (oder Zuwachs) auf die Spur zu kommen. Haben sich die Zugriffszahlen in großem Umfang verändert, sendet Google in aller Regel eine Benachrichtigung.

Beachten Sie, dass ein Zugriffsrückgang ganz unterschiedliche Gründe haben kann. So ist beispielsweise die aktuelle Wetterlage durchaus in der Lage, das Suchvolumen zu beeinflussen.

Suchanfrage	Impressionen	Änderung	Klicks ▲	Änderung	CTR	Änderung	Durchschn. Pos.	Änderung
☆ suchbegriff 2	2.430	▲6 %	162	▲21 %	7 %	▲0,8	4,3	▲0,3

Abbildung 4-3 ▲
Wenn Sie Daten der letzten vier Wochen betrachten, können Sie sich Änderungen anzeigen lassen.

In Abbildung 4-3 können Sie sehen, dass sich im Vergleich zum Vorzeitraum die Anzahl der Impressionen für die Suchanfragen *suchbegriff* 2 um 6% verändert hat. Eine solche Änderung lässt sich durch

- eine höhere Nachfrage (Suchhäufigkeit) oder
- eine bessere Positionierung

erklären. Ob Letzteres der Fall ist, können Sie anhand der durchschnittlichen Position erkennen. Sollte die Veränderung dieser Position den Schluss nahelegen, dass Sie z.B. von Seite 2 auf Seite 1 gesprungen ist, lässt sich dadurch der Anstieg der Impressionen erklären.

Bei der Beispielsuchanfrage hat sich die durchschnittliche Position auf 4,3 verbessert. Die Änderungsangabe lässt sich darauf schließen, dass die Website zu dieser Suchanfrage im vorherigen Zeitraum auf Position 4,6 zu finden war.

Auf eine höhere Nachfrage können Sie in aller Regel dann schließen, wenn sich Ihre durchschnittliche Position nicht stark verändert hat und Sie weiterhin auf derselben Suchergebnisseite gelistet wurden. Dies ist im Beispiel der Fall.

Doch zurück zur Tabelle: Standardmäßig werden 25 Datensätze angezeigt. Über das Drop-down-Menü im rechten Bereich der Seite können Sie die Anzahl umstellen. Google bietet dazu sechs vordefinierte Schritte an. Wenn Sie beim Umstellen des Filters einen Blick auf die URL werfen, können Sie sehen, dass Ihre Auswahl über die URL übergeben wird.

Während *https://www.google.com/webmasters/tools/top-search-queries?hl=de&siteUrl=http://www.trustagents.de/* die Standardanzahl von 25 Datensätzen anzeigen würde, zeigt die URL *https://www.google.com/webmasters/tools/top-search-queries?hl=de&siteUrl=http%3A%2F%2Fwww.trustagents.de%2F&grid.s=50* insgesamt 50 Datensätze an. Der Parameter *grid.s=* ist bei den Google Webmaster Tools dafür verantwortlich, wie viele Datensätze angezeigt werden. Ersetzen Sie 50 durch zum Beispiel 1.500, würden 1.500 Datensätze angezeigt – also mehr, als Sie über das Drop-down-Menü überhaupt auswählen können.

Die Tabelle hat noch eine weitere interessante Funktion zu bieten: Durch einen Klick auf eine Tabellenüberschrift können Sie die Daten nach dem gewünschten Kriterium sortieren. Wenn Sie die Suchanfragen mit der höchsten Klickrate sehen möchten, sollten Sie auf *CTR* klicken.

▼ **Abbildung 4-4**
Über die Tabellenköpfe können die Daten sortiert werden.

Suchanfrage	Impressionen	Klicks ▲	CTR	Durchschn. Pos.
suchanfrage	3.696	1.173	32 %	2,2
mein markenname	1.119	430	38 %	1,3

Ein Hinweis: Auf der Übersichtsseite sehen Sie immer aggregierte Zahlen. Das bedeutet, dass unter Umständen unterschiedliche Adressen für eine Suchanfrage gefunden wurden oder eine URL für verschiedene Suchanfragen ausgespielt wurde. Doch natürlich können Sie die aggregierte Ansicht auch verlassen und einen Suchbegriff detaillierter untersuchen. Dazu müssen Sie auf den Begriff oder die URL klicken.

Detailauswertung eines Suchbegriffs

Einen Suchbegriff, der in blauer Schriftfarbe angezeigt wird, können Sie im Detail analysieren. Dazu müssen Sie auf den Link klicken. Es öffnet sich die Detailansicht mit weiteren Informationen zu dem Begriff.

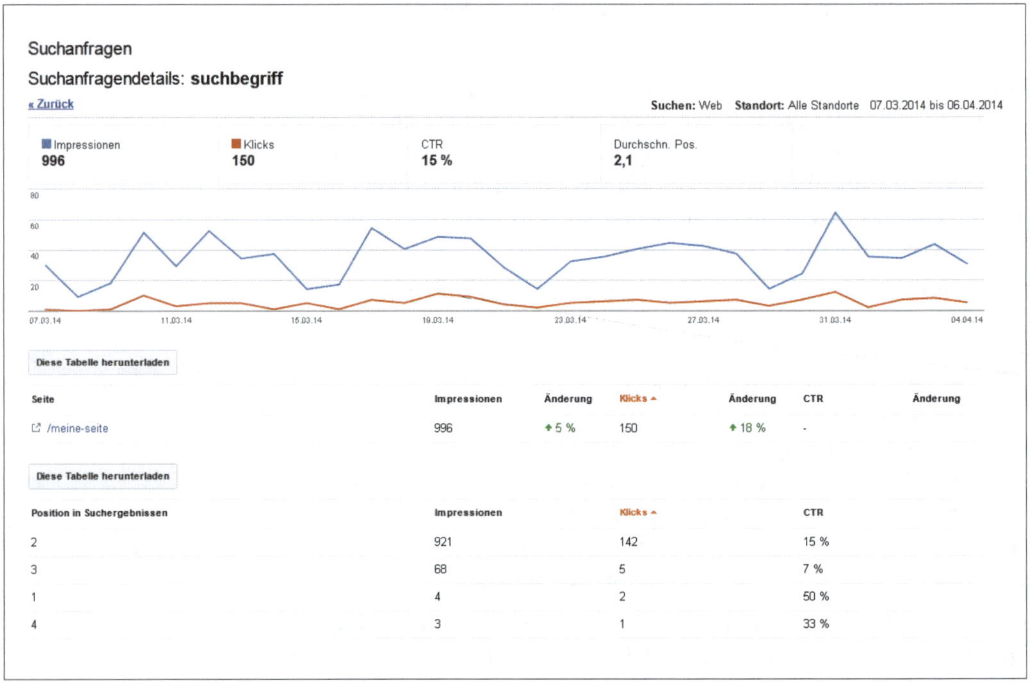

Abbildung 4-5 ▲
In der Detailansicht sehen Sie unter anderem die Anzahl der Impressionen im zeitlichen Verlauf.

Auf der Suchanfragendetailseite sehen Sie:

- die Entwicklung der Impressionen und Klicks der Suchanfrage im zeitlichen Verlauf,
- wie viele Impressionen und Klicks über den Suchbegriff erzielt wurden,
- welche Klickrate sich aus diesen Informationen ergibt,
- auf welcher Position Ihr Webauftritt für diesen Begriff im Durchschnitt zu finden war,
- welche Seite oder Seiten für diese Suchanfrage vertreten waren (gegebenenfalls werden Informationen zu Veränderungen der Impressionen und Klicks angezeigt) sowie
- Impressionen und Klicks auf unterschiedlichen Positionen in der Google-Suche.

Zusätzlich wird oberhalb des Diagramms angezeigt, welche Filter auf der Suchanfragenübersichtsseite ausgewählt wurden. Diese Filter sind in der Detailansicht leider nicht über Schaltflächen veränderbar. Eine entsprechende Änderung durch Google wäre aus meiner Sicht wünschenswert.

Aktuell müssen Sie die Filter auf der Suchanfragenstartseite anpassen und anschließend wieder in die Detailansicht zurückwechseln. Alternativ können Sie über eine Änderung der URL-Parameter eine Datenanpassung durchführen.

Datenfilter durch Änderung an der URL verändern

Im Suchanfragenbericht werden die gewählten Filter über die URL übergeben. Sofern Sie wissen, welcher Parameter welche Ausprägung zulässt, können Sie auch auf der Detailseite durch eine Änderung der URL die angezeigten Daten verändern.

Suchraum (prop=)

Der Suchraum wird per *prop=* übergeben.

Mögliche Werte sind:

VIDEO: Video

WEB: Websuche

MOBILE: mobile Endgeräte

IMAGE: Bilder

Standort (region=)

Der Standort des Nutzers wird mit *region=* definiert. Die Region wird dabei über den Ländercode nach ISO-Standard definiert:

DE: Deutschland

AT: Österreich

CH: Schweiz

GB: Vereinigtes Königreich

Um alle Standorte anzuzeigen, übergeben Sie *region* einfach keinen Parameterwert (*region=*).

Datum (db= und de=)

Für das Datum werden immer ein Start- und ein Enddatum definiert. Das Startdatum wird über *db=* definiert, das Ende über *de=*. Das Datum wird im Format JJJJMMTT übergeben, also z.B. 20140103 für den 3. Januar 2014.

Suchanfrage

Auch die Suchanfrage wird über die URL übergeben. Sie wird allerdings nicht mithilfe eines Parameters, sondern über das Rautezeichen definiert.

Wenn statt *trust agents* die Suchanfrage *trustagents* in der Detailansicht angezeigt werden soll, müsste die URL von *https://www.google.com/webmasters/tools/top-search-queries?hl=de&siteUrl=http://www.trustagents.de/#trust%20agents* auf *https://www.google.com/webmasters/tools/top-search-queries?hl=de&siteUrl=http://www.trustagents.de/#trustagents* angepasst werden.

Beachten Sie, dass in diesem Fall keine weiteren Filter übergeben wurden.

Da Google immer nur das erste Parameterpaar interpretiert, zeigt eine Anfrage wie *&region=DE&region=AT* leider nicht alle Ergebnisse mit dem Nutzerstandort Deutschland oder Österreich. Beachten Sie zwingend die Groß- und Kleinschreibung bei den Parametern und deren Werten. Andernfalls erhalten Sie keine Daten.

Am relevantesten dürfte die Anpassung des Datenzeitraums sein. Allerdings sind hier die bekannten Grenzen gesetzt: Maximal Werte aus den letzten 90 Tagen können angezeigt werden.

Über die unter *Positionen in Suchergebnissen* angezeigten Informationen können Sie analysieren, wie hoch die ansonsten aggregiert angezeigte Klickrate auf verschiedenen Positionen war. Selbstverständlich erfahren Sie hierüber auch, welche Position Sie wie häufig mit Ihren Inhalten eingenommen haben.

An dieser Stelle ist es sinnvoll, kurz über die Berechnung der »durchschnittlichen Position« zu sprechen. Um diese zu bestimmen, multipliziert Google die einzelnen Positionen mit der Anzahl der Impressionen, addiert sie und teilt den Wert anschließend durch die Gesamtanzahl der Impressionen.

Ein Beispiel: Eine Seite wurde auf Position 1 insgesamt 250 Mal angezeigt, auf Position 2 hingegen 500 Mal. In diesem Fall ist die durchschnittliche Position 1,67, gerundet also 1,7. Dieser Wert ergibt sich aus: (1 * 250 + 2 * 500) / 250 + 500, also 1.250 / 750.

Analyse der »Häufigsten Seiten«

Zusätzlich zur Betrachtung von Suchanfragen bieten die Google Webmaster Tools die Option, die Adressen mit den häufigsten Zugriffen über die unbezahlte Google-Websuche zu analysieren. Um die Datenansicht zu wechseln, müssen Sie auf der Suchanfragenstartseite oberhalb des Diagramms *Die häufigsten Seiten* auswählen.

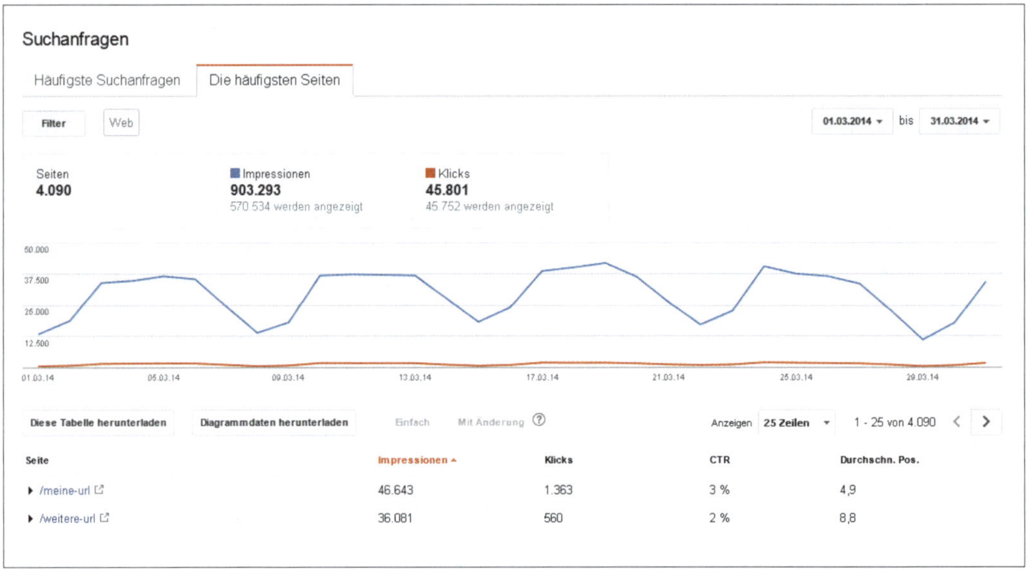

Abbildung 4-6 ▼ Auf URL-Basis wird bei dieser Ansicht aggregiert, zu welchen Suchbegriffen eine URL angezeigt wird.

Nach Auswahl dieses Menüpunkts wird Ihnen das mittlerweile vertraute Diagramm samt seiner Datengrundlage angezeigt. In der Datentabelle werden nun URLs anstelle von Suchanfragen angezeigt – zumindest so lange, wie Sie nicht auf einen der vor der URL angezeigten Pfeile klicken.

Zunächst sehen Sie, wie häufig eine URL in der Google-Suche vertreten war. Dafür muss eine URL für mindestens einen Suchbegriffe angezeigt worden sein.

Durch einen Klick auf den vorangestellten Pfeil oder die angezeigte URL werden die Suchanfragen angezeigt, für die die URL in der Websuche vertreten war.

Seite	Impressionen ▲	Klicks	CTR	Durchschn. Pos.
▾ /meine-url	46.643	1.363	3 %	4,9
suchbegriff 1	38.799	1.067		
suchbegriff gründen	1.096	9		
suchanfrage voraussetzung	15	4		

▲ **Abbildung 4-7**
Durch einen Klick auf den Pfeil werden die Begriffe angezeigt, zu denen die URL gefunden wurde.

Wie in Abbildung 4-7 zu sehen ist, sind nicht alle Suchbegriffe mit einem Link versehen. Dadurch ist es nicht möglich, die Suchanfrage »suchanfrage voraussetzungen« in der Detailansicht aufzurufen. Die Suchanfragendetails wurde im vorherigen Abschnitt vorgestellt.

Eins bietet Google hier nicht an: die Information zur durchschnittlichen Position der URL für eine einzelne Suchanfrage. Die durchschnittliche Position der URL wird in den Google Webmaster Tools nur in aggregierter Form angezeigt. Den Wert finden Sie rechts von der Adresse.

Links zu Ihrer Website

Unter anderem durch den PageRank-Algorithmus hat es Google geschafft, bessere Suchergebnisse zu liefern, als dies – besonders in der Anfangszeit von Suchmaschinen Ende der 1990er-Jahre – Wettbewerber konnten.

Die Überlegung, dass externe Verweise auf ein Dokument als Qualitätsindikator dienen können, klingt vergleichsweise simpel. Der Fachbereich der Bibliometrie untersucht bereits seit Längerem, wie Publikationen untereinander mittels Referenzierungen verbunden sind. Durch solche Netzwerkanalysen ist es vergleichsweise einfach, herauszufinden, welche Dokumente innerhalb eines Themengebiets besonders wichtig zu sein scheinen, denn diese heben sich unter anderem durch die Quantität von Zitierungen von anderen Dokumenten ab.

Anatomie eines Links

Ein HTML-Link verfügt immer über mindestens diese vier einzelnen Elemente:

```
<a href=„http://www.meinedomain.de/“>Ankertext</a>
```

Ein in HTML geschriebener Link besteht mindestens aus den vier dargestellten Elementen:

1. Öffnendes Linktag (Anchor-Tag)
2. Linkziel
3. Ankertext
4. Schließendes Linktag

Neben diesen vier Elementen sind noch weitere Angaben möglich. So kann durch das Attribut `target="_blank"`, das wahlweise vor oder hinter das `href=""`-Attribut gesetzt werden kann, ein Link in einem neuen Fenster geöffnet werden.

Auch heute haben Verlinkungen einen großen Einfluss auf die Positionierung einer Website in der unbezahlten Google-Websuche. Aus diesem Grund ist ein Einblick in die Verlinkungsstruktur der eigenen Website unter *Links zu Ihrer Website* eine sehr wertvolle Information.

Angezeigt wird dabei:

- wie viele Links auf Ihre Domain verweisen,
- wer die meisten Links erstellt,
- welche URLs am häufigsten verlinkt werden und
- mit welchen Begriffen Ihre URLs verlinkt werden.

Der Fokus liegt hier auf der externen Betrachtung Ihrer Website. Nicht angezeigt wird, auf welche Dokumente Sie verlinken (also welche ausgehenden Verweise Ihre Website hat).

Die angezeigten Informationen werden absteigend nach ihrer Häufigkeit sortiert. Dabei werden maximal fünf Einzelwerte pro Kategorie bereits auf der Übersichtsseite angezeigt.

▲ **Abbildung 4-8**
Links zu Ihrer Website gewährt Einblicke in das Backlink-Profil einer Website.

Wie in den Google Webmaster Tools gewohnt, kann durch einen Klick auf die blau gekennzeichneten Links die Detailansicht geöffnet werden.

Zu den im Hinblick auf *Links zu Ihrer Website* am häufigsten gestellten Fragen zählt die nach der Vollständigkeit der Daten. Diese kann sowohl für das Webmaster-Tools-Interface als auch für die Download-Möglichkeiten nur mit »Die Daten stellen lediglich einen Teilausschnitt dar« beantwortet werden.

Im oberen Teil der Seite sehen Sie, wie viele Links insgesamt auf den betrachteten Webauftritt verweisen. In diesem Fall sind dies 4.976 eingehende Verlinkungen.

Unter *Wer erstellt die meisten Links* werden absteigend nach der Anzahl der gesetzten Verlinkungen die Websites angezeigt, die besonders viele Links auf Seiten Ihres Webauftritts gesetzt haben.

Über die Angaben unter *Ihr am meisten verlinkter Content* sehen Sie, wie viele Links sich auf einzelne Adressen Ihrer Website beziehen.

Als weitere Angaben werden unter *So sind Ihre Daten verlinkt* Wörter aufgelistet, mit denen andere Seiten auf den Webauftritt verweisen.

Google bietet Ihnen die Möglichkeit, die angezeigten Daten herunterzuladen. Dazu müssen Sie allerdings erst mal eine Betrachtungsweise auswählen.

Die Download-Möglichkeiten

Zu jeder der aufgerufenen Detailseiten bietet Google die Möglichkeit, die Daten herunterzuladen. Der Download *Diese Tabelle herunterladen* lädt immer die Daten herunter, die Sie sich gerade anzeigen lassen. Der Download *Weitere Beispiel-Links herunterladen* zeigt hingegen immer dieselben Daten an. Als relativ neue Download-Möglichkeit sind Mitte Juli 2012 die *aktuellen Links* hinzugekommen. Zusätzlich zur Linkquelle sehen Sie dabei das Datum, an dem Google den Link gefunden hat.

Diese Information kann Ihnen dabei helfen, die Entwicklung der Anzahl der Verlinkungen Ihrer Website zu beobachten. In einem im September 2013 veröffentlichten Blogpost hat Google verlauten lassen, dass rund 100.000 einzelne Verlinkungen in den bereitgestellten Downloads zur Verfügung stehen. Dadurch verbietet sich bei großen Websites mit vielen eingehenden Links eine Datenvollständigkeit von selbst. Denn diese verfügen in aller Regel über mehr als 100.000 Verlinkungen.

Ein Hinweis: Im Download sind immer nur die Quellen der Links enthalten. Die Information zum Linkziel oder den verlinkenden Wörtern, dem sogenannten Ankertext, müssen Sie sich selbst zusammenstellen. Da *Weitere Beispiel-Links* und *Aktuelle Links* dieselbe Datenmenge und -auswahl anzeigen, empfehle ich, die *aktuellen Links* herunterzuladen, da diese auch das erste Erkennungsdatum der Verlinkung enthalten. Informationen zu Linkziel und Linktext müssen Sie sich wie gesagt leider selbst zusammensuchen – entweder von Hand oder automatisiert über einen eigenen Crawler.

Wer erstellt die meisten Links

Bereits auf der Übersichtseite sind bis zu fünf Websites gelistet, die besonders viele Verlinkungen zu Ihnen gesetzt haben. Durch einen Klick auf *mehr* unter *Wer erstellt die meisten Links* sehen Sie, auf wie viele verschiedene Unterseiten diese Links zeigen. Alternativ können Sie direkt eine Domain zur weiteren Analyse auswählen.

Die hier klärbaren Fragen sind:

- Wohin verweisen die Links?
- Auf wie viele einzelne Seiten des Webauftritts wird wie häufig verlinkt?
- Wie viele Links wurden insgesamt gesetzt?

- Von welcher URL wird auf Adressen des Webauftritts verwiesen?

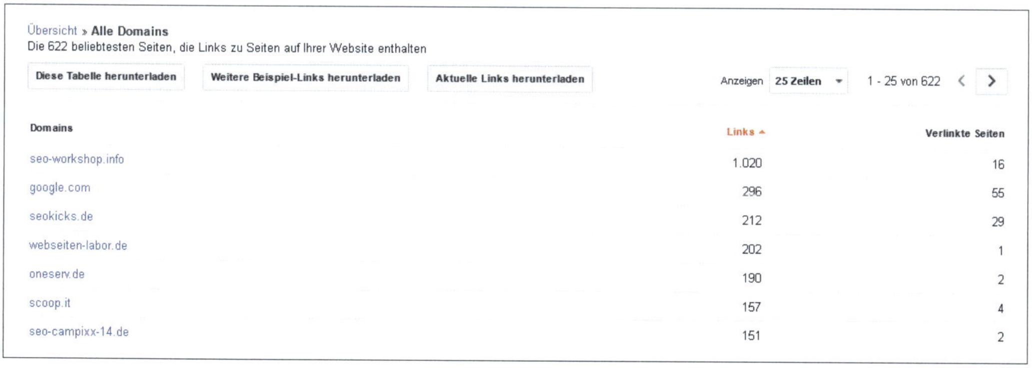

▲ **Abbildung 4-9**
Insgesamt 622 Verlinkungen von unterschiedlichen Domains bestehen hier laut Google Webmaster Tools.

Im angezeigten Interface listet Google *Die 1.000 beliebtesten Seiten, die Links zu Ihrem Webauftritt enthalten* auf. Bei Domains mit weniger als 1.000 Links von unterschiedlichen Domains ist die Anzahl also mit der Kennzahl *Domainpopularität* gleichzusetzen. Diese Kennzahl bemisst, wie viele unterschiedliche Webauftritte mindestens eine Verlinkung auf die betrachtete Website gesetzt haben.

Zu jeder Domain sehen Sie, wie viele Links insgesamt auf Ihren Webauftritt verweisen, und zudem, wie viele verschiedene Unterseiten von den Links referenziert werden.

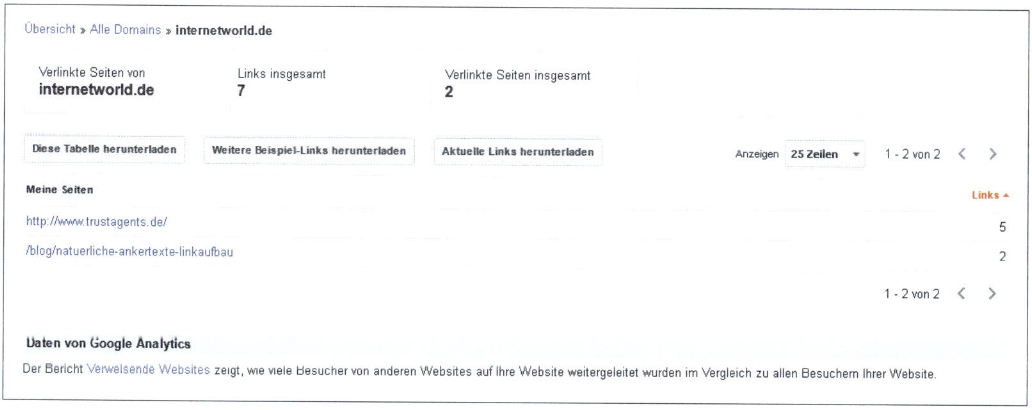

▲ **Abbildung 4-10**
Nach Auswahl einer Domain wird aufgelistet, welche URLs referenziert werden.

Durch einen Klick auf den Domainnamen können Sie die in Abbildung 4-10 gezeigte Detailansicht aufrufen. Darin sehen Sie, wie sich die Gesamtanzahl der von der ausgewählten Domain gesetzten Links auf die einzelnen Unterseiten verteilt.

Im Fall der Beispieldaten wurden insgesamt sieben Verlinkungen auf zwei unterschiedliche Zielseiten der Domain gefunden. Mit einem Klick auf eine unter *Meine Seiten* genannte Adresse sehen Sie die exakten Linkquellen.

Abbildung 4-11 ▼
Nach Auswahl einer Zielseite werden die Linkquellen angezeigt.

Ihr am meisten verlinkter Content

Die eben vorgestellte Betrachtungsweise der Daten lässt sich in den Google Webmaster Tools umdrehen. Unter *Ihr am meisten verlinkter Content* stehen nicht die verlinkenden Domains, sondern die Linkziele im Vordergrund. Durch diese Ansicht können Sie herausfinden, welche Adressen Ihres Webauftritts besonders häufig von externen Websites referenziert werden.

Abbildung 4-12 ▼
Insgesamt 96 verschiedene Unterseiten der Domain wurden von anderen Domains verlinkt.

Um mit dieser Betrachtungsweise zu beginnen, müssen Sie unter dem Menüpunkt auf einen der blau gekennzeichneten Links klicken.

Erfahrene Suchmaschinenoptimierer verweisen darauf, dass die Gesamtanzahl an eingehenden externen Links zunächst mal eine geringe Aussagekraft hat. Der Hintergrund: Anstatt von einer Website 100 Verlinkungen zu erhalten, wäre es interessanter, von 100 verschiedenen Websites jeweils eine Verlinkung zu bekommen. In beiden Fällen beträgt die sogenannte Linkpopularität 100, doch im letzteren Fall ist sie eben deutlich breiter verteilt. Die Kennzahl *Domainpopularität* wäre bei diesem Beispiel 1 beziehungsweise 100.

Aus diesem Grund ist es nur bedingt interessant, zu wissen, wie hoch die Linkpopularität ist. Spannender ist es, herauszufinden, wie viele unterschiedliche Seiten auf eine Seite verweisen. Um das zu erfahren, müssen Sie eine einzelne URL auswählen. Alternativ wird Ihnen die Anzahl der »Quelldomains« auf der Übersichtsseite »Alle verlinkten Seiten« angezeigt (siehe Abbildung 4-12).

Im Beispiel auf der Abbildung 4-13 sehen Sie, dass sich die Gesamtanzahl von insgesamt 67 eingehenden Links auf 29 Domains verteilen. Die Domainpopularität, zumindest laut Google Webmaster Tools, beträgt für diese Adresse folglich 29.

▲ **Abbildung 4-13**
In dieser Ansicht sehen Sie, welche Domains auf eine URL verweisen.

Auch hier haben Sie wieder die Möglichkeit, die Spezifität der Datenbetrachtung zu erhöhen. Klicken Sie dazu auf den Domainnamen, den Sie genauer betrachten wollen.

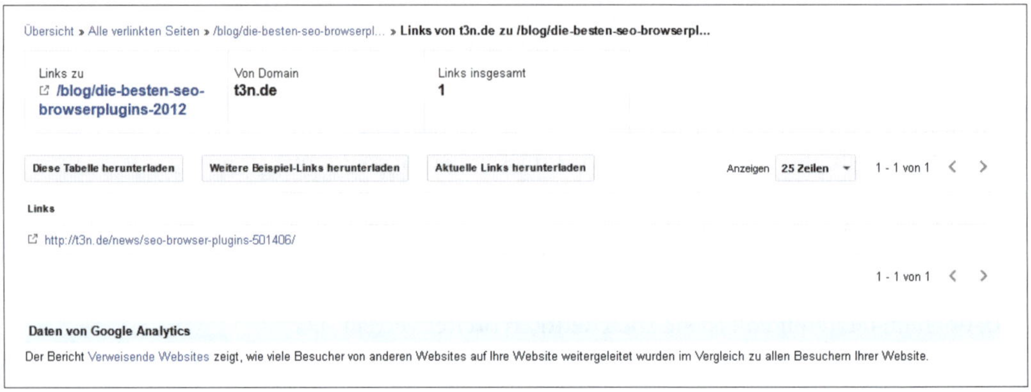

Abbildung 4-14▲
Nach Auswahl der Domain wird die exakte Linkquelle angezeigt.

Auf der nun erscheinenden Seite sehen Sie, von welchen Adressen aus auf Ihren Webauftritt verwiesen wird.

So sind Ihre Daten verlinkt

Als weitere Betrachtungsmöglichkeit können Sie mit *So sind Ihre Daten verlinkt* Ankertexte analysieren. Als Ankertext werden die Wörter bezeichnet, mit denen auf andere Dokumente verwiesen wird. Im Fall des Verweises auf diese Funktion wäre der Ankertext *Mehr*.

Aus Nutzer- und Suchmaschinensicht ist es durchaus sinnvoll, Ankertexte »inhaltsbeschreibend« zu wählen. Im Idealfall fassen Ankertexte das auf der verlinkten Seite behandelte Thema mit wenigen Worten zusammen. Vor diesem Hintergrund ist es sinnvoll, dass Suchmaschinen Ankertexte zur Themenbestimmung einer Adresse hinzuziehen. Wenn eine Seite häufig mit »Google Webmaster Tools Guide« von unterschiedlichen Quellen verlinkt wird, scheint diese Seite für diese (und ähnliche) Begriffe relevant zu sein.

Deskriptive Ankertexte sind zwar grundsätzlich empfehlenswert, bei Ankertexten von eingehenden Links sollte aber eine gewisse »Natürlichkeit« gewahrt bleiben. Mit Natürlichkeit ist gemeint, dass sich Linktexte wie »Schuhe kaufen« oder »Blumen« nicht zu sehr häufen. Denn ein gehäuftes Auftreten solcher Ankertexte kann in aller Regel als Manipulationsmaßnahme angesehen werden.

Es wäre eine klasse Erweiterung der Google Webmaster Tools, wenn Linktexte sowohl in den Downloads als auch im Webmaster-Tools-Interface neben den Links aufgelistet würden. Bisher listet Google die häufigsten Ankertexte – die sowohl aus externen als auch aus internen Ankertexten bestehen – nur nach Häufigkeit sortiert auf.

Von welcher Seite allerdings mit welchem Ankertext verwiesen wird, lässt sich über diese Informationen nicht klären. Zudem weist Google nicht aus, wie häufig ein Ankertext insgesamt verwendet wurde.

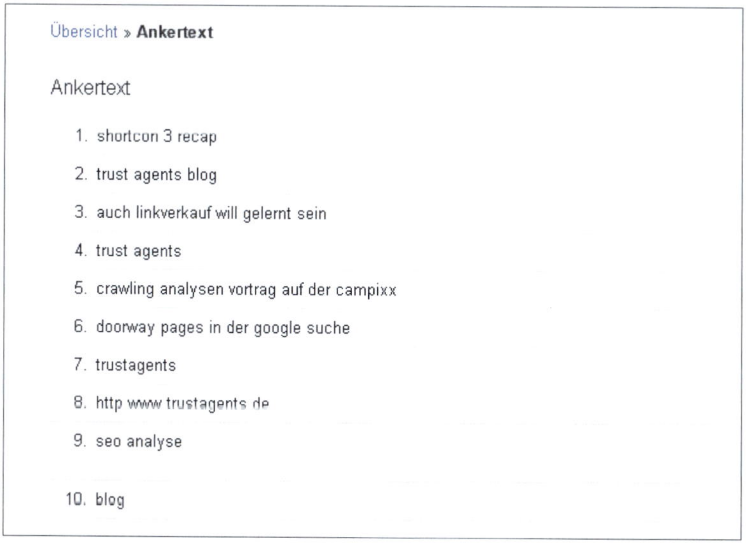

◀ **Abbildung 4-15**
Ankertexte helfen Suchmaschinen dabei, das Thema einer Website zu identifizieren.

Sowohl im Interface als auch im Daten-Download zeigt Google bis zu 200 Ankertexte an – wie gesagt, leider ohne die Linkquelle und das Linkziel zu nennen.

Interne Verlinkung

Nicht nur über externe Verlinkungen eines Dokuments kann Google darauf schließen, wie wichtig beziehungsweise relevant ein Dokument ist, auch interne Verlinkungen geben darüber Aufschluss. Denn über sie können sowohl Nutzer als auch Suchmaschinen mit wenigen Klicks zu einem Dokument gelangen.

Das bedeutet im Umkehrschluss natürlich nicht, dass jedes Dokument von jeder Seite mit genau einem Klick erreichbar sein sollte – denn eine zu große Auswahl überfordert Ihre Besucher sehr schnell. Auch Suchmaschinen fällt es in einem solchen Fall wesentlich schwerer, die Wichtigkeit eines Dokuments innerhalb eines Webauftritts zu bestimmen.

Aber dennoch: Je mehr Wege es gibt, um zu einem Dokument zu gelangen, desto wichtiger scheint dieses zu sein. Es ist also sinnvoll, die interne Navigation so aufzubauen, dass wichtige Dokumente einfach und von vielen Stellen aus mit wenigen Klicks erreichbar sind. Beim Crawling merkt sich Google, welche Dokumente miteinander verknüpft sind – sowohl domainintern als auch extern. Andernfalls wäre es nicht möglich, Ihnen über *Links zu Ihrer Website* auf Ihre Inhalte verweisende Verlinkungen anzuzeigen.

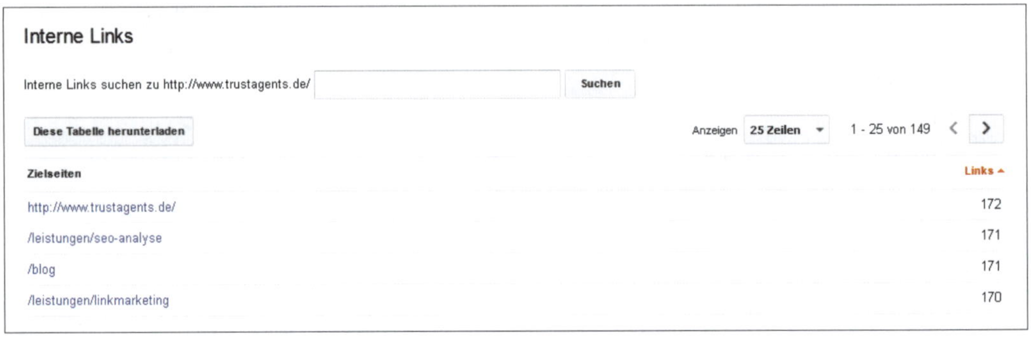

Abbildung 4-16▲
Interne Links sind ein wichtiges Relevanzsignal für Google.

Wenn Sie die interne Verlinkung Ihrer Domain über die Google Webmaster Tools betrachten, sollten aus SEO-Sicht wichtige Adressen besonders häufig intern verlinkt sein. Meiner Ansicht nach sind die Daten allerdings nicht vollständig. Bei eigenen Analysen, über ein bestätigtes Verzeichnis sowie über den Hauptdomainnamen in Google Webmaster Tools, wurden mir für exakt dieselbe URL unterschiedliche Werte für die Anzahl eingehender interner Links auf diese Seite angezeigt. Dennoch sollten Sie sich die hier angezeigten Daten anschauen.

Anders als bei den externen Links können Sie mit den Google Webmaster Tools innerhalb der internen Links suchen. Beachten Sie hierbei, dass die Suche zwischen Groß- und Kleinschreibung unterscheidet. Dies wird im Englischen als »case sensitive« bezeichnet. Wie im Bereich der externen Links wird oberhalb der Tabelle eine Download-Möglichkeit angezeigt.

Die hier herunterladbaren Daten basieren allerdings immer auf den aktuell angezeigten Daten: Wenn Sie auf der Übersichtsseite den Download starten, erhalten Sie eine Übersicht der URLs samt der Anzahl der auf diese URL verweisenden Links. Welche URLs allerdings auf die einzelnen URLs verlinken, erfahren Sie über diesen Download nicht. Dazu müssen Sie in die Detailansicht wechseln.

Durch die Auswahl einer URL sehen Sie, welche URLs auf diese Adresse verweisen. Wie bei externen Links ist auch hier die entgegengesetzte Betrachtungsweise (Wohin verlinkt die angegebene URL?) nicht verfügbar.

▲ **Abbildung 4-17**
Über die Suchfunktion kann nach auf eine URL verweisenden internen Links gesucht werden.

Wenn Sie aus der Detailansicht heraus die Exportfunktion verwenden, erhalten Sie bis zu 1.000 URLs, die sich auf die aktuell angezeigte URL beziehen.

Insgesamt ist die Beschränkung auf maximal 1.000 URLs sehr schade. Denn bei großen Seiten bedeutet dies, dass die interne Verlinkung in den Google Webmaster Tools nicht vollständig abgebildet wird. Zum einen erhalten einzelne URLs mehr als 1.000 interne Links, zum anderen werden auch mehr als 1.000 einzelne URLs intern verlinkt. Und es ist auch ärgerlich, dass die Möglichkeit fehlt, zu vielen URLs gleichzeitig eine Liste mit eingehenden Links zu erhalten.

Es kann durchaus vorkommen, dass eine von Ihnen gesuchte URL nicht in der Auflistung erscheint. In diesem Fall können Sie versuchen, ob nicht eine Suche nach der URL doch noch zum Erfolg führt. Kurioserweise erhält man durch eine Suche in manchen Fällen für URLs Daten, die nicht in der Auflistung der 1.000 ausgewählten Adressen vorhanden sind.

Wenn Sie Ihre Inhalte in Ordnern strukturiert haben, können Sie nach deren Bestätigung in den Webmaster-Tools mehr Daten erhalten. Sie sehen zwar dann nur Seiten als interne Linkziele, die innerhalb des Ordners liegen, die eingehenden Links werden aber über die gesamte Domain erhoben.

Tipp

Wenn Sie interessante Keywords für Ihre Optimierung identifiziert haben, können Sie über die Funktion schauen, wie viele interne Verweise diese Seite erhält. Durch zusätzliche Verweise von anderen relevanten Seiten Ihres Webauftritts können Sie unter Umständen das Ranking dieser Keywords verbessern.

Manuelle Maßnahmen

Auch Google hat ein Interesse daran, dass Inhalte nachfrageorientiert aufgebaut, leicht zu finden und einfach zu analysieren sind. Doch innerhalb der Suchmaschinenoptimierung gibt es einige Graubereiche, die zwar zu einer besseren Positionierung in der Google-Suche führen können, allerdings vom Suchmaschinenkonzern nicht toleriert werden.

In den Webmaster-Richtlinien hat Google relativ klar definiert, welche Grenzen es bei der Suchmaschinenoptimierung gibt. Werden Verstöße gegen diese Regeln festgestellt, können sogenannte »manuelle Maßnahmen« die Folge sein. Im Gegensatz zu algorithmisch bedingten Aktionen wird im Fall von manuellen Maßnahmen eine wie auch immer geartete Abstrafung (»Penalty«) beziehungsweise die »Nicht-Wertung« von Signalen durch einen Google-Mitarbeiter verhängt.

Die Funktion *manuelle Maßnahmen* sagt Ihnen, ob eine manuelle Maßnahme gegen Ihre Website vorliegt. Wird eine solche verhängt, erhalten Sie zudem eine Benachrichtigung.

Diese manuellen Maßnahmen gibt es

Der Menüpunkt *manuelle Maßnahmen* ist relativ frisch in den Google Webmaster Tools enthalten. Erst im August 2013 wurde diese Funktion den Webmaster-Tools hinzugefügt.

Insgesamt sind aktuell zehn Anlässe für manuelle Maßnahmen bekannt:

- Unnatürliche Links zu Ihrer Website – Auswirkungen auf die Links.
- Unnatürliche Links zu Ihrer Website.
- Unnatürliche Links von Ihrer Website.
- Gehackte Website.
- Inhalte von geringer Qualität mit geringem oder gar keinem Mehrwert.
- Reiner Spam.
- Nutzergenerierter Spam.
- Cloaking bzw. irreführende Weiterleitungen.
- Verborgener Text bzw. überflüssige Keywords.
- Kostenlose Spam-Hosts.

Zu unterscheiden gilt es bei den Maßnahmen, ob diese den gesamten oder nur einen Teil des Webauftritts betreffen. Dazu wird bei den Maßnahmen unterteilt in *Übereinstimmung auf der gesamten Website* und *Teilübereinstimmungen*.

▲ **Abbildung 4-18**
Gegen die Website wurde eine manuelle Maßnahme wegen manipulativer Links verhängt.

In Abbildung 4-18 ist zu sehen, dass eine manuelle Maßnahme aufgrund von unnatürlichen eingehenden Links gegen einen Teilbereich der Website verhängt wurde. Die Maßnahme betrifft die Domain vorwiegend indirekt. Dies ist am Zusatz *Auswirkung auf die Links* ersichtlich. Der Hinweis ist wichtig, denn es ist grundsätzlich auch möglich, dass sich eine von Google getroffene Aktion aufgrund von unnatürlichen Links direkt gegen die Website richtet. In diesem Fall fehlt der Zusatz *Auswirkung auf die Links* vollständig.

Zusätzlich zur Information über eine verhängte manuelle Maßnahme gibt Google noch Hinweise auf Gegenmaßnahmen. Sobald der Webmaster den Grund für die Abstrafung beseitigt hat, kann ein sogenannter *Reconsideration Request* gestellt werden. Aufgrund eines solchen untersucht ein Google-Mitarbeiter, ob das beanstandete Fehlverhalten beseitigt wurde. Im Erfolgsfall wird die manuelle Maßnahme aufgehoben.

Welchen Einfluss hat eine manuelle Maßnahme auf die Zugriffe über die unbezahlte Websuche?

Pauschal lässt es sich schwer beantworten, mit welchen Auswirkungen aufgrund einer manuellen Maßnahme zu rechnen ist. Dies hängt vor allem von der verhängten Maßnahme ab.

Verhängt Google eine manuelle Maßnahme gegen die eigene Website, sollte diese Nachricht auf jeden Fall ernst genommen werden.

Zwar mag es vorkommen, dass einem das Fehlverhalten bis zum Zeitpunkt der Benachrichtigung nicht bewusst war, doch in den Augen von Google wird immer der Webmaster der Website als verantwortlich angesehen.

Vielleicht hat Ihre SEO-Agentur die Gründe für die manuelle Maßnahme verursacht, doch in den Augen von Google hätten Sie es als für die Website verantwortlicher Webmaster besser wissen können. Unabhängig davon, ob Sie der Verursacher einer manuellen Maßnahme sind oder nicht: Es liegt an Ihnen, den Grund für diesen Schritt von Google herauszufinden und ihn auch zu beseitigen.

Manuelle Maßnahmen können sehr schnell einen großen Einfluss auf die SEO-Performance einer Seite entwickeln. So sind Strafen bekannt, durch die die betroffene Website nicht mal mehr für den eigenen Domainnamen in der Google-Suche zu finden war – von allgemeinen Suchanfragen ganz zu schweigen.

Tipps zum Umgang mit manuellen Maßnahmen

Eine Benachrichtigung über eine manuelle Maßnahme zählt sicher nicht zu den angenehmsten Meldungen, die man von Google über die Webmaster-Tools erhalten kann. Besonders häufig verteilt Google manuelle Maßnahmen aufgrund unnatürlicher eingehender Links auf eine Website.

Um eine manuelle Maßnahme zu beseitigen, sollten Sie folgende Schritte durchführen.

1. Ruhig bleiben!

   Vorneweg: Google verteilt manuelle Maßnahme nicht grundlos, sondern nur dann, wenn deutliche Verstöße gegen die Webmaster-Richtlinien vorliegen.

   Bewahren Sie erst mal Ruhe und einen kühlen Kopf und beginnen Sie damit, Gegenmaßnahmen einzuleiten.
2. Gegenmaßnahmen einleiten.

   Lesen Sie auf jeden Fall die Hinweise, auf die Google unterhalb der Benachrichtigung verlinkt. Diese sind ein erster Anhaltspunkt bei der Suche nach der oder den Ursachen.

   Haben Sie eine manuelle Maßnahme wegen unnatürlicher eigehender Links erhalten, sollten Sie einen umfangreichen Überblick über das Backlink-Profil erstellen. Nutzen Sie dazu jede Datenquelle, auf die Sie Zugriff haben. Die erste Anlaufstelle sind natürlich die Linkdaten der Webmaster-Tools.

Bei Abstrafungen aufgrund unnatürlicher Links sind in der Regel die verwendeten Linktexte sowie die Linkplatzierung der Grund. Versuchen Sie, Ihre Links zu qualifizieren und mindestens in »gut« und »schlecht« zu unterteilen. Als »gut« werden dabei die Links klassifiziert, die natürlich entstanden sind. »Schlecht« sind hingegen solche Links, die unnatürlich entstanden sind oder über optimierte Ankertexte wie »Blumen« oder »Zahnarzt Berlin« verfügen.

3. Probleme beseitigen.

   Nachdem Sie die möglichen Verstöße identifiziert haben, sollten Sie sie natürlich beseitigen. Im Fall von Links sind deren Löschung, die Verwendung von *nofollow* oder die Nutzung des sogenannten Disavow Tool der Google Webmaster Tools die naheliegendsten Optionen.

   Durch die Auszeichnung eines Links mittels *nofollow* wird dieser Link im Sinne der Suchmaschinenoptimierung entwertet.

4. Reconsideration Request stellen.

   Sobald die Verstöße beseitigt oder die problematischen Verlinkungen entwertet wurden, sollten Sie einen Antrag auf erneute Überprufung stellen. Dazu klicken Sie bei *manuelle Maßnahmen* unterhalb der Nachricht auf den entsprechenden Button.

Worauf Sie beim Reconsideration Request achten sollten

Im Zuge der Antragstellung haben Sie die Möglichkeit, Google über Ihre Gegenmaßnahmen zu informieren. Sie sollten diese Möglichkeit nutzen, um den Grund für die Maßnahme aus Ihrer Sicht zu benennen. Wenn Sie zum Beispiel in der Vergangenheit auf Artikelverzeichnisse zum Linkaufbau gesetzt haben, teilen Sie Google dies mit. Googles Mantra ist, dass Verlinkungen auf natürlichem Weg entstehen sollten. Diesem entsprechen Artikelverzeichnisse nicht. Hierbei kann durch die Erstellung von Texten jeder einen Link erhalten, und daher können diese Links nicht als wirkliche, auf natürlichem Wege entstandene Empfehlung gewertet werden. Es hilft definitiv, folgende Informationen im Reconsideration Request zu nennen:

- Was war aus Ihrer Sicht der Grund für die manuelle Maßnahme?
- Wer war für den Verstoß verantwortlich?
- Welche Gegenmaßnahmen haben Sie ergriffen?

- Wie können Sie Ihre Gegenmaßnahmen belegen?

Sie sollten auf jeden Fall Verantwortung für den Verstoß übernehmen. Denken Sie immer daran: In den Augen von Google ist stets der Webmaster der Verursacher von Verstößen auf der Seite.

Im Fall von manuellen Maßnahmen aufgrund von Linkaufbau sollten Sie nicht nur auf das Disavow Tool hoffen. Google möchte hier auch sehen, dass Sie aktiv versucht haben, Verlinkungen entfernen zu lassen.

Das Disavow Tool wird in Kapitel 9 detailliert beschrieben.

Zusammenfassung des Kapitels

- Über den *Suchanfragenbericht* sehen Sie, zu welchen Begriffen Ihre Domain in unterschiedlichen Google-Suchräumen Impressionen erzeugt hat. Darüber hinaus erfahren Sie, welche URLs für welchen Begriff angezeigt wurden, wie viele Klicks Ihr Webauftritt im Zeitraum von maximal 90 Tagen generiert hat und an welcher Position Ihre Seite in der Google-Suche zu finden war.

  Zu beachten ist, dass die Daten immer mit zwei Tagen Verzögerung in die Google Webmaster Tools eingespielt werden.

  Sie können den Suchanfragenbericht in zwei Dimensionen analysieren, entweder nach Suchbegriffen oder nach URLs. Die Daten können zur weiteren Verarbeitung und Archivierung heruntergeladen oder in ein Google Docs-Dokument kopiert werden.
- Über *Links zu Ihrer Website* erhalten Sie eine Vielzahl an Informationen über die Verlinkungsstruktur Ihrer Domain. Sie können sehen, wer auf Ihre Website verlinkt, welche URL wie viele Verlinkungen erhält und mit welchen Wörtern Ihre Website verknüpft ist. Google zeigt Ihnen maximal 1.000 verlinkende Domains im Google Webmaster Tools-Interface an.

  Über die Download-Funktion *Aktuelle Links herunterladen* können Sie diese Beschränkung umgehen. Zudem sehen Sie im Download das Datum, an dem Google den Link erstmals erkannt hat. In den zur Verfügung stehenden Downloads fehlt die Information zu Ankertexten und Linkzielen. Einzig die verlinkende URL ist im Export enthalten.
- Neben der externen Verlinkung hat auch die *interne Verlinkung* Einfluss auf das Ranking von URLs. Google zeigt Ihnen,

wie viele interne Links auf verschiedene Seiten zeigen. Diese Daten sind aus meiner Sicht nicht zu 100 % aussagekräftig.

- Unter *Manuelle Maßnahmen* können Sie sehen, ob Google eine manuelle Aktion gegen Ihre Website unternommen hat. Dies kann beispielsweise als Abstrafung von manipulativem Linkaufbau geschehen sein. In einem solchen Fall sehen Sie die manuelle Maßnahme unter diesem Punkt aufgelistet und können nach Beseitigung ihres Auslösers einen Antrag auf erneute Überprüfung stellen. Sie werden benachrichtigt, wenn Google eine manuelle Maßnahme verhängt.

Google-Index

5

Über Suchmaschinen können nur Inhalte gefunden werden, die diesen bekannt sind – d.h., von Google nicht erkannte Inhalte tauchen nicht in den Suchergebnissen auf. Auch eine Sperrung von Inhalten, ob durch einen Crawling-Ausschluss mittels *robots.txt* oder eine Indexierungseinschränkung über Robots-Angaben, führt dazu, dass Inhalte über die Websuche nicht aufzufinden sind.

robots.txt

Über die im Hauptverzeichnis (*root*) abzulegende Datei *robots.txt* kann das Crawling-Verhalten von Suchmaschinen gesteuert werden. Per Angabe des sogenannten User-Agents können einzelne Suchmaschinen angesprochen werden.

Durch die Angabe von *Disallow: /* wird der gesamte Webauftritt von der automatischen Analyse durch Suchmaschinen ausgenommen. Da dadurch Suchmaschinen keine Kenntnis über die auf den gesperrten Adressen verfügbaren Inhalte haben, ist es sehr unwahrscheinlich, dass diese Seiten in der Google-Suche gut zu finden sind.

Getestet werden kann die *robots.txt* über die Funktion *Blockierte URLs* in den Google Webmaster Tools.

Weitere Informationen zur *robots.txt* finden Sie unter *www.robotstxt.org*.

Meta Robots

Im `<head>`-Bereich eines Dokuments kann über die Angabe `<meta name="robots" content="noindex">` eine Seite von der Indexierung durch Suchmaschinen ausgeschlossen werden. Anders als bei einem Crawling-Ausschluss aufgrund entsprechender Regeln in der *robots.txt* ist der Seiteninhalt des Dokuments bei der Verwendung von Meta Robots für Suchmaschinen analysierbar. Aufgrund des Indexierungsausschlusses ist das Dokument allerdings nicht über Websuchen auffindbar. Weitere Informationen zur Angabe finden Sie unter *www.robotstxt.org/meta.html*.

Für Nicht-HTML-Dokumente wie PDFs können Sie das sogenannte X-Robots-Tag verwenden.

Unter *Google-Index* sind Funktionen zusammengefasst, die die Indexierung und Verarbeitung von Inhalten einer Website betreffen. Zur Auswahl stehen:

- Indexierungsstatus
- Content-Keywords
- URLs entfernen

Indexierungsstatus

Mit dem Suchoperator *site:meinedomain.de* kann in der Google-Suche eine Suchanfrage auf die nach *site:* genannte Domain eingegrenzt werden. Bei dieser Anfrage gibt Google aus, wie viele Dokumente zu ihr passen. Dadurch erhalten Sie eine Angabe darüber, wie viele URLs einer Domain Google bekannt sind.

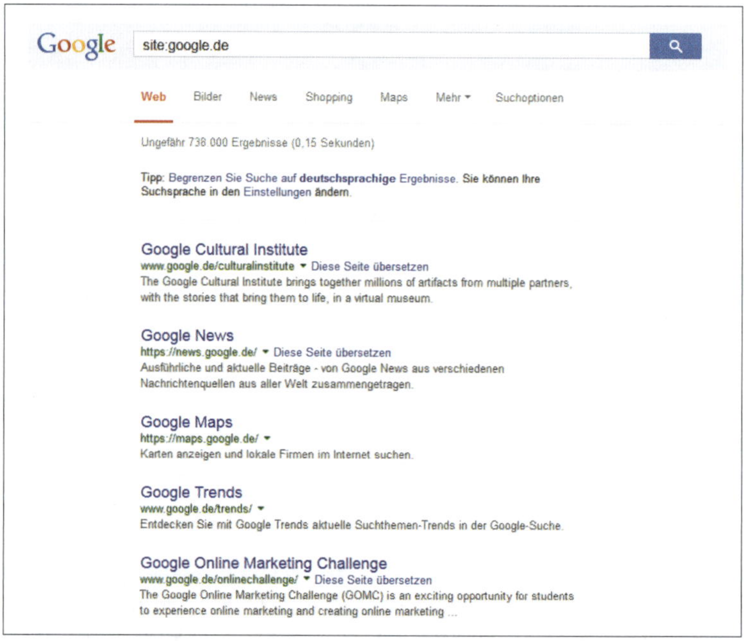

Abbildung 5-1 ▶
Laut site:google.de sind 738.000 Dokumente der Domain indexiert.

Während die *site:*-Abfrage von jedermann für jede Domain gestellt werden kann, ist der *Indexierungsstatus* in den Webmaster-Tools nur für zur Domain freigeschaltete Nutzer einsehbar.

Der wöchentlich aktualisierte Indexierungsstatus liefert in aller Regel präzisere Angaben als die *site:*-Abfrage. Zudem wird diese Indexierungsinformation im zeitlichen Verlauf der letzten zwölf Monate dargestellt. Seit März 2014 ist es möglich, den Indexierungsstatus auch für bestätigte Ordner einzusehen. Vorher war dies nur für den bestätigten Hostnamen möglich.

Diese Änderung bringt für Sie den Vorteil, dass Sie genau nachvollziehen können, wie viele Dokumente eines Ordners im Google-Index enthalten sind – und natürlich auch, wie sich dieser Status im Lauf der Zeit entwickelt. Somit sehen Sie mit wenigen Blicken, ob neu erstellte Inhalte von Google indexiert wurden.

Auch für HTTPS-Seiten wurde bis zur Aktualisierung gar kein Indexierungsstatus ausgegeben, stattdessen wurde auf den Indexierungsstatus der HTTP-Version verwiesen.

Beachten Sie dabei, dass der Indexierungsstatus eines Ordners immer vollständig im Indexierungsstatus des entsprechenden Hostnamens enthalten ist. Wenn unter *www.trustagents.de* 170 indexierte Seiten gefunden wurden, schließt dies zum Beispiel die 72 Seiten ein, die unter *www.trustagents.de/blog* liegen.

Exkurs: Wie viele Seiten sollen überhaupt indexiert sein?

Die Betrachtung der bloßen Anzahl an indexierten Seiten hilft erst mal wenig. Denn nur im Vergleich mit erwarteten Werten erhält der Indexierungsstatus seine Aussagekraft. Da Sie mit Sicherheit möchten, dass Sie für alle auf Ihrer Website verfügbaren Inhalte gefunden werden können, müssen diese im Google-Index enthalten sein. Daher ist es sinnvoll, den Erwartungswert zu berechnen. Dieser wird anschließend mit der von Google angegebenen Zahl verglichen.

Eine Beispielrechnung für die Gesamtanzahl an indexierten URLs eines Onlineshops könnte wie folgt aussehen:

  Anzahl an Produkten im Onlineshop
+ Anzahl an Kategorien
+ Anzahl an paginierten Seiten
+ Anzahl an Filterseiten (z. B. Marke + Kategorie)
+ Anzahl an Marken
+ Anzahl an Webseiten wie *Über uns* oder *Impressum*
+ Anzahl der Artikel im Blog
– Seiten, die über Robots *Noindex* geblockt sind,
– Seiten, die nur von URLs verlinkt werden, die über die *robots.txt* blockiert sind

---

Erwartete Gesamtanzahl an indexierten URLs

Diese erwartete Gesamtzahl sollten Sie mit dem tatsächlichen Indexierungsstatus vergleichen. Es kommt bei der Rechnung nicht auf die letzte Zahl nach dem Komma an, sondern darauf, ob es große Unterschiede zwischen dem Erwartungs- und dem tatsächlichen Wert gibt. In einem solchen Fall sollten Sie herausfinden, woher die Differenz kommt.

Es kann auch ein sehr seltener Sonderfall auftreten. Wenn der Indexierungsstatus ungefähr der von Ihnen ermittelten Gesamtzahl entspricht, kann das daran liegen, dass viele Duplikate anstelle von einzigartigen URLs indexiert wurden. Dadurch kann es vorkommen, dass trotz fehlender Indexierung von Dokumenten davon ausgegangen wird, dass alles in Ordnung ist.

Was können die Gründe für »zu viele« indexierte URLs sein?

Mehr indexierte URLs als erwartet zu haben, muss bei der Suchmaschinenoptimierung nicht zwangsläufig von Vorteil sein. Eigentlich gilt die Devise: so viele URLs wie nötig, so wenige URLs wie möglich.

Mögliche Gründe dafür, dass der Indexierungsstatus aus dem Ruder läuft, gibt es viele. Dies sind einige davon:

- Der Server gibt aufgrund einer fehlerhaften Konfiguration auch bei »nicht validen« URLs den HTTP-Statuscode 200 aus. Der Inhalt ist nicht verfügbar, was den Statuscode 404 oder 410 nach sich ziehen sollte, der Server antwortet aber mit 200.
- Der Content ist über klein- und großgeschriebene URLs erreichbar.
- Jeder Hostname wird vom Server akzeptiert, z.B. auch *http://w.meinedomain.de/*.
- Session-IDs in den URLs.
- Unnötige Parameter werden nicht von der Indexierung ausgeschlossen.
- Die Seite ist unter http und https indexiert.

Die möglichen Fehler liegen in aller Regel in der Informationsarchitektur Ihrer Seite und müssen über technische Anpassungen behoben werden.

Was können die Gründe für »zu wenige« indexierte URLs sein?

Wenn weit weniger URLs im Google-Index vertreten sind als erwartet, kann auch das ein Hinweis auf ein Problem sein.

- Wurde die Angabe *Noindex* versehentlich zu häufig eingesetzt?
- Gibt es Probleme mit dem Canonical-Tag?
- Sind Verteilerseiten der Domain per *robots.txt* blockiert?
- Werden alle URLs mindestens einmal verlinkt?
- Wurden zu restriktive Einstellungen für Parameter in den Google Webmaster Tools gewählt?
- Hat die Domain ein zu niedriges Verhältnis von Backlinks zur Anzahl der Inhalte?
- Stellt der Inhalt der Seite keinen Mehrwert dar? Ist der Content eventuell kopiert worden und sowohl domainintern als auch domainextern verfügbar?
- Wurde die Domain erst vor Kurzem online gestellt?

Neben der einfachen Ansicht, die sich auf den Indexierungsstatus beschränkt, kann eine erweiterte Ansicht aufgerufen werden. Dazu müssen Sie auf *Erweitert* klicken.

Hier können Sie neben dem Indexierungsstatus folgende Informationen finden:

Jemals gecrawlte URLs.
: Dies ist die Gesamtzahl der einzigartigen URLs, die Google auf der Website bisher gecrawlt hat. Jede URL, die anders geschrieben wird, ist für Suchmaschinen einzigartig. So stellen */meine-seite* und */Meine-seite* zwei vollkommen unterschiedliche URLs dar.

Von Robots blockierte URLs.
: URLs, die über *robots.txt* gesperrt sind, fallen in diese Kategorie.

Entfernte URLs.
: Wurden Seiten von Suchmaschinen versehentlich indexiert, können Sie diese entfernen lassen (siehe den Abschnitt »URLs entfernen« weiter unten).

  Die Entfernung kann dabei entweder vom Webmaster selbst oder – wenn eine Urheberrechtsverletzung vorliegt – auch von Rechteinhabern verlangt werden.

Vor einiger Zeit hat Google eine weitere Filteroption wieder entfernt. So gab es ursprünglich die Möglichkeit, »nicht ausgewählte URLs« anzeigen zu lassen. Darunter fielen Webseiten, die aufgrund von Indexierungsbeschränkungen nicht in den Index aufgenommen werden konnten oder von Google als Duplikate erkannt wurden. Die Anzahl können Sie sich allerdings auch selbst ausrechnen, indem Sie die Differenz zwischen *Jemals gecrawlte URLs* und *Insgesamt indexierte URLs* errechnen.

Auffällig starke Anstiege oder Rückgänge im Indexierungsstatus sollten Sie untersuchen. Ist der Anstieg oder Rückgang gewollt? Liegt eventuell ein Problem mit der URL-Struktur vor? Abbildung 5-2 zeigt eine Website, bei der innerhalb von wenigen Wochen eine starke Veränderung stattfand.

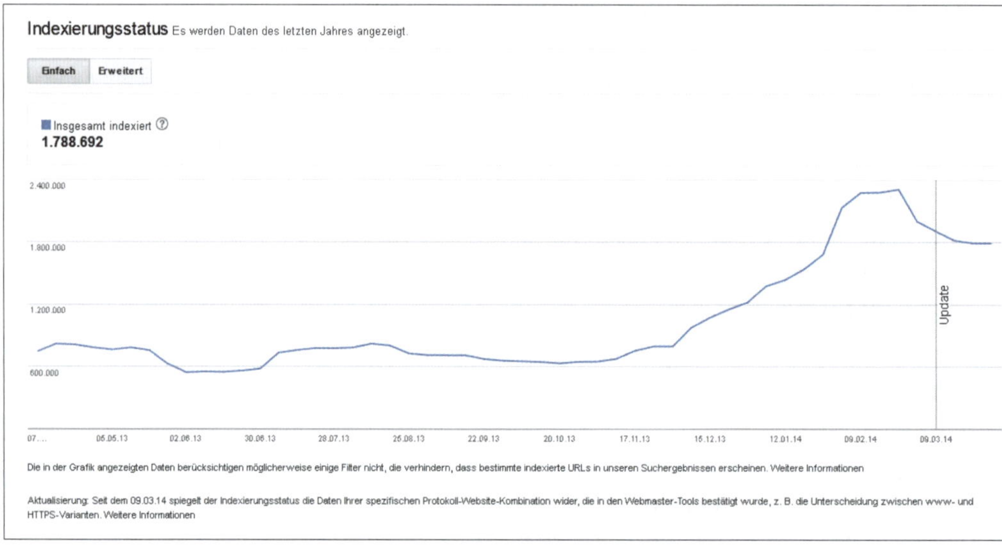

Abbildung 5-2 ▲
Der Indexierungsstatus der Domain ist stark angestiegen – liegt ein Problem vor?

In diesem Fall lag ein technisches Problem auf dem Webauftritt vor, wodurch in großem Umfang neue URLs erstellt und diese zudem zur Indexierung freigegeben wurden.

Sie können aktuell leider nur die Diagrammdaten herunterladen, nicht aber eine Liste aller von Google indexierten URLs über die Google Webmaster Tools.

Tipp Behalten Sie den Indexierungsstatus regelmäßig im Auge. Denn Sie sollten verhindern, dass Google viele neue URLs crawlt (und indexiert), wenn diese keine neuen Informationen bereitstellen.

Content-Keywords

Keywords haben selbstverständlich einen Einfluss auf das Ranking einer Webseite. Im Sinne der Suchmaschinenoptimierung sollten Sie, um gefunden zu werden, die Begrifflichkeit verwenden, die Ihre Zielgruppe zur Beschreibung Ihrer Inhalte nutzt.

Tipp

Um sowohl Nutzern als auch Suchmaschinen eine Relevanz für eine Suchanfrage zu vermitteln, muss ein Begriff nicht nach dem altbekannten Mantra »3% Keyworddichte« im Text vorkommen. Viel wichtiger ist es, dass die Lesbarkeit des Inhalts gewährleistet ist und dieser das Informationsbedürfnis möglichst vollständig abdeckt. Behalten Sie beim Schreiben eines Texts Ihr Optimierungsziel gern im Hinterkopf – fügen Sie das Keyword aber nicht zwanghaft ein.

Im Bereich *Content-Keywords* sehen Sie, welche Begriffe Google besonders häufig beim Crawling gefunden hat. Diese Begriffe sollten dem Inhalt Ihres Webauftritts möglichst genau entsprechen.

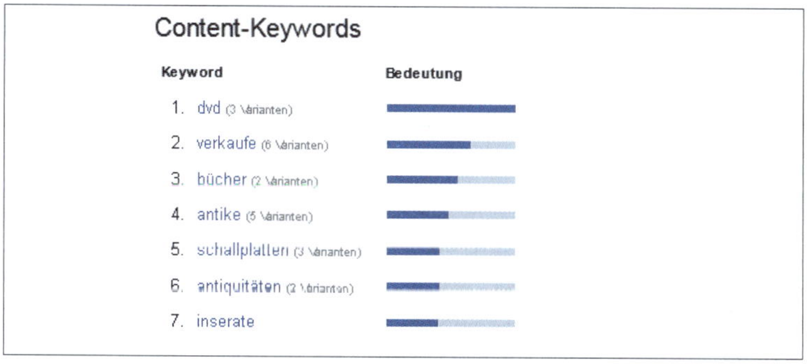

◀ **Abbildung 5-3**
Die Funktion Content-Keywords listet die Begriffe mit dem häufigsten Auftreten auf.

In der Übersicht werden die auf der Domain gefundenen Wörter gemäß ihrer Bedeutung sortiert. Dabei führt ein häufigeres Auftreten zu einer höheren Bedeutung.

Laut den Daten hat der Begriff »schalplatten« eine mittlere Bedeutung. Die Bedeutung basiert dabei auf insgesamt drei Schreibweisen. Diese zeigt Ihnen Google nach einem Klick auf das Keyword an. Alternativ sehen Sie die Varianten, wenn Sie die grauen Wörter mit der Maus überfahren.

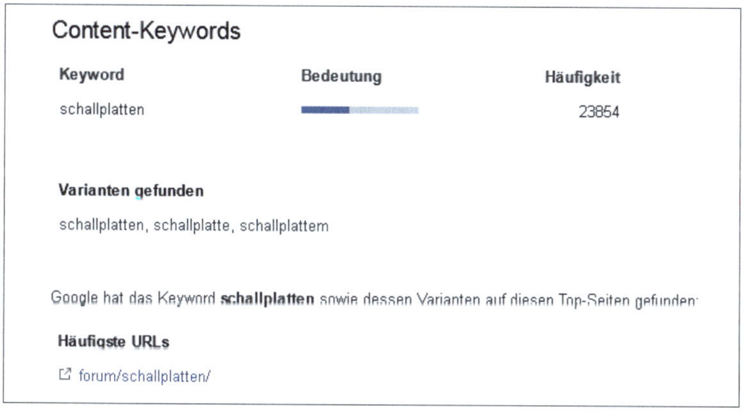

◀ **Abbildung 5-4**
In der Detailansicht sehen Sie das absolute Auftreten sowie andere Schreibweisen des Begriffs.

Als zusätzliche Information listet Google in dieser Detailansicht URLs auf, auf denen der Begriff gefunden wurde. Zudem sehen Sie die Häufigkeit des Auftretens des Begriffs inklusive der gefunden Varianten.

Wenn Begriffe mit hoher Bedeutung auftreten, die Sie nicht erwartet haben, sollten Sie sich das genauer ansehen. Denn dies kann ein Hinweis darauf sein, dass Google das Thema Ihrer Website nicht so klar versteht wie erhofft. Falls Begriffe aus dem Bereich der Erotik (z.B. Potenzmittel) oder Spieleindustrie (z.B. Poker) wider Erwarten auf Ihrer Website auftreten, empfiehlt sich eine sehr gründliche Untersuchung, da es unter Umständen Dritte geschafft haben, Zugriff auf Ihre Website zu erhalten. Ein Blick auf *Sicherheitsprobleme* in den Webmaster-Tools liefert unter Umständen weitere Informationen.

Google zeigt zunächst die 20 Begriffe mit der höchsten Bedeutung an. Durch einen Klick auf *mehr Keywords anzeigen* werden weitere 20 Begriffe sichtbar. Maximal werden 200 Content-Keywords angezeigt.

Über die Download-Möglichkeit *Diese Tabelle herunterladen* werden direkt die Top 200 der Content-Keywords samt Schreibvarianten angezeigt. Zusätzlich sehen Sie die Häufigkeit des Auftretens sowie URLs, in denen die Begriffe enthalten sind.

URLs entfernen

Google ist in aller Regel sehr schnell, wenn es um die Indexierung von (neuen) URLs geht. Bereits kurze Zeit nach dem Crawling werden Inhalte dem Index hinzugefügt – zumindest dann, wenn keine Indexierungsbeschränkung vorliegt.

Meistens geschieht dies zum Vorteil des Webmasters, da Inhalte dadurch schnell gefunden werden können. Anders sieht es natürlich aus, wenn Inhalte über die Google-Suche gefunden werden können, die dort eigentlich nicht erscheinen sollten. Das kann sehr schnell passieren, zum Beispiel wenn versehentlich eine Indexierungsbeschränkung entfernt wird.

Über die Funktion *URLs entfernen* können Inhalte der eigenen Website sehr schnell und mit wenig Aufwand wieder »deindexiert« werden. Das Tool erlaubt es, einzelne URLs, ganze Ordner oder gar komplette Hostnamen aus dem Suchindex zu entfernen.

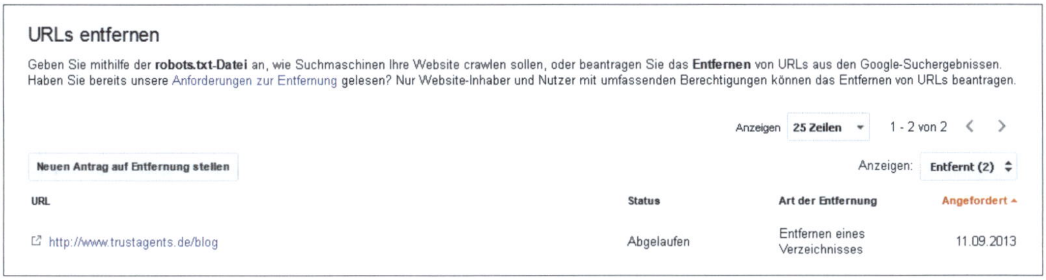

▲ **Abbildung 5-5**
Über das Drop-down-Menü wurde »entfernt« ausgewählt.

Gemäß den Zugriffsbeschränkungen können Nutzer mit eingeschränktem Zugriff keine URL-Entfernung beantragen. Beachten sollten Sie zudem das Drop-down-Menü im rechten Bereich der Seite. Dort können Sie nach Folgendem filtern:

- *Ausstehend*
- *Abgelehnt*
- *Entfernt*
- *Anfrage von anderen*
- *Alle*

Standardmäßig zeigt Google *Ausstehend* an. Über den Filter *Anfrage von anderen* sehen Sie Löschanträge, die von anderen bestätigten Nutzern der Website gestellt wurden.

Um URLs entfernen zu können, muss eine der folgenden Anforderungen erfüllt sein:

- Ausgabe des HTTP-Statuscodes 404 (»Not Found«) oder 410 (»Gone«) für die entsprechende URL.
- Blockieren über die *robots.txt*.
- Blockieren über das *Noindex*-Metatag.

Wenn keine dieser Anforderungen umgesetzt wurde, wird der Entfernungsauftrag abgelehnt und erscheint anschließend unter dem gleichnamigen Filter.

Angenommen, Sie möchten nicht eine einzelne URL, sondern ein komplettes Verzeichnis entfernen, dann muss die Aussperrung der Crawler für alle Unterseiten des Verzeichnisses gelten. Dies lässt sich in der Regel am einfachsten über die Eintragung des Verzeichnisses in die *robots.txt* bewerkstelligen. Beachten sollten Sie, dass Google die *robots.txt*-Anpassung erst mal feststellen muss. Je nach

Crawling-Häufigkeit kann dies zwischen wenigen Stunden und zwei Tagen dauern. Beschleunigen können Sie das, indem Sie die *robots.txt* über das Tool *Abruf wie durch Googlebot* crawlen lassen.

Darüber hinaus haben Sie die Möglichkeit, nur die gecachte Version einer URL entfernen zu lassen. Der Cache stellt das Abbild einer URL dar und lässt sich durch einen Klick auf den Pfeil rechts neben der URL im SERP-Snippet aufrufen.

Abbildung 5-6 ▶
Über den Pfeil gelangen Sie zum Cache-Abbild einer indexierten URL.

Nur für indexierte URLs kann es ein Cache-Abbild geben. Dies ist jedoch trotzdem nicht immer der Fall. Durch die Meta-Robots-Angabe *Noarchive* kann die Erstellung eines Cache-Abbilds für eine URL von vornherein unterbunden werden.

Falls Sie versehentlich eine Entfernung beantragt haben, können Sie diese natürlich rückgängig machen. Wählen Sie dazu im Dropdown-Menü entweder *Entfernt* oder *Alle* aus. Neben der entfernten URL sollten Sie die Schaltfläche sehen, mit der Sie die Deindexierung zurücknehmen können.

Achten Sie darauf, dass eine Indexierung der Inhalte nur dann erfolgen kann, wenn keine Indexierungs- oder Crawling-Beschränkung vorliegt.

Einen Antrag auf Entfernung einer URL stellen

Mit einem Klick auf *Neuen Antrag auf Entfernung stellen* können Sie den Prozess starten. Im nun erscheinenden Fenster müssen Sie die zu entfernende Adresse eintragen.

Wenn Sie einen ganzen Hostnamen entfernen möchten, geben Sie ihn ein (z.B. *www.trustagents.de*). Ein Verzeichnis entfernen Sie, indem Sie dieses eintragen (z.B. *www.trustagents.de/blog/*). Analog verfahren Sie mit einzelnen URLs. Sie sollten im Hinterkopf behalten, dass Google zwischen Groß- und Kleinschreibung unterscheidet (Stichwort »case sensitive«).

Nach einem Klick auf *weiter* müssen Sie festlegen, was genau mit der URL passieren soll. Zur Auswahl stehen:

- *Seite aus Suchergebnissen und Cache entfernen*
- *Seite nur aus Cache entfernen*
- *Verzeichnis entfernen*

Nach Bestätigung des Antrags werden die betroffenen URLs aus dem Google-Index entfernt. In der Regel passiert das innerhalb der nächsten Stunden. Gemäß der Angabe von Google bewirkt die Deindexierung, dass die betreffenden Seiten mindestens die nächsten 90 Tage nicht mehr in den Google-Index aufgenommen werden. Sofern Sie die Indexierung der URLs oder deren Crawling beschränken, ist das auch über den Zeitraum hinaus gewährleistet.

Tipp Wenn Sie viele URLs de-indexieren lassen möchten, können Sie wie folgt vorgehen: Erstellen Sie eine Übersichtsseite mit den URLs, die Sie aus dem Index entfernen möchten. Die URLs sollten Sie verlinken. Laden Sie die Übersichtsseite auf Ihre Website hoch und lassen Sie diese über *Abruf wie durch Google* abrufen. Senden Sie anschließend die Datei an den Index und lassen Sie alle von dieser Seite verlinkten Dokumente crawlen. Dadurch sollten die Dokumente zeitnah von Google analysiert und aufgrund von Nicht-Verfügbarkeit oder Indexierungs- beziehungsweise Crawlingausschluss aus dem Index entfernt werden.

Zusammenfassung des Kapitels

- Im *Indexierungsstatus* können Sie sehen, wie sich die Anzahl der indexierten Seiten Ihrer Domain innerhalb der letzten zwölf Monate entwickelt hat. Darüber hinaus gibt Google Informationen darüber preis, wie viele einzigartige URLs bisher auf der Domain gefunden wurden.

  Überprüfen Sie, ob die Anzahl an indexierten URLs annähernd dem Wert entspricht, den Sie erwartet haben. Andernfalls kann dies ein Hinweis auf strukturelle Probleme Ihres Webauftritts sein.

- Das Auftreten von Begriffen auf einer Domain bestimmt deren thematische Ausrichtung. Die im Bereich *Content-Keywords* aufgelisteten Begriffe sollten möglichst nah an dem Thema sein, das Sie in Ihrem Webauftritt präsentieren möchten.

  Sofern Begriffe aus dem Adult- oder Gambling-Bereich auftreten, kann das ein Zeichen einer Infizierung mit Schadcode sein.

- Mit der Funktion *URLs entfernen* haben Sie die Möglichkeit, einzelne Seiten oder Verzeichnisse mit wenig Aufwand und innerhalb weniger Stunden aus dem Google-Index zu löschen. Damit Google eine Seite aus dem Index entfernt, muss diese entweder nicht mehr verfügbar sein oder per *robots.txt* oder Indexierungsverbot von der Indexierung ausgeschlossen werden.

Crawling

6

Mit Crawling wird der Vorgang bezeichnet, den Suchmaschinen ausführen, um Inhalte einer Website zu erfassen. Während dieses Vorgangs speichern Suchmaschinen eine Vielzahl an Informationen über die einzelnen Webadressen ab.

Die Google Webmaster Tools können Ihnen einige Informationen zum Crawling Ihrer Website geben. Als Auswahlpunkte stehen Ihnen diese Funktionen zur Verfügung:

- Crawling-Fehler
- Crawling-Statistiken
- Abruf wie durch Google
- Blockierte URLs
- Sitemaps
- URL-Parameter

Crawling-Fehler

Die große Bedeutung von *Crawling-Fehlern* wird bereits dadurch deutlich, dass Google auf dem Website-Dashboard eine kurze Übersicht zu Crawling-Fehlern auflistet. Während das Dashboard jedoch nur quantitative Informationen bereithält, erhalten Sie unter dem Punkt *Crawling-Fehler* weiterführende Informationen.

Die Darstellung der Crawling-Fehler Ihrer Domain kann sich mitunter deutlich von der in Abbildung 6.1 unterscheiden. Der Hintergrund: Google sortiert auftretende Fehler in viele unterschiedliche Gruppen und zeigt diese nur an, wenn ein Fehler in dieser Gruppe auftritt.

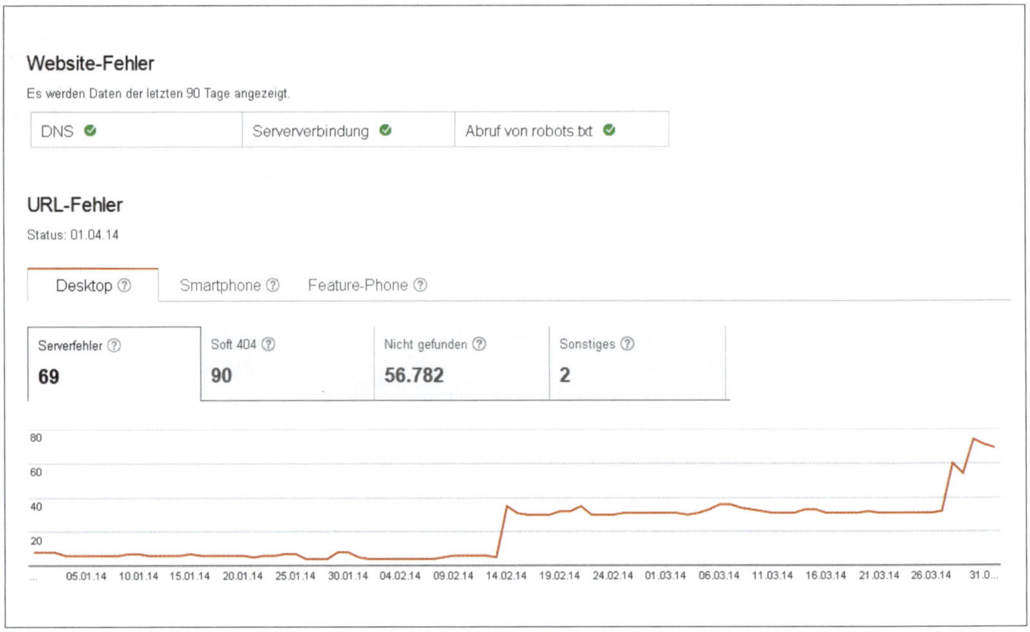

Abbildung 6-1 ▲
Je nach auftretendem Fehlertyp sehen Sie unter Umständen andere Fehler.

Grundsätzlich wird zwischen *Website-Fehler* und *URL-Fehler* unterschieden.

Website-Fehler

Bereits auf dem Website-Dashboard nach Auswahl einer Domain wird der Status der Website-Fehler angezeigt. Diese Informationen werden auf der Startseite der Crawling-Fehler wiederholt.

Google unterscheidet bei diesem Fehlertyp nach

- DNS,
- Serververbindung und
- Abruf von *robots.txt*.

Wenn in den Fehlerkategorien keine Probleme aufgetaucht sind, sehen Sie sowohl auf dem Dashboard als auch unter *Crawling-Fehler* einen grünen Haken. Ansonsten wird entweder ein gelbes Warndreieck oder gar ein rotes Ausrufezeichen angezeigt. Das Ausrufezeichen weist auf schwerwiegende Probleme beim Verbindungsaufbau zur Website hin. Das gelbe Warndreieck sehen Sie immer dann, wenn in den letzten 90 Tagen häufig Probleme in der entsprechenden Fehlerkategorie festgestellt wurden.

Das Fatale an Website-Fehlern ist, dass sie sich auf weite Teile der oder gar auf die komplette Website auswirken können. Mittels Überfahren der einzelnen Punkte können Sie sich weitere Informationen dazu anzeigen lassen. Durch einen Klick auf die einzelnen Bereiche rufen Sie zusätzlich ein Diagramm auf. Dieses zeigt die Fehlerentwicklung in diesem Bereich in den letzten 90 Tagen (siehe Abbildung 6-2).

▲ **Abbildung 6-2**
Ein Klick auf einen Website-Fehler stellt ein Diagramm dar.

Werden Website-Fehler von Google festgestellt, erhalten Sie eine Benachrichtigung über dieses Problem.

URL-Fehler

Sicher kennen Sie das: Sie folgen einem Link und sehen eine 404-Seite. Über solche Probleme unterrichtet Sie Google unter den *URL-Fehlern*. Im Gegensatz zu den Website-Fehlern betreffen URL-Fehler nur einzelne URLs.

Durch die weite Verbreitung von Smartphones haben sich die Anforderungen an die Suchmaschinenoptimierung erweitert. So ist es unter anderem wichtig, im Fall von Weiterleitungen auf für Smartphone optimierte Darstellungen nicht auf Fehlerseiten zu verweisen.

Aus diesem Grund weist Google seit Dezember 2013 URL-Fehler für verschiedene Endgeräte getrennt auf. Hat z.B. eine URL beim Aufruf des Googlebot zur Erfassung mobiler Inhalte einen Fehler produziert, wird dieser unter *Smartphone* dargestellt (siehe Abbildung 6-1).

Der Unterschied zwischen Smartphones und Feature-Phones

Google unterscheidet bei URL-Fehlern zwischen Smartphone und Feature-Phone. Doch was ist ein Feature-Phone bzw. ein Smartphone für Google?

Feature-Phones sind mobile Endgeräte mit Browsern, die normale Desktop-Websites nicht darstellen können. Dazu zählen Geräte, die z.B. nur WAP unterstützen.

Smartphones sind Telefone mit Browsern, die normale Desktop-Seiten passabel darstellen können. Endgeräte mit Android- oder iOS-Betriebssystem fallen in diese Kategorie.

URL-Fehler werden anhand des HTTP-Statuscodes kategorisiert. Statuscodes sind für die Suchmaschinenoptimierung wichtig, da sie Nutzern wie auch Suchmaschinen Informationen zur Verfügbarkeit von Adressen liefern.

Wenn eine Adresse verfügbar ist, sollte der Webserver mit dem HTTP-Statuscode 200 (*OK*) antworten. Wichtige Statuscodes für SEO sind:

- 200: OK
- 3xx: Weiterleitungen
- 4xx: URL-Fehler
- 5xx: Server-Fehler

Für den Bereich der Crawling-Fehler sind für Google die Statuscodes *4xx* und *5xx* relevant. Werden URL-Aufrufe mit einem dieser Statuscodes beantwortet, listet Google die entsprechende URL in den Webmaster-Tools auf. Einen Spezialfall stellen sogenannte Soft 404-Fehler dar.

Google unterteilt die aufgelisteten Crawling-Fehler in folgende Gruppen:

Serverfehler
: Im Fall von Serverfehlern wird ein HTTP-Statuscode *5xx* beim Aufruf einer URL zurückgegeben.

Soft 404
: Unter einem *Soft 404* ist ein Fehler zu verstehen, bei dem trotz Nichtverfügbarkeit eines Inhalts mit dem Statuscode 200 geantwortet wird. Richtig wäre hier ein 404-Statuscode.

Google erkennt die Nichtverfügbarkeit unter anderem dadurch, dass Informationen wie *Keine Inhalte gefunden* auf der Seite gegeben werden.

Nicht gefunden
Wenn ein Inhalt nicht mehr oder nie erreichbar war, ist eine 404-Antwort richtig. Im Gegensatz zu *Soft 404* wird bei *Nicht gefunden* der korrekte Statuscode ausgegeben.

Zugriff verweigert
In manchen Fällen sind Inhalte nur dann erreichbar, wenn eine Authentifizierung (am Webserver) vorausgegangen ist, beispielsweise über die sogenannte *.htpasswd*-Datei. Da Google die notwendigen Zugangsinformationen nicht übermittelt, wird mit dem Statuscode 401 geantwortet. Der Inhalt bleibt dadurch der Suchmaschine verborgen.

Nicht aufgerufen
Grundsätzlich versucht der Googlebot, allen URLs zu folgen. Wurden Weiterleitungen falsch konfiguriert, kann es allerdings vorkommen, dass eine URL nicht aufgerufen werden kann.

Zu jeder Fehlergruppe sehen Sie ein Diagramm, das den Verlauf der Fehleranzahl in den letzten 90 Tagen darstellt. Unterhalb des Diagramms werden pro Fehlerkategorie bis zu 1.000 Seiten aufgelistet, auf denen das Problem aufgetreten ist. Die Beschränkung auf bis zu 1.000 Fehler ist sehr ärgerlich, da besonders bei großen Seiten wesentlich mehr Fehler auftreten können.

Zwar werden Sie sich berechtigterweise die Frage stellen, ob nicht bereits 1.000 Fehler genügend Arbeit bedeuten. Wenn auf Weiterleitungen zur Fehlerbehebung zurückgegriffen wird, wäre eine vollständige Liste wünschenswert – grundsätzlich empfiehlt sich die Einrichtung von Weiterleitungen allerdings nur dann, wenn der Nutzer auf eine URL geleitet wird, die dem ursprünglichen Interesse entspricht. Eine pauschale Weiterleitung aller Fehler auf die Startseite ist in aller Regel nicht empfehlenswert. Um Muster in den Fehlern zu erkennen, wäre es zudem interessant, mehr Fehlerquellen zur Verfügung zu haben.

Tipp Durch die zusätzliche Bestätigung von Verzeichnissen in den Google Webmaster Tools sehen Sie, welche Fehler innerhalb des Ordners aufgetreten sind. Da pro bestätigten Ordner bis zu 1.000 Fehler aufgelistet werden, erhalten Sie mehr Daten.

Abbildung 6-3 ▲ Unterhalb des Diagramms werden URL-Fehler produzierende Adressen aufgelistet.

Google weist Fehlern eine Priorität zu. Niedrige Werte sind dabei wichtiger. Zusätzlich zu Priorität und URL zeigt Google den Antwortcode des Webservers sowie das letzte Erkennungsdatum des Fehlers an.

Oberhalb der Fehlerliste sehen Sie – entsprechende Zugriffsrechte vorausgesetzt – die Schaltflächen *Herunterladen* und *Als korrigiert markieren* sowie einen Filter. Mit diesem kann innerhalb der angezeigten Fehler nach URLs gesucht werden. Leider ist es Nutzern mit eingeschränktem Zugriff nicht möglich, Crawling-Fehler als korrigiert zu markieren. Bevor ich es vergesse: Wie gewohnt, lässt sich durch einen Klick auf den Datenkopf die Sortierung ändern.

Kurz ein paar Worte zu den Download-Möglichkeiten. Leider enthält der Download – den Sie wie gewohnt im CSV-Dateiformat oder als Google Docs speichern können – wie das Interface nur maximal 1.000 Datenpunkte pro Fehlerkategorie. Zudem sind im Download unabhängig von der aktuellen Auswahl wie *Smartphone* oder *Desktop* immer alle Fehler enthalten. Zu welcher Kategorie ein Fehler gehört, ist über den Export leider nicht ohne Weiteres ermittelbar.

Ein weiteres Manko ist, dass Sie nur fehlerhafte URLs im Export angezeigt bekommen. Von welchen Seiten diese URLs aktuell verlinkt werden, ist unverständlicherweise nicht angegeben.

An eine vollständige Liste aller Crawling-Fehler kommen Sie momentan nur über die Verwendung der Google Webmaster Tools-API. Diese stelle ich Ihnen in Kapitel 11 vor. Um die API benutzen zu können, sollten Sie allerdings über Programmierkenntnisse verfügen.

Über die URL-Auflistung unterhalb des Diagramms erfahren Sie nur, welche URLs Fehler hervorgerufen haben. An dieser Stelle fehlt die Information, durch welchen Verweis Google auf diese Adresse gestoßen ist. Denn nur einer Suchmaschine bekannte Adressen können überhaupt Fehler produzieren. Die Information zur Fehler produzierenden Quelle erhalten Sie in der Detailansicht.

Details zu Crawling-Fehlern analysieren

Es sollte Ihr Ziel sein, einen möglichst fehlerfreien Webauftritt zu präsentieren. Andernfalls kann die Nutzererfahrung erheblich eingeschränkt sein. Allerdings muss gesagt werden: Besonders bei großen Webseiten mit mehreren 10.000 URLs gleicht der Kampf gegen Crawling-Fehler dem gegen Windmühlen. Hier sollten Sie definitiv versuchen, mit ausgefeilten Algorithmen der Fehler Herr zu werden.

Relevant sind speziell die Fehler, die über hochwertige externe oder interne Verlinkungen hervorgerufen werden. Vergewissern Sie sich jedoch, dass die Fehler produzierenden Verlinkungen noch existieren. Sie werden nicht selten in den Google Webmaster Tools sehen, dass ein Fehler durch einen nicht mehr existierenden Link hervorgerufen wird. Dies liegt daran, dass Google nicht jede Seite jeden Tag analysieren und die Daten in den Webmaster-Tools anpassen kann.

Zudem gibt es im Netz Seiten, die automatisch über die Aggregation von Inhalten Verlinkungen erstellen – diese Links sind häufig fehlerhaft und verweisen auf nicht existierende URLs. Solche Fehler müssen Sie nicht zwingend korrigieren.

Tipp

Untersuchen Sie in Ihrer Webanalysesoftware, welche nicht existierenden URLs aufgerufen wurden. Diese URLs können Sie identifizieren, wenn Sie im Seitentitel einer nicht existierenden Seite zum Beispiel »Seite nicht gefunden« anzeigen. Suchen Sie in Ihrer Webanalysesoftware nach diesen Wörtern, und Sie bekommen alle fehlerhaften URLs angezeigt, die von Nutzern aufgerufen wurden.

Kümmern Sie sich anschließend darum, Fehlerseiten zu beheben und die vom Nutzer angefragten Inhalte erreichbar zu machen.

Wie bereits gesagt, können Fehler nur dann von Google festgestellt und in den Webmaster-Tools angezeigt werden, wenn Google eine Adresse kennt. Kenntnis über eine URL erhalten Suchmaschinen über interne oder externe Verweise. Zudem merken sich Suchmaschinen Adressen, die sie in der Vergangenheit gefunden haben.

Wenn Google im Quelltext Informationen findet, die wie URLs aussehen, werden auch diese häufig aufgerufen. Zudem reichen bereits Nennungen einer URL aus (ohne dass die URL verlinkt ist), damit Google die Inhalte zu erreichen versucht. Auch auf diesem Weg können also Crawling-Fehler entstehen.

Nach diesen einführenden Worten in die Welt der Crawling-Fehler beschäftigen wir uns jetzt mit deren Beseitigung.

Abbildung 6-4 ▶ In der Detailansicht erfahren Sie unter anderem, seit wann der Fehler vorliegt und wann er zuletzt gefunden wurde.

Durch einen Klick auf eine Fehler produzierende Adresse erhalten Sie weitere Informationen zum Fehler. Angezeigt werden:

- das erstmalige Erkennungsdatum,
- das Datum des letzten Crawls der URL,
- Details zum Fehler,
- die auf diese URL verweisende Adresse (*Verlinkt über*),
- gegebenenfalls die Information *In Sitemaps*,
- ein Verweis auf *Abruf wie durch Google*,
- die Möglichkeit, den Fehler als korrigiert zu markieren, sowie
- die URL an sich als Link.

Zuallererst sollten Sie verifizieren, ob die URL wirklich einen Fehler produziert. Rufen Sie sie dafür über Ihren Browser auf. In der Detailansicht wird die fehlerhafte URL verlinkt.

Sollte kein Fehler angezeigt werden, scheint das Problem bereits behoben zu sein. Über die *Abruf wie durch Google*-Funktion können Sie überprüfen, ob auch der Googlebot die URL mittlerweile korrekt ausgeliefert bekommt. Diese Funktion wird in diesem Kapitel noch genauer vorgestellt. Wenn auch für den Googlebot keine Fehlermeldung mehr erzeugt wird, können Sie ruhigen Gewissens den Fehler als korrigiert markieren.

Grundsätzlich bedeutet die Markierung *Fehler behoben* für Google nur, dass dieser Fehler nicht mehr im Webmaster-Tools-Interface angezeigt werden soll. Die Markierung beseitigt aber den Fehler erst mal nicht, Sie müssen ihn aktiv auf Ihrer Website beseitigen. Auf die verfügbaren Beseitigungsmethoden gehe ich gleich ein.

Wenn die URL weiterhin einen Fehler liefert, richten Sie Ihren Blick auf *In Sitemaps* oder *Verlinkt über*. Die erstgenannte Option wird allerdings nur dann angezeigt, wenn die URL in der Sitemap enthalten ist.

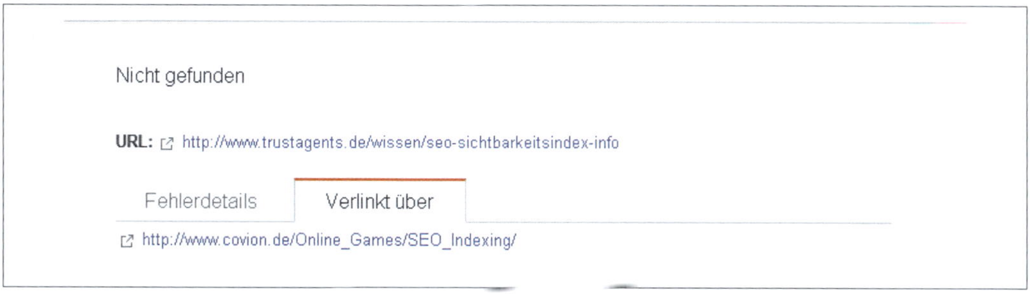

▲ **Abbildung 6-5**
In Verlinkt über sehen Sie, welche URL sich auf die nicht erreichbare URL bezieht.

Abbildung 6-5 zeigt beispielhaft, wie die Auflistung der Links aussieht. Wird über Links Ihres Webauftritts ein Fehler produziert, sollten Sie diesen nach Möglichkeit auf eine existierende URL anpassen oder den Link entfernen. Weitere Optionen zur Beseitigung von Fehlern sind die folgenden:

- Die fehlerhafte Adresse wieder erreichbar machen.
- Die Adresse auf die neue URL des Inhalts weiterleiten.
- Die fehlerhafte URL vom Crawling ausschließen.

Letztgenannter Punkt ist allerdings nicht empfehlenswert, da dadurch der Fehler nur für Google nicht mehr zu existieren scheint. Nutzer würden weiterhin nicht zu Inhalten gelangen können.

Crawling-Statistiken

An unterschiedlichen Stellen des Buchs wurde bereits über das Thema Crawling gesprochen. Über die *Crawling-Statistiken* können Sie ansatzweise nachvollziehen, wie aktiv der Googlebot in den letzten 90 Tagen auf Ihrer Website war.

Google zeigt Ihnen hier Informationen über:

- pro Tag gecrawlte Seiten,
- pro Tag heruntergeladene KByte,
- die Dauer des Herunterladens einer Seite (in Millisekunden).

Zu jedem der Werte weist Google den Höchst-, den Niedrigst- sowie den Durchschnittswert aus.

Abbildung 6-6 ▼
Die Crawling-Statistiken gewähren einen Einblick in das Crawling durch Google.

Es kommt häufig vor, dass an manchen Tagen ein deutlicher Ausschlag nach oben in den Statistiken angezeigt wird. Das genaue Datum dieses Ausschlags finden Sie heraus, indem Sie mit der Maus über den Graphen fahren.

Der Grund für den plötzlichen und sprunghaften Anstieg ist in aller Regel entweder das erstmalige Einreichen einer Sitemap oder viele neue eingehende Verweise. Diese können auch in sozialen Netzwerken ihren Ursprung haben.

Die Anzahl der pro Tag gecrawlten Seiten kann übrigens über der Anzahl der URLs liegen, die in Ihrem Webauftritt verfügbar sind. Denn Google crawlt manche URLs mehrmals am Tag und zählt jeden Crawl als einzelnen Seitenaufruf.

Abruf wie durch Google

Die Funktion *Abruf wie durch Google* wurde bereits bei den Crawling-Fehlern genannt. Dort können Sie über die Fehlerdetailansicht die URL an diese Funktion übergeben.

Abruf wie durch Google sorgt dafür, dass eine URL umgehend vom Googlebot gecrawlt wird. Dazu muss sie selbstverständlich erreichbar und nicht von der *robots.txt* blockiert sein.

Die Anwendungsfälle für die Funktion sind zahlreich:

- Sie haben den Inhalt einer Seite geändert und möchten Google auf die Änderung hinweisen.
- Sie haben eine neue URL online gebracht, und Google soll diese schnell indexieren.
- Sie möchten sehen, welchen Quelltext Google beim Aufruf der URL angezeigt bekommt.
- Sie wollen kontrollieren, ob eine Weiterleitung für Smartphone-Nutzer stattfindet.
- Sie möchten validieren, welcher Statuscode beim Aufruf einer Seite zurückgeliefert wird.
- Sie möchten die Download-Zeit einer Adresse herausfinden.

Zu welchem Zweck Sie die Funktion auch einsetzen, der Prozess, der durchlaufen werden muss, ist immer derselbe. In das Eingabefeld geben Sie die URL ein, die Sie abrufen lassen möchten. Soll die Startseite abgerufen werden, lassen Sie das Feld einfach leer.

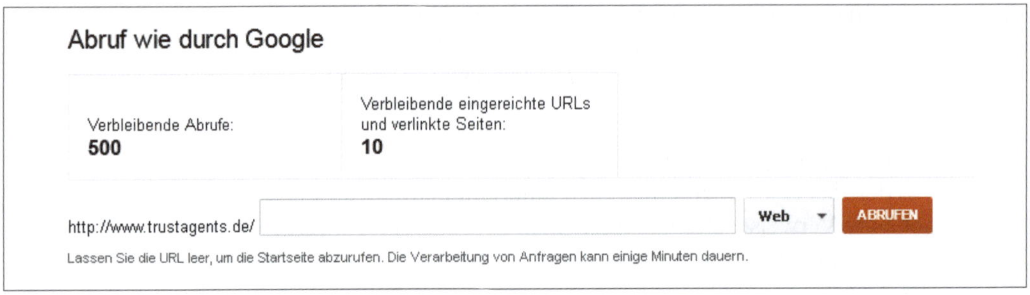

Abbildung 6-7 ▲
Abruf wie durch Google erlaubt es, eine Seite umgehend crawlen zu lassen.

Standardmäßig ist als User-Agent *Web* ausgewählt. Über das Drop-down-Menü stehen Ihnen noch weitere User-Agents zur Verfügung:

- *Mobile: XHTML/WML*
- *Mobile: cHTML*
- *Mobile: Smartphone*

Die beiden erstgenannten Auswahlpunkte sind für die sogenannten Feature-Phones relevant. Zur Erinnerung: Dies sind Geräte, die im Gegensatz zu modernen Smartphones normale Desktop-Webseiten nicht darstellen können, beispielsweise Handys, die nur WAP-Seiten anzeigen können.

Nach einem Klick auf *Abrufen* wird die Anfrage verarbeitet, und nach einigen Sekunden sollte der Abrufstatus zu sehen sein.

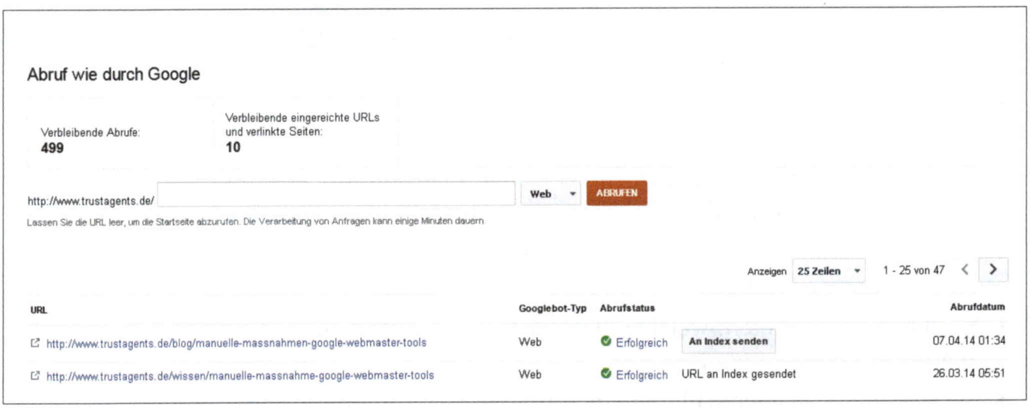

Abbildung 6-8 ▲
Google informiert Sie darüber, ob ein Abruf erfolgreich war.

Zusätzlich zur abgerufenen URL zeigt Google den ausgewählten User-Agent (Googlebot-Typ), den Abrufstatus, die Information, ob die URL eingereicht wurde, sowie das Abrufdatum. Dieses verwendet allerdings nicht die deutsche Zeitzone.

An dieser Stelle haben Sie zwei Möglichkeiten:

- Durch einen Klick auf *Erfolgreich* rufen Sie den von Google analysierten Quelltext auf.
- Durch einen Klick auf *An Index senden* können Sie Google dazu veranlassen, die URL erstmalig oder neu zu indexieren.

Als Nutzer mit eingeschränktem Zugriff steht Ihnen die letztgenannte Option nicht zur Verfügung.

Schauen wir uns zuerst den von Google analysierten Quelltext an:

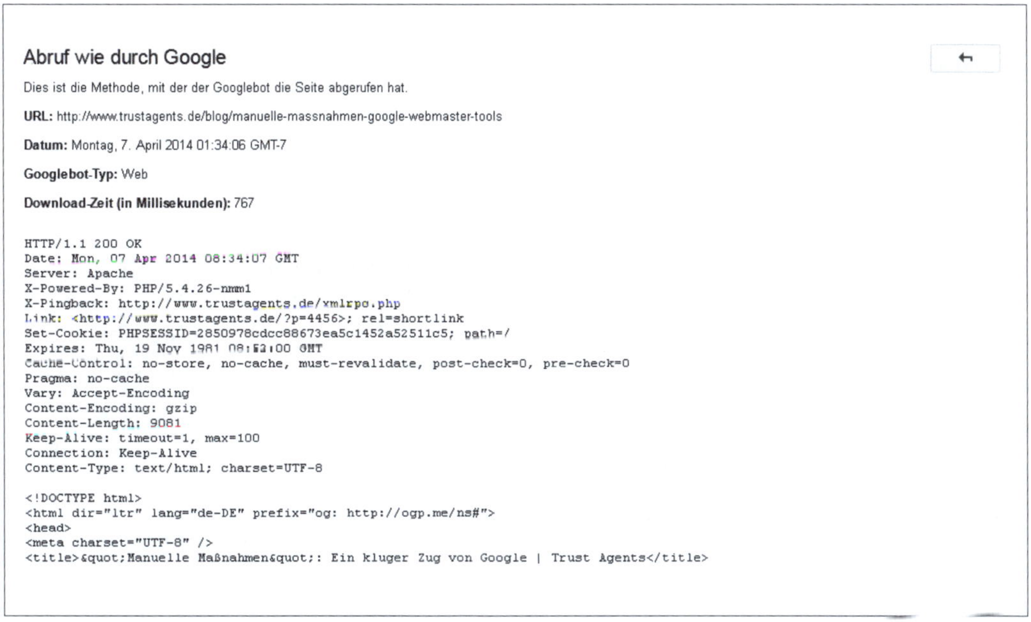

▲ **Abbildung 6-9**
Durch einen Klick auf Erfolgreich sehen Sie den von Google analysierten Quelltext.

Oberhalb des grau hinterlegten Bereichs sehen Sie unter anderem, wie lang die Download-Zeit für die abgerufene Website ist. Zudem wird Ihnen der HTTP-Header der Seite angezeigt. Die Angabe *HTTP/1.1 200 OK* weist Sie darauf hin, dass der Abruf der Seite erfolgreich war.

In aller Regel sehen Sie hier exakt dieselben Inhalte, die auch ein normaler Besucher beim Aufruf der URL angezeigt bekommt. Wenn sich Unbefugte Zugriff zu Ihrer Website verschafft und Schadcode eingeschleust haben, können Sie über *Abruf wie durch Google* herausfinden, ob Googlebot andere Inhalte sieht als Sie. Dies wird Cloaking genannt.

> ## Cloaking
>
> Mit Cloaking wird eine Technik bezeichnet, die Nutzern andere Inhalte auf einer URL anzeigt als Suchmaschinen. Dieses Vorgehen verstößt gegen die Suchmaschinenrichtlinien.
>
> Angreifer verwenden diese Taktik, um beispielsweise Suchmaschinen Links auf einer infiltrierten Website anzuzeigen, die für normale Nutzer nicht sichtbar sind. Nutzer bekommen in aller Regel gar nichts von der Inhaltsänderung mit. Doch auch andere Szenarien sind denkbar: So ist es möglich, dass Nutzer bei Aufruf einer URL auf Drittseiten geleitet werden, während Google die Seiten ganz normal aufrufen kann.
>
> *Abruf wie durch Google* hilft Ihnen dabei, solche Manipulationen aufzudecken. Alternativ können Sie eine Website im Google-Cache aufrufen, um den von Googlebot analysierten Seiteninhalt zu betrachten.
>
> Den Cache rufen Sie auf, indem Sie nach »cache:Absolute Adresse« suchen (Beispiel: *cache:http://de.wikipedia.org/wiki/Cloaking*).

Als weitere Option ist das Einreichen einer URL an den Google-Index mittels *Abruf wie durch Google* möglich. Dazu müssen Sie auf *An Index senden* klicken. Wie gesagt, diese Möglichkeit steht Nutzern mit eingeschränktem Zugriffslevel nicht zur Verfügung.

Abbildung 6-10 ▶ Abgerufene URLs können umgehend an den Index gesendet werden.

Pro Google-Konto können jede Woche 500 Abrufe gestartet und an den Index gesendet werden. Zusätzlich können Sie *URL und alle verlinkten Seiten* pro Woche zehnmal verwenden.

Blockierte URLs

Über die *robots.txt* ist es möglich, das Crawling von Suchmaschinen zu steuern. Denn nicht immer ist es gewünscht, dass jedes Dokument und jedes Verzeichnis von Suchmaschinen erfasst werden.

Die Funktion *Blockierte URLs* unterstützt Sie bei der Überprüfung der *robots.txt* und weist Sie zudem darauf hin, wie viele URLs in den letzten 90 Tagen aufgrund der *robots.txt*-Einstellungen nicht gecrawlt werden konnten.

Da es nicht selten vorkommt, dass Bereiche der Website unbeabsichtigterweise vom Crawlen ausgeschlossen wurden, bietet Google die Möglichkeit, die Anweisungen, die in der *robots.txt* verzeichnet sind, hier zu überprüfen.

▲ **Abbildung 6-11**
Die Funktion erlaubt es, die robots.txt zu testen.

Der Bereich *robots.txt-Analyse* wird standardmäßig angezeigt, wenn Verweise auf eine Sitemap entdeckt wurden.

Im oberen der beiden Eingabefelder sehen Sie den Inhalt der *robots.txt*, den Google beim letzten Zugriff auf die Datei gefunden hat. Das letzte Zugriffsdatum finden Sie unter *Heruntergeladen* im oberen Bereich der Seite.

In das Eingabefeld können Sie weitere Anweisungen einfügen oder diese auch entfernen. Dadurch wird allerdings nicht Ihre *robots.txt*-Datei auf dem Webserver verändert. Das Feld ist nur dazu gedacht, Änderungen vor dem Hochladen zu überprüfen. Um zu analysieren, ob das Crawling einer URL durch die Eingaben blockiert wird, müssen Sie in das untere Feld die zu überprüfende URL eintragen.

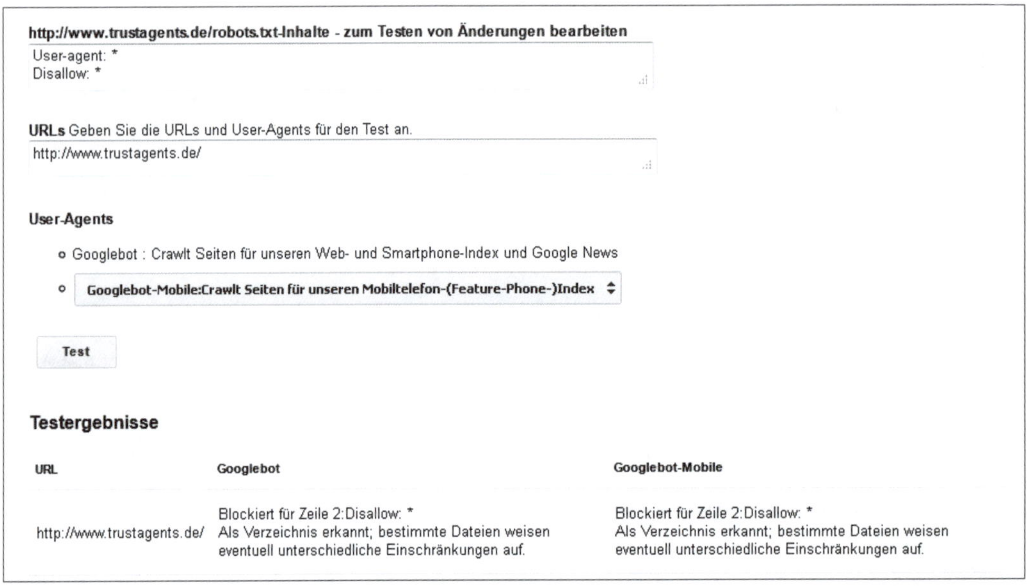

Abbildung 6-12▲
Zu Testzwecken wurden die Angaben in der robots.txt angepasst.

Um Ihnen die Funktion zu erläutern, habe ich die *robots.txt* in den Webmaster-Tools verändert (siehe Abbildung 6-12). Neu hinzugekommen ist die Angabe *Disallow: **. Diese Angabe soll bewirken, dass sämtliche URLs der Website vom Crawling ausgeschlossen werden.

In das untere Eingabefeld wurde eine URL eingetragen. Für diese wird nach dem Klick auf *Test* überprüft, ob der Zugriff erlaubt ist. Das Ergebnis: Aufgrund der Angabe in Zeile 2 ist Suchmaschinen der Zugriff auf diese URL untersagt.

Im Beispiel wurden mit *User-Agent: ** alle User-Agents angesprochen. Über die *robots.txt* ist es allerdings auch möglich, nur bestimmte Suchmaschinen auszuschließen.

Googlebot-Mobile
: Crawlt Seiten für den Mobiltelefon-(Feature-Phone-)Index.

Googlebot-Image
: Crawlt Seiten für den Bildindex.

Mediapartners-Google
: Crawlt Seiten, um den AdSense-Content zu bestimmen.

AdsBot-Google
: Crawlt Seiten, um die Qualität der AdWords-Zielseiten zu messen.

> **Google AdSense**
>
> Hinter dem Namen Google AdSense verbirgt sich das Werbeprogramm von Google, durch das es möglich ist, als Google-Werbepartner auf teilnehmenden Partner-Websites Werbeanzeigen darzustellen. Da Google bei der Ausspielung der Werbeanzeigen das thematische Umfeld der Seite einbezieht, ist eine sehr genaue Nutzeransprache möglich.
>
> Weitere Informationen finden Sie unter *www.google.com/adsense/start/*.

Wenn Sie Änderungen an der *robots.txt* durchführen möchten, ist eine vorherige Überprüfung blockierter URLs definitiv anzuraten. Denn sehr schnell blockieren Sie mehr Inhalte, als Sie wollten. Dies hat zur Folge, dass Sie möglicherweise viele Rankings verlieren.

Sitemaps

Damit Crawler eine Seite einer Domain finden können, muss diese von irgendwo im Web angelinkt sein. Dabei ist es unerheblich, ob der Link von einer externen Domain kommt oder innerhalb des eigenen Webauftritts gesetzt wurde. Je nach Aufbau der Informationsstruktur einer Domain, zu der die interne Verlinkung dazugehört, kann es passieren, dass einzelne Unterseiten nur sehr schwer zu erreichen sind. Um sicherzustellen, dass jeglicher Inhalt auf der eigenen Domain von Suchmaschinen gefunden wird, empfiehlt sich der Einsatz einer *Sitemap*.

Eine Sitemap ist nichts anderes als eine Auflistung von auf der Domain verfügbaren URLs. Dabei ist es nicht zwingend erforderlich, dass eine Sitemap alle URLs enthält – auf Wunsch des Webmasters kann auch nur ein Teilausschnitt des Webauftritts über eine Sitemap verfügbar gemacht werden.

Liegt eine Sitemap im XML-Format vor, kann sie über die Webmaster-Tools bei Google angemeldet werden. Da sich eine Sitemap bei vielen Shop- und Content-Management-Systemen (CMS) ohne viel

Aufwand generieren lässt, empfiehlt es sich immer, eine Sitemap an Google zu übermitteln.

Shopsysteme wie Magento verfügen beispielsweise über einen XML-Sitemap-Generator, und für CMS wie WordPress lassen sich Erweiterungen, die sogenannten Plug-ins, nutzen, um eine Sitemap zu erstellen. Alternativ helfen verschiedene Onlinetools dabei, eine Sitemap zu generieren. Eine Websuche nach »Sitemap Generator« listet einige gute Kandidaten auf.

Neben Sitemaps für URLs werden von Google auch weitere (Datei-)Typen unterstützt. So ist es mittlerweile möglich, Sitemaps für Videos, Bilder, mobile Inhalte, Nachrichten, Softwarequellcode und geografischen Content (KML) zu erzeugen. Dabei steht es Ihnen frei, eine einzige Sitemap für alle auf Ihrer Seite genutzten Dateitypen zu erstellen oder die Sitemaps zu trennen.

Abbildung 6-13 ▼
Zu jedem Medientyp wird einzeln die Information Eingereicht oder Indexiert angezeigt.

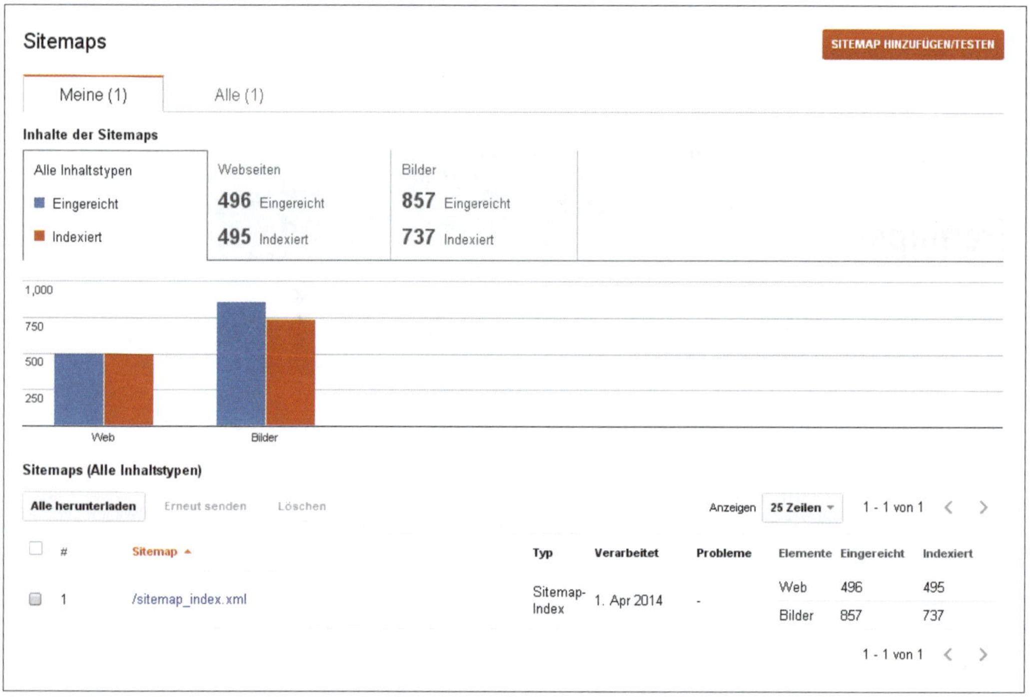

Unabhängig davon, ob Sie eine Sitemap an Google übermittelt haben oder nicht, wird auf dem Website-Dashboard der Punkt *Sitemaps* angezeigt. Wenn Sie eine Sitemap eingereicht haben, können Sie anhand der Farben Blau (eingereichte URLs) und Rot (indexierte URLs) erkennen, wie viele Einträge über die Sitemap(s) für die verschiedenen Medientypen verarbeitet wurden – dies müssen nicht immer alle eingereichten URLs sein. Diese Informationen werden Ihnen selbstverständlich auch im Menüpunkt *Sitemaps* angezeigt.

Wie in Abbildung 6-13 zu sehen ist, wurde in unserem Beispiel eine einzelne Sitemap-Datei mit dem Namen *sitemap_index.xml* eingereicht. Diese enthält neben Webseiten auch Bilder. Wenn bei der Verarbeitung der Datei Probleme aufgetreten sind, werden Sie darauf aufmerksam gemacht.

Beachten Sie, dass Google zwei Register oberhalb der Analyse anzeigt. Neben den von Ihnen eingereichten Sitemaps, die als *Meine* gekennzeichnet sind, gibt es noch *Alle*. Dieses enthält auch Sitemaps, die von anderen bestätigten Nutzern eingereicht wurden. Mit eingeschränktem Zugriff ist das Einreichen von Sitemaps nicht möglich. Einzig und allein das Ansehen sowie Testen steht auf diesem Zugriffslevel zur Verfügung.

Durch einen Klick auf die Sitemap-URL wird wie gewohnt die Detailansicht aufgerufen. Da es sich bei der eingereichten Sitemap um eine sogenannte Sitemap-Indexdatei handelt, werden die in dieser Datei enthaltenen Einzel-Sitemaps auf der Detailseite getrennt aufgelistet. Zusätzlich erfahren Sie hier, wann die Sitemap erstmalig eingereicht wurde.

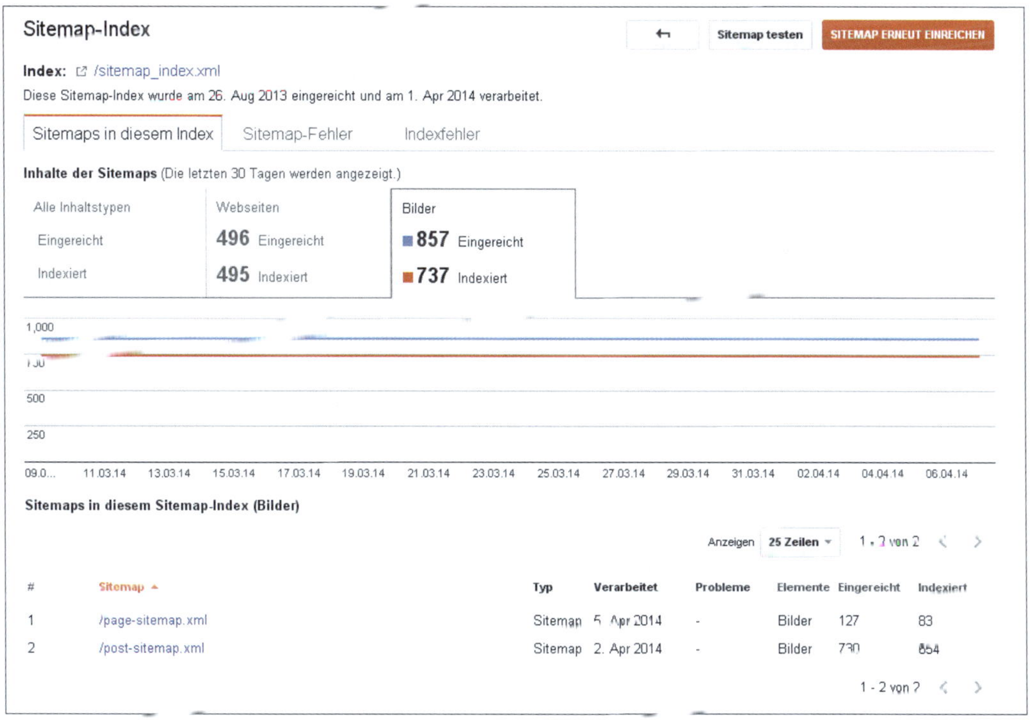

▼ Abbildung 6-14
Im Sitemap-Index sind zwei einzelne Sitemaps enthalten. Zu diesen sehen Sie weitere Informationen.

Neben der Balkendarstellung können Sie durch Auswahl eines einzelnen Inhaltstyps den Indexierungsverlauf der Sitemap-Dateien in den letzten 30 Tagen anzeigen lassen (siehe Abbildung 6-14).

Vielleicht ist Ihnen aufgefallen, dass offensichtlich nicht alle über die Sitemap eingereichten URLs indexiert wurden. Leider ist es aktuell nicht möglich, innerhalb der Webmaster-Tools herauszufinden, welche URLs zwar eingereicht, aber nicht indexiert wurden. Google sagt Ihnen nur, wie viele URLs indexiert wurden – welche das nicht sind, bleibt offen. Es ist zu hoffen, dass Google diese Information zukünftig anbieten wird.

In aller Regel liegt eine Nichtindexierung daran, dass URLs in der Sitemap enthalten sind, die von der Indexierung ausgeschlossen wurden. Dies ergibt grundsätzlich keinen Sinn. Sie sollten nur solche URLs einer XML-Sitemap hinzufügen, die weder auf *Noindex* stehen noch über die *robots.txt* blockiert werden oder gar nicht erreichbar sind.

Sitemaps bei Google einreichen

Zwar ist ein Verweis auf die Sitemap auch über die *robots.txt* möglich, doch um in den Webmaster-Tools die Statistiken zu Sitemaps aufrufen zu können, müssen Sie diese explizit anmelden. Dies machen Sie auf der Startseite der Funktion.

Im oberen rechten Bereich sehen Sie den roten Button *Sitemap hinzufügen/testen*. Durch einen Klick darauf öffnet sich ein Eingabeformular.

Abbildung 6-15 ▶ Durch einen Klick auf Sitemap hinzufügen kann eine Sitemap an Google übermittelt werden.

Tragen Sie in das Eingabefeld die Adresse der Sitemap ein. Eine Sitemap muss nicht zwingend im Hauptverzeichnis liegen und kann auch einen anderen Namen als *sitemap.xml* tragen.

In diesem Prozess haben Sie die Möglichkeit, die Sitemap zunächst nur zu testen. Dann weist Google Sie auf eventuell aufgetretene Probleme bei der Verarbeitung der Sitemap hin.

Bereits unmittelbar nach der Eintragung sehen Sie, wie viele Einträge der Sitemap von Google verarbeitet wurden. Innerhalb der nächsten Stunden bzw. des nächsten Tags sollten Sie diese Information auch für den Indexierungsstatus sehen können.

URL-Parameter

Es ist zwar nicht zwingend notwendig, dass URLs sprechend gestaltet sind und keine Parameter enthalten, doch *URL-Parameter* können Suchmaschinen die Analyse von Inhalten erschweren. Abbildung 6-16 zeigt, wie eine URL aussehen kann und was ein URL-Parameter überhaupt ist.

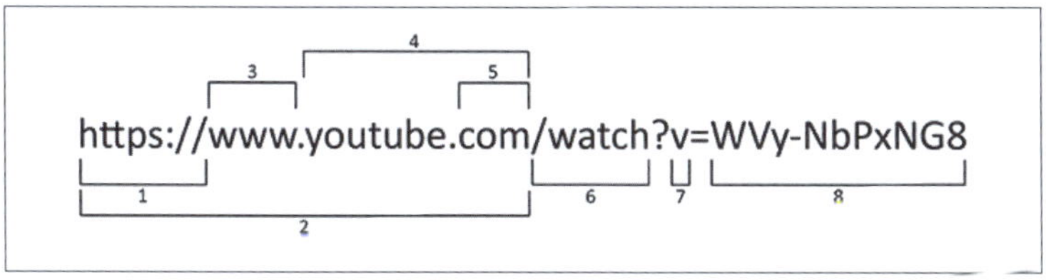

◀ Abbildung 6-16
Aufbau und Bezeichnung einzelner Teile einer URL

Die einzelnen Teile sind dabei:

1. Protokoll: *http*
2. Hostname: *http://www.youtube.com*
3. Subdomain: *www*
4. Domainname: *youtube.com*
5. Top-Level-Domain (TLD): *.com*
6. Pfad: *watch*
7. Parameter: *v*
8. Parameterwert: *WVy-NbPxNG8*

Das Problem von Parameter enthaltenden URLs: In den allermeisten Fällen wird jeder Parameterwert vom Webserver mit dem HTTP-Statuscode 200 beantwortet, ohne dass sich der dargestellte Seiteninhalt zwingend von anderen URLs unterscheiden muss.

Suchmaschinen unterschieden zwischen allen unterschiedlich geschriebenen URLs und halten sie für einzigartig. So sind die beiden Adressen *www.trustagents.de* und *www.trustagents.de/?utm_source=facebook* für die Suchmaschine einzigartig und sollten im Idealfall auch unterschiedliche Inhalte darstellen. Im Beispiel ist das allerdings nicht der Fall, da der Parameter *utm_source* mit dem Parameterwert *facebook* keinen Einfluss auf den Seiteninhalt hat.

Durch eine geänderte Schreibweise, beispielsweise FaceBOOK, würde wiederum eine neue URL entstehen, da Suchmaschinen zwischen Groß- und Kleinschreibung unterscheiden (»case sensitive«).

Es gilt grundsätzlich zwischen inhaltsändernden und nicht inhaltsändernden Parametern zu unterscheiden. Google verwendet beispielsweise den Parameter *hl=* in der Google-Suche und auch in den Webmaster-Tools, um die Sprache der Seite anzupassen. So zeigt *hl=en* die Seite auf Englisch an (sofern vorhanden), während *hl=de* deutschsprachige Inhalte ausliefern würde.

In der Webmaster-Tools-Hilfe wurden über längere Zeit URLs wie *http://support.google.com/webmasters/bin/answer.py?hl=de&answer=1235687* verwendet. Über den Parameter *answer* und dessen Ausprägung *1235687* wird ein bestimmter Hilfeartikel aufgerufen. Die Angabe *hl=de* bedeutet, dass dieser Artikel in deutscher Sprache angezeigt werden soll (sofern vorhanden). In diesem Fall gibt es einen Artikel mit dieser Identifikationsnummer in deutscher Sprache, daher der Nutzer bekommt den Hilfetext angezeigt. Hier ist das der Hilfetext zu den URL-Parametern.

Wenn Sie die auf einer Website verfügbaren Parameter und deren erlaubte Werte kennen, ist es möglich, die auf einer Seite angezeigten Informationen zu beeinflussen. So würde das Auswechseln der Angabe *hl=de* durch *hl=en* dazu führen, dass der Hilfetext mit der ID *1235687* in englischer Sprache angezeigt würde (sofern eine englische Übersetzung für diesen Hilfetext existiert). Ob und welche Parameter vorhanden sind, hängt immer von der auf der Domain vorwendeten Software und deren Konfiguration ab.

Einfluss von Parametern auf Suchmaschinen-Crawler

Das Problem von Parametern ist, wie beschrieben, dass diese zwar nicht zwingend den Seiteninhalt verändern, aber einzigartige URLs produzieren. Da Suchmaschinen standardmäßig davon ausgehen, dass jede einzigartige URL auch einzigartige Inhalte produziert, werden diese Adressen gecrawlt, es sei denn, sie wurden ausdrücklich ausgeschlossen. Wurde kein Indexierungsausschluss definiert, wird die URL in den Index aufgenommen.

Das unkontrollierte Vorhandensein von URLs ist für Suchmaschinen wie Webmaster ein Problem, da durch den Crawling-Vorgang Serverressourcen gebunden werden.

Man darf hierbei nicht vergessen, dass jeder Crawling-Vorgang seitens einer Suchmaschine Ressourcen und somit auch Geld kostet. Aus diesem Grund sind Suchmaschinenbetreiber daran interessiert, das Web möglichst effizient zu crawlen und möglichst wenig Ballast in ihren Index aufzunehmen. Problematisch wird die Bereitstellung von gleichen Inhalten unter verschiedenen URLs auf dem eigenen Webauftritt deshalb, weil dadurch der Linkgraph verändert werden kann. Dies passiert z.B. genau dann, wenn die verschiedenen URLs mit demselben Seiteninhalt angelinkt werden.

Der Linkgraph

Unter einem Linkgraphen können Sie sich vereinfacht gesagt die Beziehung zwischen Webdokumenten vorstellen. Visuell wird ein Linkgraph meistens als ein Geflecht von Kanten und Knoten dargestellt. Ein Knoten ist dabei ein Webdokument, und die Kanten stehen für die Verbindungen zwischen den Knoten (Webdokumenten). Kanten sind somit nichts anderes als Verlinkungen.

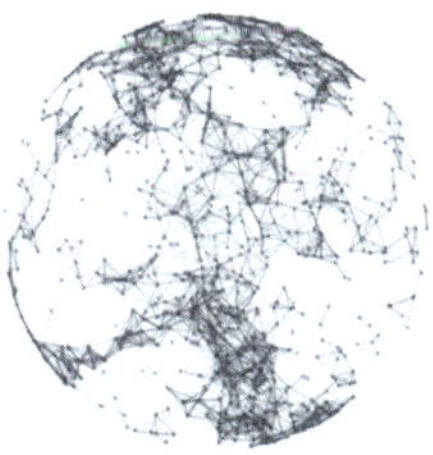

Einzelne Dokumente werden im Linkgraphen über Knoten dargestellt, einzelne Links über Kanten. Wie Sie sicher wissen, haben Verlinkungen einen großen Einfluss auf das Ranking eines Webdokuments in der organischen Google-Suche. Je besser ein Dokument verlinkt ist, desto besser ist tendenziell auch das Ranking des Dokuments. Der Linkgraph hilft Suchmaschinen also dabei, das Ranking von Webdokumenten zu bestimmen.

Nehmen wir beispielsweise an, dass unter *www.example.com/google-webmaster-guideline* und *www.example.com/google-webmaster-guideline?session=123941294ab12* jeweils derselbe Seiteninhalt angezeigt wird und die URLs über keine der vorhandenen technischen Möglichkeiten (beispielsweise das Canonical-Tag) konsolidiert, also zusammengefasst, werden. Jede der beiden URLs verfügt über fünf interne und zwei externe Verlinkungen. Durch die fehlende Konsolidierung der URLs haben es die beiden URLs in der Websuche schwerer, unter die Topresultate zu gelangen, als würde es nur eine URL mit insgesamt 14 Verlinkungen geben.

In manchen Fällen kann es vorkommen, dass eine Seite bzw. ein Seiteninhalt nicht nur zwei Versionen, sondern sogar unendlich viele hat. Dies ist z.B. dann der Fall, wenn jeder Parameter ein valides Ergebnis zurückliefert und die Reihenfolge der Parameter beliebig gewechselt werden kann.

Zwar versucht Google bereits von allein, URLs möglichst zu konsolidieren und dadurch Crawling-Vorgänge effizienter zu gestalten, doch der Hinweis des Seitenbetreibers beispielsweise mittels des Canonical-Tags ist ein zusätzliches Signal, das Google beim Crawlen unterstützen kann. Alternativ kann die URL-Parameterfunktion verwendet werden, die in diesem Kapitel vorgestellt wird.

Voraussetzung dabei ist natürlich, dass man als Seitenbetreiber genau weiß, welchen Einfluss die auf seiner Domain zum Einsatz kommenden Parameter haben. Andernfalls kann es passieren, dass fälschlicherweise Seiten vom Crawling ausgeschlossen werden. Besprechen Sie deshalb geplante Änderungen vorab mit einem technisch Verantwortlichen der Website.

6

Crawling-Verhalten von URLs mit Parametern definieren

Wenn Sie in Ihrem Webauftritt keine Parameter einsetzen, müssen Sie sich um deren Konfiguration nicht kümmern. Unter dem Menüpunkt *URL-Parameter* sehen Sie gegebenenfalls eine Auflistung von Parametern, die auf Ihrer Website vorkommen.

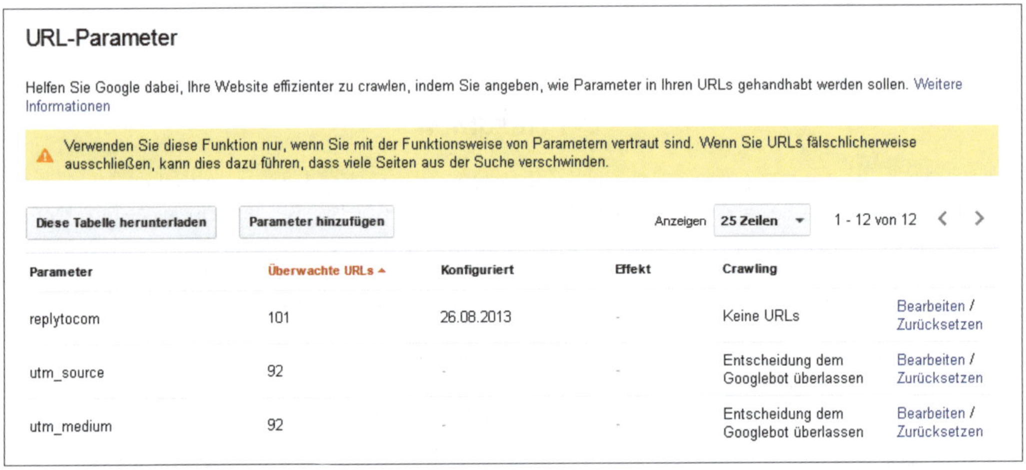

Abbildung 6-17 ▲
Neben dem Parameter weist Google darauf hin, wie häufig dieser auf der Website in URLs enthalten ist.

Ist ein Ihnen bekannter Parameter nicht in der Auflistung enthalten oder planen Sie, einen neuen Parameter zu Ihrer Webseitenarchitektur hinzuzufügen, können Sie diesen über *Parameter hinzufügen* Google bekannt machen und im Anschluss auch konfigurieren.

Zu jedem Parameter sehen Sie:

- seinen Namen,
- sein Vorkommen auf der Domain,
- das Konfigurationsdatum,
- den gewählten Effekt,
- die Crawling-Einstellung sowie
- Verlinkungen auf *Bearbeiten* und *Zurücksetzen*.

Zusätzlich haben Sie die Möglichkeit, die angezeigten Daten herunterzuladen. Dies ist durchaus hilfreich, da Sie dadurch nachvollziehen können, ob Google neue Parameter gefunden oder sich die Anzahl der einen Parameter enthaltenden URLs erhöht hat.

Bevor der Konfigurationsprozess beschrieben wird, möchte ich darauf hinweisen, dass Änderungen an den Einstellungen zu URL-

Parametern nur von Personen durchgeführt werden sollten, die detaillierte Kenntnisse über die auf der Domain zum Einsatz kommenden Parameter verfügen. Durch den fehlerhaften Ausschluss von Parametern kann es passieren, dass ein Großteil der Seite nicht mehr gecrawlt und indexiert wird und somit eine Vielzahl an Seiten nicht mehr in der Google-Suche vertreten sind. Aus diesem Grund ist es Nutzern mit eingeschränktem Zugriff nicht möglich, Änderungen an den Parametereinstellungen vorzunehmen.

Standardmäßig ist für alle Parameter das Crawling-Verhalten auf *Entscheidung dem Googlebot überlassen* eingestellt. Dies kann dazu führen, dass entweder zu viele oder zu wenige URLs gecrawlt werden.

Änderungen an der Behandlung von Parametern werden über den Link *Bearbeiten* durchgeführt. Durch einen Klick auf *Bearbeiten* öffnet sich ein neues Fenster, über das im weiteren Verlauf das Crawling festgelegt wird.

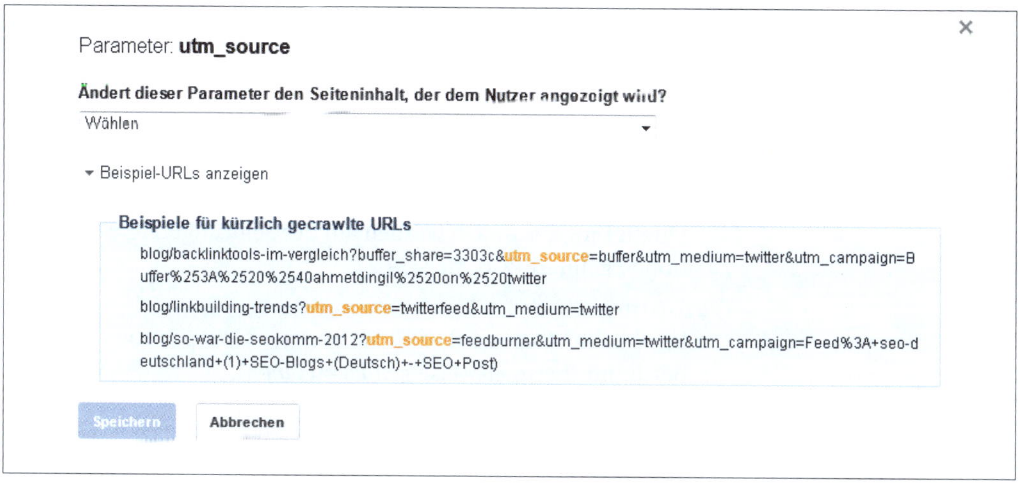

▲ **Abbildung 6-18**
Durch einen Klick auf Bearbeiten wird der Konfigurationsprozess gestartet.

Zuerst müssen Sie in einem Drop-down-Menü auswählen, welchen Einfluss der Parameter hat. Als Einstellungsmöglichkeiten werden *Nein: Hat keinen Einfluss auf den Seiteninhalt (Beispiel: Nutzungsverfolgung)* und *Ja, ändert oder sortiert den Seiteninhalt oder grenzt ihn ein* angeboten.

Es ist hilfreich, dass Google unter *Beispiel-URLs* ein paar Adressen auflistet, die den ausgewählten Parameter enthalten. Leider hat Google es bisher nicht für notwendig erachtet, diese Adressen auch gleich zu verlinken.

Parameter ohne Einfluss auf den Seiteninhalt

Wenn ein Parameter den Seiteninhalt nicht verändert, ist die Konfiguration sehr schnell abgeschlossen. Nach der Bestätigung dieser Einstellung setzt Google das Crawling-Verhalten für URLs mit diesem Parameter auf den Wert *Eine stellvertretende URL*. Mit dieser Konfiguration wird die Anzahl der von Google gecrawlten (und damit auch indexierten) Seiten verringert, und es werden weniger Ressourcen für das Crawling von nicht relevanten URLs gebraucht, die keinen neuen Seiteninhalt generieren. Welche URL als stellvertretend ausgewählt wird, können Sie nicht weiter präzisieren. Google entscheidet selbst, welche URL als stellvertretende URL gewählt wird.

Parameter mit Einfluss auf den Seiteninhalt

Anders sieht es aus, wenn ein Parameter den Seiteninhalt ändert. In diesem Fall werden Sie von Google gefragt, inwiefern eine Änderung stattfindet.

Zur Auswahl stehen dabei folgende Optionen:

Sortierung
: Die Reihenfolge der Informationsansicht wird geändert (z.B. *sortby=activation-date*).

Eingrenzung
: Durch Eingrenzungen werden auf der Seite angezeigte Informationen gefiltert (z.B. *size=M*).

Präzisierung
: In diesem Fall wird die angezeigte Gruppe von Inhalten bestimmt (beispielsweise *gender=women*).

Übersetzung
: Im Fall der Google-Suche wäre *hl* ein Parameter, der die Sprache beeinflusst.

Seitenauswahl
: Durch Angaben wie *page*=2 wird auf eine bestimmte Seite verwiesen.

Sonstiges
: Diese Auswahl sollte getroffen werden, wenn die obigen Einstellungen nicht passen.

Wenn Sie einen dieser Punkte wählen, zeigt Ihnen Google zu Ihrer Auswahl einen Hinweis an.

So wird bei Auswahl von *Sortierung* dieser Hinweis angezeigt: »Sortiert Inhalte entsprechend dem Parameterwert. Zum Beispiel können Produkteinträge nach Name, Marke oder Preis sortiert angezeigt werden«.

Die hier getätigte Auswahl hat keinen direkten Einfluss auf das Crawling-Verhalten und dient eher dazu, Google beim Verstehen von Parametern (im Web) zu unterstützen und Sie als Webmaster zum Nachdenken anzuregen. Unter Umständen verhindert das Fehlkonfigurationen.

▲ **Abbildung 6-19**
Wenn ein Parameter den Seiteninhalt ändert, können Sie das Crawling-Verhalten genau spezifizieren.

Nachdem Sie ausgewählt haben, für welche Art von Inhaltsänderung der Parameter verantwortlich ist, wird die Crawling-Einstellung vorgenommen.

Zur Auswahl stehen:

- *Entscheidung dem Googlebot überlassen*
- *Jede URL*
- *Nur URLs mit Wert=x*
- *Keine URLs*

Doch was heißen diese Einstellungen genau?

Entscheidung dem Googlebot überlassen

Diese Einstellung sollten Sie wählen, wenn Sie das Verhalten des Parameters nicht genau kennen oder dieses nicht konsistent ist. So wäre es möglich, dass ein Parameter *page=* in manchen Bereichen der Website den Seiteninhalt ändert, in anderen wiederum nicht. Im Fall dieser Einstellung obliegt es dem Googlebot, das Crawling zu bestimmen.

Jede URL

Diese Einstellung sollten Sie wählen, wenn Sie z.B. einen Parameter *productid* verwenden, dessen Wert dafür sorgt, dass ein bestimmtes Produkt angezeigt wird.

Durch diese Einstellung wird Googlebot jede URL, die diesen Parameter enthält, auch crawlen. Es leuchtet ein, dass Google empfiehlt, vorab zu kontrollieren, ob der Parameterwert den Seiteninhalt wirklich ändert.

Nur URLs mit Wert=x

Für das Crawling ist in diesem Fall der Parameterwert entscheidend. Diesen müssen Sie entsprechend definieren. Achten Sie hierbei auf die genaue Schreibweise.

Wenn Sie beispielsweise Produktsortierungen wie *sort=price_low* und *sort=price_high* auf der Seite verwenden, würde die Konfiguration von *Nur URLs mit Wert price_low crawlen* dazu führen, dass URLs mit der Sortierung von hoch nach niedrig nicht mehr gecrawlt werden. Denn durch die Angabe, dass vom Parameter *sort* nur der Parameterwert *price_low* gecrawlt werden soll, werden alle anderen Werte des Parameters ausgeschlossen (siehe Abbildung 6-20).

Keine URLs

Im Fall dieser Auswahl crawlt Google keine URLs mehr, die diesen Parameter enthalten.

Lassen Sie sich während des Konfigurationsprozesses auf jeden Fall Beispiel-URLs Ihres Webauftritts anzeigen, die den aktuell ausgewählten Parameter enthalten. Denn je nach gewählter Parameterkonfiguration zeigt Google an, ob eine Beispiel-URL durch die gewählte Konfiguration noch gecrawlt werden würde (siehe Abbildung 6-21).

▲ Abbildung 6-20
Aufgrund der Angabe, dass nur URLs mit dem Parameterwert buffer gecrawlt werden sollen, werden manche URLs vom Crawling ausgeschlossen.

6

URLs mit mehreren Parametern

Je nach Konfiguration des Webservers können URLs auch mit mehreren Parametern ausgespielt werden. In der Auflistung der Parameter sind allerdings immer nur einzelne Parameter zu sehen. Als Beispiel-URLs können dagegen durchaus Adressen angezeigt werden, die mehrere Parameter enthalten. Ein Beispiel dafür ist *meine-url.html?kqs=1&room=17*.

Je nach Konfiguration der Parameter wird die URL vom Googlebot gecrawlt oder eben auch nicht. Gemäß den Informationen in der Google Webmaster Tools-Hilfe haben restriktive Angaben Vorrang vor weniger restriktiven Einstellungen. Dies würde zum Beispiel dazu führen, dass bei den Einstellungen *kqs: jede URL* und *room: keine URL* die Beispiel-URL */meine-url.html?kqs=1&room=17* nicht gecrawlt wird. Der Grund: Die restriktive Konfiguration für *room* (keine URL mit diesem Parameter soll gecrawlt werden) führt dazu, dass die URL nicht aufgerufen wird.

Abbildung 6-21 ▲
Neben den Beispiel-URLs zeigt Google an, ob die URL durch die gewählte Konfiguration noch gecrawlt würden.

Tipp

Wenn Sie auf das Canonical-Tag zurückgreifen, ist eine Konfiguration der URL-Parameter in den Google Webmaster Tools nicht zwingend notwendig.

Zusammenfassung des Kapitels

- Behalten Sie stets *Crawling-Fehler* im Auge. Als Faustregel gilt: je weniger Fehler, desto besser. Dies bedeutet allerdings nicht, dass Sie jeden einzelnen URL-Fehler auch korrigieren müssen. Dies gilt besonders für externe Links, die von automatisch erstellten Seiten auf Sie gesetzt werden.

  Werfen Sie einen Blick in Ihre Webanalysesoftware, um herauszufinden, welche URLs zwar aufgerufen werden, aber nicht erreichbar sind.
- Um zu sehen, wie sich das Crawling Ihrer Website entwickelt hat, können Sie die *Crawling-Statistiken* konsultieren. Treten extreme Schwankungen auf, sollten Sie analysieren, woher diese kommen (können). Häufige Gründe für das Ansteigen des Crawlings sind neue eingehende Verweise oder die Einreichung einer Sitemap.

- Wenn Sie eine *robots.txt* einsetzen, um das Crawling Ihres Webauftritts zu steuern, können Sie unter *Blockierte URLs* testen, ob unbeabsichtigt mehr Verzeichnisse oder URLs vom Crawling ausgeschlossen werden, als von Ihnen gewünscht.

  Zudem erfahren Sie in der Funktion, wie viele URLs in den letzten 90 Tagen aufgrund der *robots.txt*-Einstellungen nicht gecrawlt werden konnten.

- *Abruf wie durch Google* erlaubt Ihnen, URLs an Google zu senden und Crawling-Vorgänge für diese URLs zu starten. Diese Funktion können Sie beispielsweise dazu nutzen, um Google auf neue Seiteninhalte aufmerksam zu machen oder einen neuen Inhalt umgehend nach der Veröffentlichung indexieren zu lassen. Darüber hinaus können Sie anhand der Funktion sehen, welchen Quellcode Google analysiert.

  Pro Woche und Google-Konto haben Sie die Möglichkeit, bis zu 500 Abrufe zu starten und die abgefragte URL an den Index zu senden. Darüber hinaus können zehn URLs sowie von der URL verlinkte Seiten an den Index gesendet werden. Es ist dabei unerheblich, ob es sich um neue oder alte URLs handelt.

- Über das Einreichen von *Sitemaps* können Sie auf einen Blick sehen, wie viele URLs dieser Sitemap im Google-Index verfügbar sind. XML-Sitemaps können neben URLs auch andere Datei- und Medientypen wie z.B. Bilder oder Videos enthalten und stellen sicher, dass Google über die Existenz von URLs informiert wird.

- Die *URL-Parameterbehandlung* ist eine mächtige Funktion, über die Sie das Crawling-Verhalten von URLs mit Parametern beeinflussen können. Das Tool ist als Alternative zur Verwendung von `rel="canonical"` gedacht.

  Beachten Sie, dass die Einstellungen nur von Personen durchgeführt werden sollten, die den Einfluss der Parameter auf den Webseiteninhalt kennt. Andernfalls kann es passieren, dass Sie versehentlich weite Bereiche Ihrer Website vom Crawling ausschließen.

  Restriktive Angaben überschreiben bei der Verwendung mehrerer Parameter in einer URL weniger restriktive Konfigurationen

Konfiguration

7

Unter Umständen ist Ihnen bereits das Zahnrad im oberen rechten Bereich der Google Webmaster Tools ins Auge gesprungen. Hinter diesem Zahnrad verstecken sich die Funktionen, mit denen Sie Ihre Website konfigurieren können.

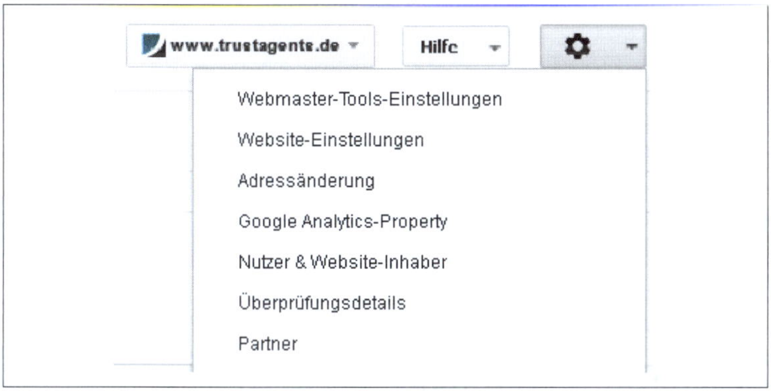

◀ **Abbildung 7-1**
Nach einem Klick auf das Zahnrad wird die Konfiguration angezeigt. Nur Website-Inhaber sehen alle Funktionen.

Nutzer mit eingeschränktem Zugriffslevel sehen im Bereich der Konfigurationen nur sehr wenige Funktionen. Dem Website-Inhaber stehen die folgenden zur Verfügung:

- Webmaster-Tools-Einstellungen
- Website-Einstellungen
- Adressänderungen
- Google Analytics Property
- Nutzer & Website-Inhaber
- Überprüfungsdetails
- Partner

Webmaster-Tools-Einstellungen

In den Webmaster-Tools-Einstellungen finden Sie die in Kapitel 2 vorgestellten Funktionen. Diese beziehen sich nicht auf eine einzelne Domain, sondern auf Ihr Google-Konto.

Zur Erinnerung: Hier können Sie konfigurieren, ob Google Ihnen Benachrichtigungen zusätzlich an eine E-Mail-Adresse schicken soll.

Website-Einstellungen

In den Website-Einstellungen sehen Sie bis zu drei Unterpunkte: die geografische Ausrichtung, die bevorzugte Domain sowie unter Umständen die Möglichkeit, die Crawling-Geschwindigkeit anzupassen.

Abbildung 7-2 ▲
Die Website-Einstellungen bieten bis zu drei Konfigurationsmöglichkeiten.

Geografische Ausrichtung

Anhand der Domainendung, der sogenannten Top-Level-Domain (TLD), können Suchmaschinen erkennen, für welchen Markt bzw. für welche geografische Region eine Domain wahrscheinlich von besonderer Bedeutung ist. So ist die Wahrscheinlichkeit, dass eine Domain mit der TLD *.de* auf den deutschen Markt ausgerichtet sein soll, relativ hoch.

Neben den sogenannten länderspezifischen Domains (ccTLDs = Country Code Top-Level-Domains) gibt es auch generische Domainendungen wie zum Beispiel *.com*, *.net* oder *.org*. Bei diesen kann eine geografische Ausrichtung nicht ohne Weiteres durchgeführt werden.

Es ist grundsätzlich für Suchmaschinen relativ einfach, die Sprache einer Website zu bestimmen. Allerdings werden viele Sprachen in mehreren Teilen der Erde gesprochen. So ist es für Suchmaschinen relativ schwierig, einen Webshop mit deutschen Inhalten auf einer *.com*-Domain eindeutig Deutschland, Österreich oder der Schweiz zuzuordnen. Ähnliches gilt für englischsprachige oder spanische Inhalte.

Im Fall von Onlineshops ist es beispielsweise über Merkmale wie Postleitzahl, Telefonnummer und die verwendete Währung möglich, die lokale Relevanz einzuschränken, dies ist allerdings nicht zweifelsfrei möglich. Externe Verweise, im Speziellen deren lokaler Ursprung, kann von Suchmaschinen als ein weiterer Faktor herangezogen werden. So sind viele Links von *.at*-Domains ein Hinweis darauf, dass die verlinkte Website für in Österreich gestellte Suchanfragen relevant ist.

Tipp

Um Suchmaschinen bei der geografischen Ausrichtung Ihrer Inhalte zu unterstützen, kann auf das sogenannte `hreflang`-Tag zurückgegriffen werden. Dies ist besonders dann hilfreich, wenn Sie mehrere lokal ausgerichtete Websites verwenden. Mehr zu diesem Tag finden Sie unter *https://support.google.com/webmasters/answer/189077?hl=de*.

Eine weitere Optimierungsmöglichkeit ist eine korrekte Deklaration der Sprache inklusive Zielregion (beispielsweise `de-AT`) im HTML-Head.

Über die Google Webmaster Tools können Sie Suchmaschinen dabei unterstützen, das geografische Ziel Ihrer Inhalte zu verstehen. Dies ist allerdings nur dann möglich, wenn Google die von Ihnen verwendete Top-Level-Domain als generisch einstuft.

Zu den generischen Domainendungen zählt Google unter anderem die folgenden:

.eu	.asia	.edu
.com	.net	.org
.tv	.me	.fm

Tabelle 7-1
Auswahl von Google als generisch eingestufte Top-Level-Domains

Nehmen wir folgenden Fall an: Ein Webshopbetreiber möchte mit seiner Website mit deutschsprachigen Inhalten vor allem Besucher aus Deutschland ansprechen und verwendet eine generische Top-Level Domain. Durch die Auswahl von *Deutschland* als Zielregion in den Google Webmaster Tools wird es für Google einfacher, die regionale Ausrichtung zu verbessern.

Abbildung 7-3 ▲
Das geografische Ziel der generischen TLD wurde auf Deutschland eingestellt.

Diese Einstellung schließt übrigens nicht aus, dass die Website in anderen deutschsprachigen Ländern wie eben Österreich gefunden wird. Als kleiner Faktor trägt diese Einstellung aber dazu dabei, in Deutschland besser gefunden zu werden.

Beispielkonfiguration für eine geografische Ausrichtung

Zu Beginn ein Hinweis: Die geografische Ausrichtung kann sowohl auf Hostnamen- (*de.meinedomain.com*) als auch auf Ordnerbasis (*www.meinedomain.com/de/*) durchgeführt werden. Eine Kombination ist natürlich ebenfalls ausrichtbar (*de.meinedomain.com/at/*).

Besonders bei internationalen Unternehmen kommt es häufig vor, dass eine zentrale Domain verwendet wird. Die einzelnen Sprachen sind dabei wahlweise als Subdomains oder Ordner eingerichtet.

Eine häufig anzutreffende Konfiguration sieht so aus:

- *www.example.com/* (englische Inhalte, Fokus USA)
- *www.example.com/es/* (spanische Inhalte, Fokus Spanien)
- *www.example.com/de/* (deutsche Inhalte, Fokus Deutschland)
- *www.example.com/de-at/* (deutsche Inhalte, Fokus Österreich)

Grundsätzlich bedeutet *es*, *de* oder *de-at* erst mal gar nichts. Für Google sind dies nur Zeichenfolgen.

Um diese Ordner geografisch auszurichten, müssen sie natürlich in den Google Webmaster Tools bestätigt worden sein. Denn im Auszeichnungsprozess ist die aktuell ausgewählte URL maßgeblich.

Bevorzugte Domain

Es ist nicht zwingend, dass einem Domainnamen ein *www.* vorangestellt ist, denn *www.* ist eine optionale Subdomain, die für einen Domainnamen angelegt werden kann. Es hat sich aber in der Vergangenheit als Standard etabliert, dass eine Domain mit vorangestelltem *www.* aufgerufen werden kann.

Für Suchmaschinen ist es problematisch, wenn dieselben Inhalte unter mehreren Adressen aufrufbar sind. Dies wäre der Fall, wenn *www.example.com* und *http://example.com* denselben Seiteninhalt anzeigen würden. In diesem Fall wird von Duplicate Content gesprochen: ein Inhalt, mehrere Adressen.

Ist Ihre Website sowohl mit als auch ohne vorangestelltes *www.* aufrufbar, können Sie über die Google Webmaster Tools die *bevorzugte Domain* festlegen. Dadurch legen Sie fest, welcher der beiden Hostnamen in der Google-Suche erscheinen und als primäre Quelle der Inhalte wahrgenommen werden soll.

Anders sieht es natürlich aus, wenn sich der unter den beiden Hostnamen angezeigte Inhalt unterscheidet. Es muss nämlich nicht der Fall sein, dass *www.example.com* und *http://example.com* dieselben Inhalte anzeigen. In einem solchen Fall sollten Sie keine Konfiguration zur bevorzugten Domain über die Google Webmaster Tools vornehmen.

Um die bevorzugte Domain festzulegen, müssen Sie für beide Hostnamen über Website-Inhaber-Rechte verfügen. In den Einstellungen haben Sie die folgenden Konfigurationsmöglichkeiten:

- Keine bevorzugte Domain.

  Wenn Sie diese Einstellung wählen, nehmen Sie keinen direkten Einfluss darauf, wie Ihre Inhalte in der Google-Suche erscheinen sollen. Diese Einstellung stellt den Standard dar.
- Standarddomain mit www. und Standarddomain ohne www.

  Sollten unter beiden Hostnamen exakt dieselben Inhalte angezeigt werden, können Sie über die Einstellung bestimmen, in welchem Format Ihre Inhalte angezeigt werden.

  Da viele Nutzer die Erwartung haben, dass Domains mit *www.* beginnen, empfiehlt es sich, dieser Erwartung zu entsprechen.

Durch die Konfiguration sorgen Sie dafür, dass Google Signale (vor allem Links) in Zukunft vom nicht präferierten auf den präferierten Hostnamen überträgt.

Wenn Sie einen anderen Hostnamen als die genannten verwenden, können Sie das Tool aktuell nicht für die beschriebenen Zwecke einsetzen. Google erlaubt das Festlegen der bevorzugten Domain nur dann, wenn die Inhalte sowohl mit als auch ohne *www.* erreichbar sind.

Tipp

Ein stärkeres Signal wäre es, wenn Sie den einen Hostnamen auf den anderen weiterleiten, beispielsweise *http://ihrewebsite.de* auf *http://www.ihrewebsite.de*. Dadurch wird sichergestellt, dass Inhalte nur noch unter dem *www*-Hostnamen gefunden werden. Beachten Sie: Unter Umständen sind exakt dieselben Inhalte auch unter anderen Hostnamen Ihrer Website indexiert. Über die Google-Anfrage *site:ihredomain.de -inurl:www* können Sie herausfinden, ob das der Fall ist. Die Suchanfrage zeigt Ihnen Adressen an, die auf Ihrem Domainnamen liegen und kein *www* in der URL enthalten. Wichtig: Lassen Sie *www.* nach dem *site:*-Befehl weg.

Im Netz finden Sie viele Anleitungen dazu, wie Sie eine permanente Weiterleitung für einen Hostnamen einrichten können, beispielsweise über die sogenannte *.htaccess*-Datei.

Crawling-Geschwindigkeit

Damit Suchmaschinen Inhalte analysieren können, müssen diese natürlich vom Webserver angefragt werden. Wie auch bei jedem anderen Zugriff auf Ihre Website entsteht dadurch eine Auslastung. Grundsätzlich ist es in Ihrem Interesse, dass Inhalte sowohl von Crawlern bekannter Suchmaschinen als auch von Nutzern angefordert werden. Denn ansonsten würde sich niemand für Ihre Inhalte interessieren.

Bei vielen gleichzeitigen Zugriffen kann es geschehen, dass der Webserver langsam oder auch gar nicht mehr reagiert. In einem solchen Moment sind Sie dann froh, wenn Sie möglichst wenige Zugriffe durch Suchmaschinen haben.

In manchen Fällen erlaubt es Google, über die Webmaster-Tools die *Crawling-Geschwindigkeit* des Googlebot anzupassen.

Abbildung 7-4 ▼
Unter Umständen können Sie die Crawling-Geschwindigkeit manuell festlegen.

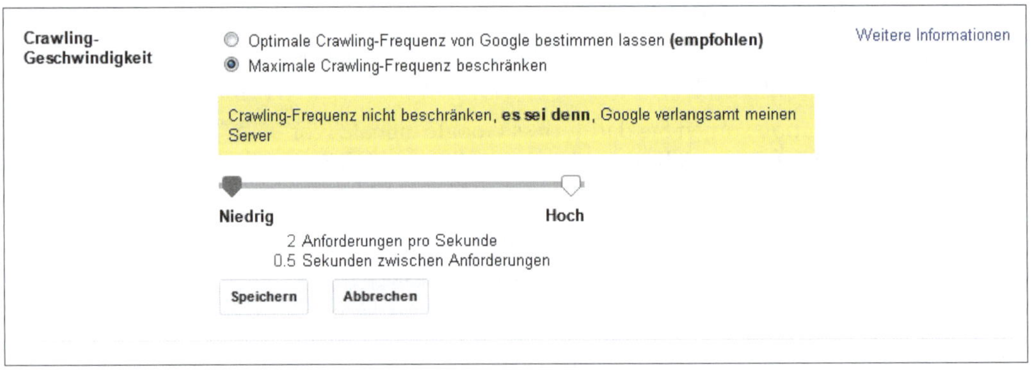

Über einen Schieberegler kann zwischen Werten von 0,002 bis 2 Zugriffen pro Sekunde ausgewählt werden. Zwischen den einzelnen Zugriffen liegen dann 500 bis 0,5 Sekunden.

Solange Sie keine Performanceprobleme mit Ihrer Website feststellen, sollten Sie keinen Einfluss auf die Crawling-Frequenz nehmen. Belassen Sie im Idealfall die Einstellung auf *Google soll meine Website optimieren*. Nur in den wenigsten Fällen ist es überhaupt möglich, die Crawling-Geschwindigkeit zu beeinflussen. Sie ist in der Regel bei Websites konfigurierbar, die über ein hohes Crawling-Aufkommen verfügen. Zur Erinnerung: Unter dem Menüpunkt *Crawling* stehen Ihnen die Crawling-Statistiken für Ihre Website durch Googlebot zur Verfügung.

Sollten Sie die Crawling-Geschwindigkeit angepasst haben, bleibt die gewählte Einstellung für die nächsten 90 Tage aktiv. Selbstverständlich können Sie sie zwischendurch ändern.

Adressänderung

Sie möchten Ihre Inhalte von einer Domain auf eine andere übertragen? Beispielsweise weil Sie sich für einen anderen Domainnamen entschieden haben und nur eine Domain pflegen möchten? Dann können Sie Google über die *Adressänderungsfunktion* über den Umzug Ihrer Inhalte informieren.

Jeder Umzug von Seiteninhalten, ob domainintern oder auf eine neue Domain, sollte durchdacht und vorbereitet werden, um das Risiko eines Ranking-Verlusts zu minimieren.

Nur mit der Änderung der URL des Seiteninhalts ist es nämlich nicht getan, da sonst Links auf eine nicht mehr vorhandene URL zeigen könnten. Durch diese Veränderung des Linkgraphen, also der Beziehung zwischen Dokumenten, wird die neue URL mit hoher Wahrscheinlichkeit nicht mehr so prominent über die Google-Suche gefunden werden wie zuvor. Aus diesem Grund ist eine permanente Weiterleitung (301-Weiterleitung) von der alten auf die neue URL das Mindeste, was Sie tun sollten. Andernfalls werden sowohl Besucher als auch Suchmaschinen vermehrt über Fehlerseiten stolpern.

Schon ein Umzug von einzelnen Unterseiten birgt einige Stolperfallen, und ein Umzug des kompletten Webauftritts auf eine neue

Domain ist noch deutlich komplexer. Da es Googles Anliegen ist, relevante Quellen den Suchenden auch weiterhin zur Verfügung zu stellen, hilft der Suchmaschinenbetreiber dabei: mit einer Vorgehensbeschreibung sowie einer Einstellungsmöglichkeit in den Google Webmaster Tools. Die Beschreibung finden Sie unter *https://support.google.com/webmasters/answer/83105?hl=de*.

Damit Google von einem Domainumzug umgehend erfährt, sollten Sie diesen direkt über die Google Webmaster Tools mitteilen. Dazu ist es notwendig, bestätigter Website-Inhaber sowohl der alten als auch der neuen Domain zu sein.

Abbildung 7-5▲
Nachdem Sie Ihre alte und neue Domain bestätigt haben, können Sie Google über den Domainumzug informieren.

Grundsätzlich läuft ein Umzug von Webinhalten auf eine neue Domain wie folgt ab:

1. Spiegelung der Seiteninhalte auf die neue Domain.

   Bevor Sie sich mit den Weiterleitungen beschäftigen können, müssen Ihre Seiteninhalte auf der neuen Domain bereits zur Verfügung stehen. Es empfiehlt sich, Ihre Website auf der neuen Domain zu testen, bevor Sie sich gänzlich von der alten Domain verabschieden.

   Je nach Dauer des Tests können Sie die neue Domain für Suchmaschinen und Nutzer sperren, beispielsweise über die Einrichtung eines Zugriffsschutzes mittels *.htpasswd*. Dadurch lassen sich Seiteninhalte nur anzeigen, wenn die Zugangsdaten korrekt eingegeben wurden.

   Denken Sie daran, eventuell eingerichtete Zugriffsbeschränkungen nach erfolgtem Umzug zu entfernen.

2. Einrichtung von permanenten Weiterleitungen von der alten auf die neue Domain.

Im Idealfall bleibt bei einem Domainumzug die URL-Struktur unverändert, und nur der Domainname ändert sich. Dies hat den Vorteil, dass permanente Weiterleitungen (301-Weiterleitungen) von der alten auf die neue Domain einfach eingerichtet werden können und wenig fehleranfällig sind.

3. Informieren Sie Google über die Adressänderung.

   Zusätzlich zu der Einrichtung von Weiterleitungen sollten Sie Google über die Webmaster-Tools darüber informieren, dass die Seiteninhalte auf eine neue Domain verschoben wurden.

Zurzeit ist es über das Tool nur möglich, eine Weiterleitung auf eine Domain durchzuführen, wenn die Domain als Name der Subdomain *www.* verwendet oder gänzlich ohne Subdomain aufgesetzt wurde. Wenn Sie Ihre Inhalte also von *www.example.com* auf *blog.example.com* verschieben möchten, ist dies über die Google Webmaster Tools nicht möglich. In diesem Fall müssen Sie auf den zusätzlichen Hinweis für Google leider verzichten.

Wie Sie in Abbildung 7-5 sehen können, macht die Adressänderung die Einrichtung von Weiterleitungen nicht überflüssig. Diese sollten Sie zwingend verwenden, die Einstellung in den Webmaster-Tools gibt nur einen kleinen und optionalen weiteren Hinweis.

So banal es klingt: Sie sollten auf keinen Fall Ihre alte Webadresse kündigen. Denn ansonsten wird diese frei und für jedermann registrierbar. Sobald die Domain nicht mehr erreichbar ist, sind logischerweise auch die Weiterleitungen nicht mehr aktiv. Alle von Ihrer alten auf die neue Domain übertragenen Signale, allen voran Links, sind in diesem Zuge ebenfalls verloren.

Google Analytics Property

Sie setzen Google Analytics als Webanalysesoftware ein? Dann können Sie durch die Verknüpfung der beiden Programme die Google Webmaster Tools-Suchanfragendaten in Ihr Analytics-Konto zur weiteren Verarbeitung integrieren. Dadurch lässt sich beispielsweise die grafische Darstellung der Daten wie von Analytics gewohnt mit wenigen Klicks anpassen.

Die Verknüpfung der beiden Programme kann auf zwei Wegen stattfinden: einmal per Anfrage zur Datenfreigabe über Google Analytics und alternativ über die Google Analytics Property. Wie die Verknüpfungsprozesse funktionieren, wird in Kapitel 10 beschrieben.

Wenn Sie dasselbe Google-Konto für Webmaster-Tools und Analytics verwenden, sehen Sie auf dieser Seite einzelne Google Analytics-Profile, mit denen Sie die Daten der aktuell ausgewählten Domain verknüpfen können. Alternativ kann eine bereits bestehende Verknüpfung aufgehoben werden.

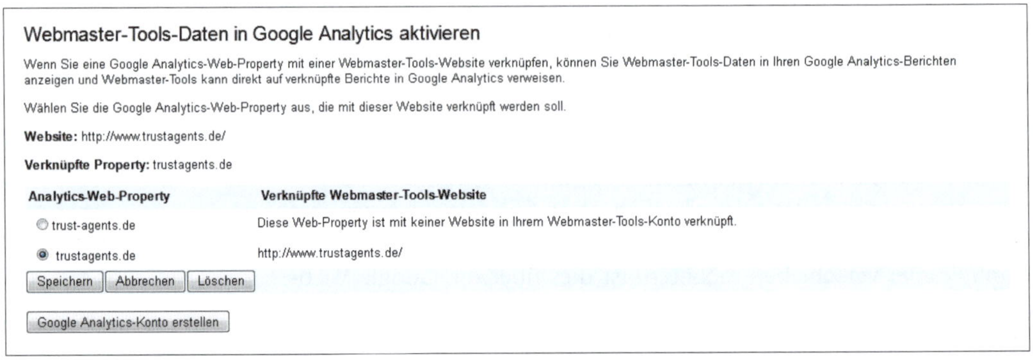

Abbildung 7-6 ▼ Eine Datenfreigabe zwischen Webmaster-Tools und Analytics kann hier eingerichtet oder gelöscht werden.

Nutzer & Website-Inhaber

Als Website-Inhaber kommen Sie über *Nutzer & Website-Inhaber* in die *Nutzerverwaltung*. Hier können Sie weiteren Google-Konten Zugriff auf die Daten der Webmaster-Tools gewähren sowie einsehen, welche Konten aktuell über welches Zugriffslevel verfügen.

Mehr zur Nutzerverwaltung und den Zugriffsmöglichkeiten für eingeschränkte und uneingeschränkte Nutzer sowie Website-Inhaber erhalten Sie in Kapitel 2.

Überprüfungsdetails

Sie möchten wissen, ob neben Ihrem Google-Konto noch weitere Website-Inhaber für eine Domain vorhanden sind? Sie möchten zudem sehen, über welche Bestätigungsmethode ein Konto zum Website-Inhaber wurde? Dann müssen Sie einen Blick in die *Überprüfungsdetails* werfen. Diese Funktion wurde ebenfalls bereits in Kapitel 2 vorgestellt.

Unter *Überprüfungsversuche* sehen Sie, wann ein über die E-Mail-Adresse identifizierbares Google-Konto versucht hat, die Inhaberschaft zu bestätigen. Zusätzlich werden das Ergebnis sowie die gewählte Bestätigungsmethode angezeigt.

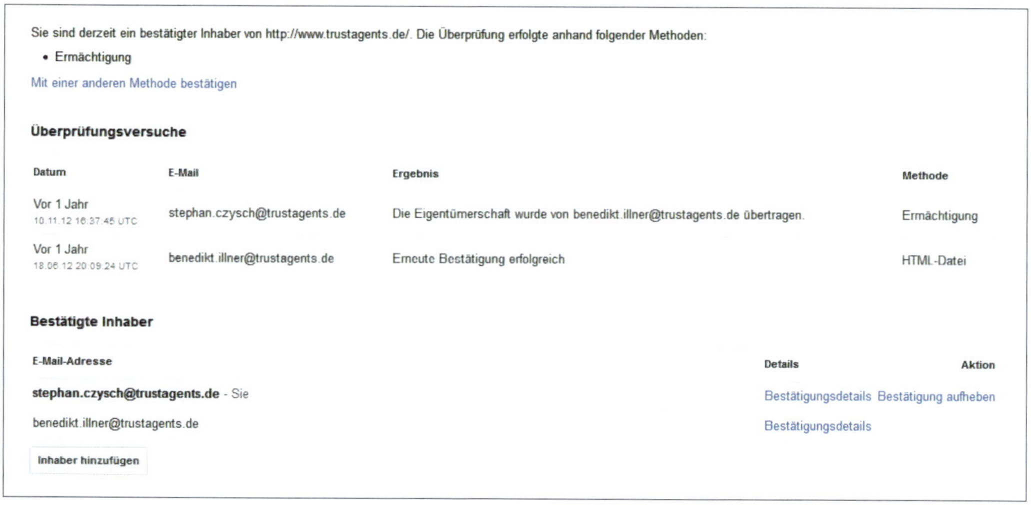

▲ Abbildung 7-7
Unter Überprüfungsdetails werden alle Website-Inhaber aufgelistet, und weitere Inhaber können hinzu gefügt werden.

Wenn Sie weiteren Nutzern Website-Inhaber-Zugriff erteilen möchten, haben Sie auf dieser Seite ebenfalls die Möglichkeit dazu. Klicken Sie einfach auf *Inhaber hinzufügen*.

Partner

Der Hintergrund der *Partner-Funktion* ist es unter anderem, dass Google Webmastern die Möglichkeit geben möchte, Profile einer Website in anderen Diensten als »offizielle« Kanäle der Website zu kennzeichnen. Als Partner bezeichnet Google Personen oder Konten, die im Namen der verknüpften Website handeln können. Anders als die Nutzer erhalten Partner jedoch keinen Zugriff auf Daten der Google Webmaster Tools und können keine Konfigurationen durchführen.

Diese Mitte 2012 gestartete Funktion erlaubte es ursprünglich, unter anderem ein YouTube-Profil mit dem Webmaster-Tools-Konto zu verknüpfen. Die Folge: Auf der YouTube-Profilseite wurde der Kanal als offiziell zur verknüpften Website gehörender Kanal gekennzeichnet. Mittlerweile bietet die Funktion diese Möglichkeit allerdings nicht mehr.

Über die Partner-Funktion können Sie im Augenblick nur noch ein möglicherweise vorhandenes Chrome Webstore-Profil als zur Website hinzugehörend kennzeichnen.

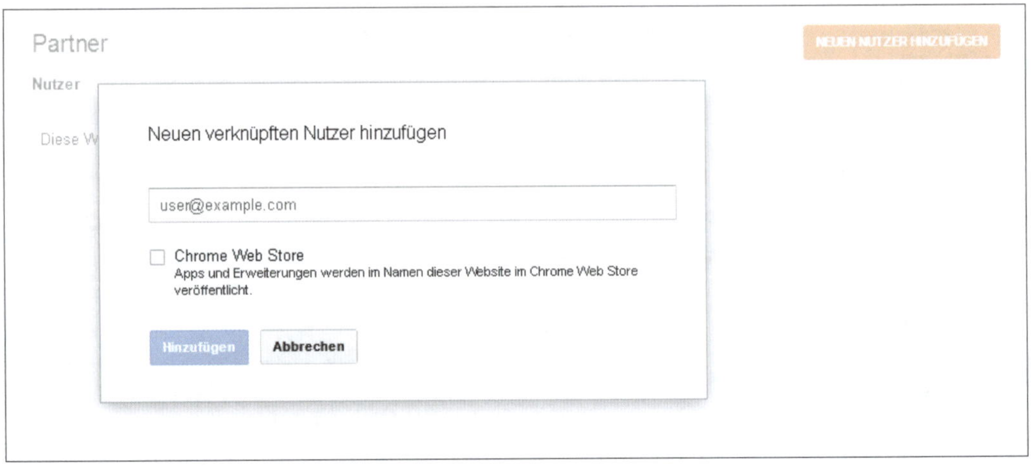

Abbildung 7-8▲
Aktuell kann nur eine Partnerschaft mit dem Chrome Webstore eingerichtet werden.

Selbstverständlich muss ein Verknüpfungsantrag von der jeweiligen Gegenseite bestätigt werden – im Fall der Verknüpfung mit dem Chrome Webstore also von diesem. Damit wird sichergestellt, dass eine Website nicht ungerechtfertigterweise als offizieller Kanal ausgezeichnet wird.

Während von der Partner-Funktion ausgehend nur die Verknüpfung mit dem Chrome Webstore-Profil durchgeführt werden kann, besteht die Möglichkeit, von anderen Google-Produkten aus eine Partner-Anfrage zu stellen. Sie können beispielsweise ein mit demselben Google-Konto administriertes Google+-Profil als Partner verknüpfen. Auf der Partner-Seite kann die Verknüpfung eingesehen und gelöscht werden. Auch eine Verknüpfung mit Google AdWords wird hier angezeigt.

Abbildung 7-9▼
Von anderen Google-Produkten angefragte Verknüpfungen können eingesehen und gelöscht werden.

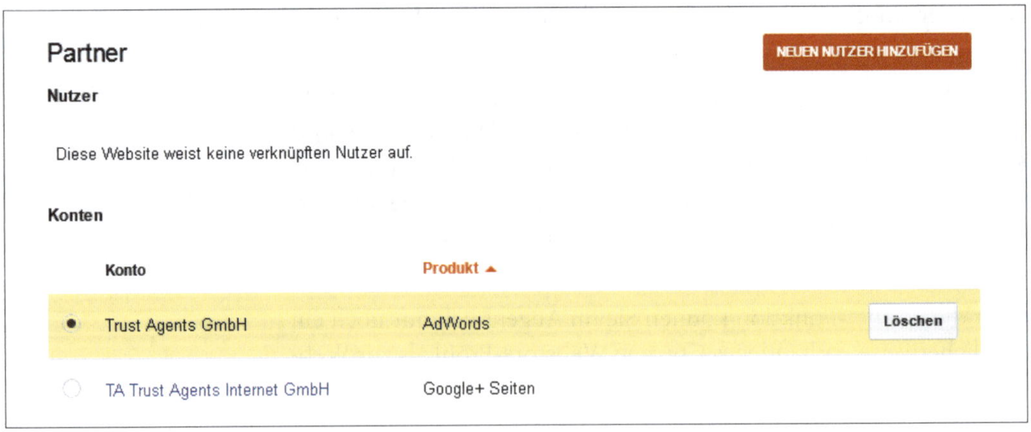

Wie Sie eine Verknüpfung zwischen den Google Webmaster Tools und AdWords durchführen, wird in Kapitel 10 beschrieben. In der täglichen Arbeit hat die Partner-Funktion eine ausgesprochen geringe Bedeutung.

Zusammenfassung des Kapitels

Hinweis Falls Sie einige der hier aufgezählten Menüpunkte in Ihren Webmaster-Tools nicht sehen, liegt das daran, dass Sie nicht über die notwendigen Berechtigungen verfügen.

- Unter den *Webmaster-Tools-Einstellungen* können Sie festlegen, ob Google Ihnen Benachrichtigungen an Ihre E-Mail-Adresse schicken soll.
- Mit den *Website-Einstellungen* konfigurieren Sie unter anderem die geografische Ausrichtung Ihrer Domain. Dies ist möglich, wenn Sie eine generische Top-Level-Domain wie *.org*, *.com* oder *.info* verwenden.

  Darüber hinaus können Sie die Domain festlegen, die Google bevorzugt in der Websuche anzeigen soll, wenn Ihre Website sowohl ohne als auch mit vorangestelltem *www.* erreichbar ist. Dafür müssen Sie beide Varianten in den Google Webmaster Tools zuvor bestätigen.

  Als weitere Konfigurationsoption steht Ihnen unter Umständen die Möglichkeit offen, die Crawling-Geschwindigkeit durch Google anzupassen. Diese Einstellung sollten Sie nur dann verändern, wenn das Crawling die Ressourcen Ihres Webservers überfordert.
- Wenn Sie mit Ihren Inhalten auf eine neue Domain umziehen, können Sie zusätzlich zur Einrichtung von Weiterleitungen über die Adressänderungsfunktion Google über den Umzug informieren. Sie müssen hierzu sowohl die alte als auch die neue Website in den Google Webmaster Tools bestätigt haben.
- Unter *Google Analytics Property* sehen Sie, ob eine Verknüpfung zwischen Google Analytics und Google Webmaster Tools besteht. Diese können Sie hier unter anderem löschen.
- Google gibt Ihnen die Möglichkeit, weitere Personen zur Nutzung der Webmaster-Tools für Ihre Domain einzuladen. Dank

des dreistufigen *Nutzermanagements* können Sie die Einstellungsmöglichkeiten der Nutzer beschränken.

- Unter *Überprüfungsdetails* können Sie einsehen, wer aktuell Website-Inhaber ist und mit welcher Methode die Bestätigung der Inhaberschaft durchgeführt wurde.
- Um Profile der bestätigten Domain auf anderen Webangeboten mit Ihrer Website zu verknüpfen, können Sie diese als *Partner* auszeichnen. Datenfreigaben mit Google AdWords oder Verknüpfungen mit einem Google+-Profil können hier zurückgenommen werden.

Sicherheitsprobleme

8

Viele Menschen wünschen sich, dass sie sicher durch das Internet surfen können. Doch auf vielen Seiten lauern Gefahren. Mal wird versucht, an Passwörter oder Kreditkartendaten zu kommen, an anderer Stelle probieren Kriminelle, ganze Rechner zu infiltrieren. Schadsoftware, auch Malware genannt, wird dabei in aller Regel über E-Mail oder direkt über Websites verbreitet.

Google hat einige Anstrengungen unternommen, Nutzer vor dem Zugriff auf infizierte Websites zu warnen. So kann der Google Chrome-Browser Nutzer warnen, wenn ein Verbindungsaufbau auf eine Domain gestartet wurde, die als attackierend gemeldet wurde. Auch andere Browser wie Firefox warnen Nutzer vor dem Zugriff auf infizierte Websites.

◀ **Abbildung 8-1**
Chrome warnt vor dem Aufruf einer URL aufgrund von Sicherheitsproblemen.

Google unterscheidet grundsätzlich zwischen Malware-Websites und Phising-Websites. Malware-Websites versuchen, über schädliche Software Zugriff zu einem Computer zu erlangen. Diese Webseiten werden von Hackern vorsätzlich verwendet, um schädliche Software zu verbreiten. Phising-Websites hingegen geben sich nach außen als seriöse Websites aus und versuchen, Nutzer zur Eingabe sensibler Informationen zu verleiten. Häufig werden dabei Websites von Banken oder Kreditkartenunternehmen imitiert.

Einen weiteren Typ stellen die manipulierten Websites dar. Auf diesen Websites haben es Angreifer geschafft, den Seiteninhalt zu verändern. Häufig geschieht das zur Generierung von Backlinks oder dazu, um Nutzer beim Aufruf einer URL auf eine andere Domain zu leiten. Unter der Adresse *www.google.com/transparencyreport/safebrowsing/* erfahren Sie Näheres zum Thema Safe Browsing.

Wenn Google Manipulationen an einer Website festgestellt hat, erscheint in manchen Fällen ein entsprechender Hinweis in der Google-Suche. Dieser wird direkt unter der URL angezeigt.

Abbildung 8-2 ▶
Google weist in der Google-Suche darauf hin, dass die Website möglicherweise gehackt wurde.

Leider schafft es Google aktuell nicht, alle manipulierten Websites direkt in der Google-Suche auszuweisen. Die in Abbildung 8-3 gezeigten Informationen lassen den Schluss zu, dass die in Seitentitel und Description enthaltenen Informationen eher nicht vom Feuerwehrverband aktiv auf der Website veröffentlicht wurden.

In vielen Fällen bekommt man als Nutzer eine solche Manipulation des Seiteninhalts nicht mit, da dieser nur dem Googlebot angezeigt wird (»Cloaking«). Um den Seiteninhalt zu sehen, den der Googlebot beim Aufruf einer URL geliefert bekommt, ist ein Blick in den Google-Cache oder ein Abrufen der URL über das Tool *Abruf wie durch Google* in den Webmaster-Tools empfehlenswert. Das Cache-Abbild erreichen Sie, indem Sie neben der URL auf das kleine Dreieck und dann auf *Im Cache* klicken. Alternativ können Sie den Cache über die Suchanfrage *cache:AdresseDerSeite* aufrufen.

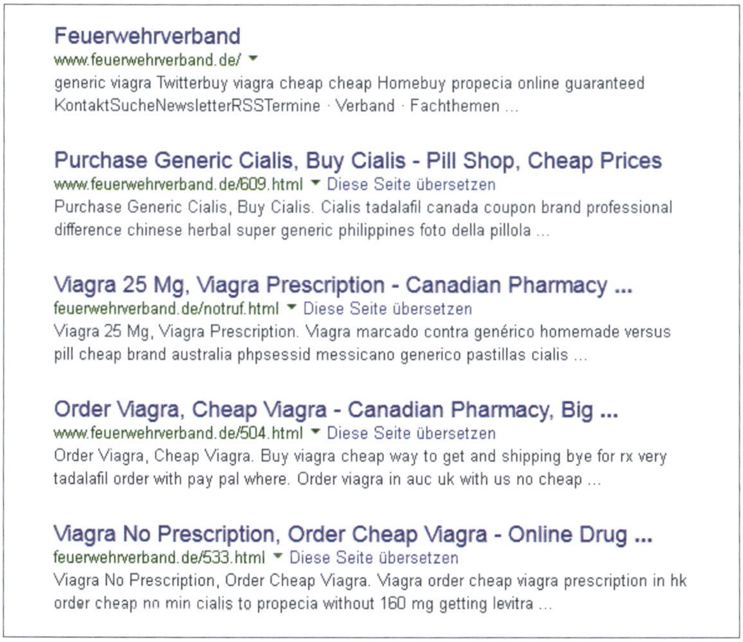

◀ Abbildung 8-3
Offensichtlich wurde diese Domain gehackt – von Google wird allerdings kein Hinweis angezeigt.

▼ Abbildung 8-4
Das Cache-Abbild zeigt, welche Seiteninhalte Google angezeigt bekommt.

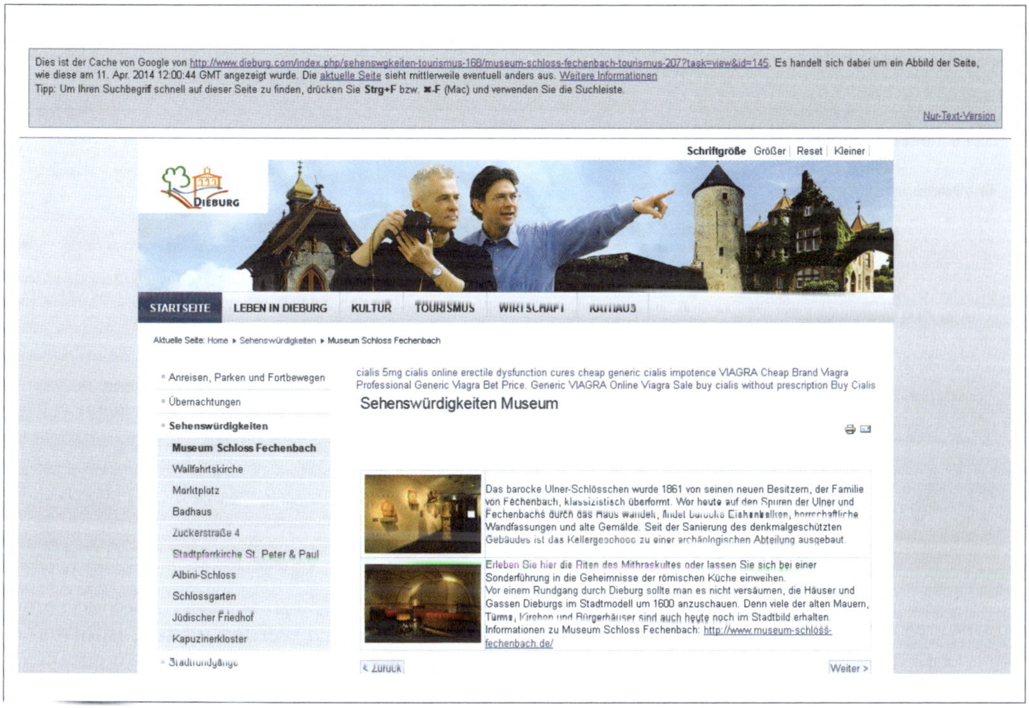

Im Fall der in Abbildung 8-4 gezeigten URL wurden von Unbekannten Links auf Seiten zu Potenzmitteln gesetzt. Diese werden allerdings nur dem Googlebot angezeigt, bei einem normalen Aufruf der Seite erscheinen diese Links nicht. Genau das macht die Identifizierung eines Befalls mit manipulierten Inhalten oder Schadsoftware so schwierig: Als Nutzer bekommt man es häufig einfach nicht mit.

Tipp Richten Sie sich einen Google Alert (oder etwas Ähnliches) ein, der Sie darüber informiert, wenn Begriffe wie »Cialis«, »Viagra«, »Poker«, »Generica« oder Ähnliches auf Ihrer Website gefunden wurden. Schränken Sie dazu den Alert auf Ihre eigene Website ein. Im Fall von Google Alert können Sie dies über die Verwendung des *site:*-Befehls realisieren.

Sicherheitsprobleme mit den Google Webmaster Tools erkennen

Wenn Google Sicherheitsprobleme auf Ihrem Webauftritt feststellt, erhalten Sie in aller Regel eine Benachrichtigung. Zudem empfiehlt es sich, von Zeit zu Zeit einen Blick auf die Rubrik *Sicherheitsprobleme* zu werfen. Dort listet Google Ihnen URLs auf, die infiziert wurden.

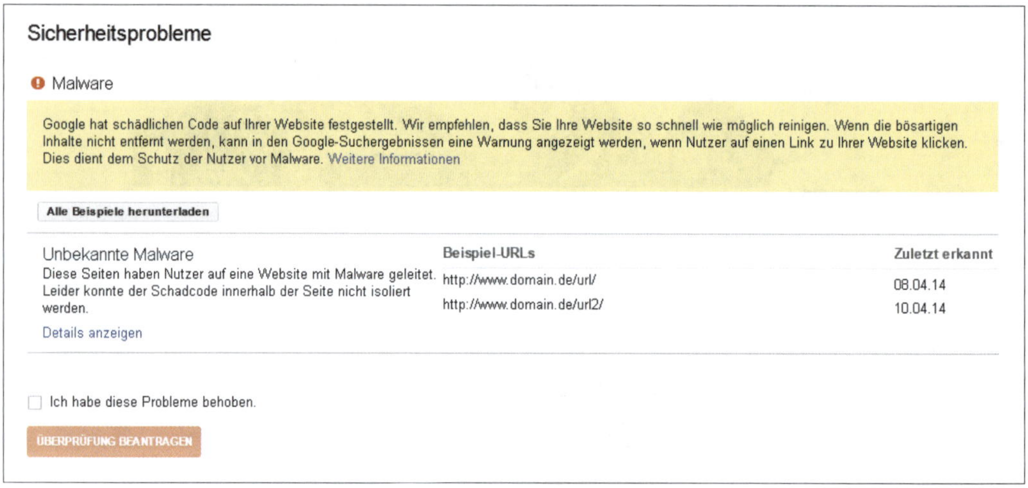

Abbildung 8-5 ▲ Auf der Domain wurde ein Malware-Befall festgestellt.

Durch einen Klick auf *Details anzeigen* werden weitere Informationen zum Problem aufgelistet. In diesem speziellen Beispiel ist das Sicherheitsproblem über eingebettete Inhalte entstanden.

◀ Abbildung 8-6
In der Detailansicht verweist Google auf Hilfeartikel zur Beseitigung des Problems.

Wenn auf Ihrer Website ein Sicherheitsproblem festgestellt wurde, sollten Sie versuchen, dieses so schnell wie möglich zu beseitigen. Häufig führt der Einsatz von nicht mehr aktuellen Softwareversionen zu diesen Problemen. Wenn Sie die Möglichkeit haben, sollten Sie die verwendete Versionsnummer der eingesetzten Software nicht im Seitenquelltext ausgeben. Denn dadurch machen Sie es Angreifern einfach, die für die verwendete Version möglicherweise bekannten Schwachstellen zu nutzen.

Nachdem Sie das Sicherheitsproblem behoben haben, stellen Sie am besten gleich einen Antrag auf erneute Überprüfung, einen sogenannten Reconsideration Request. Im Erfolgsfall wird ein möglicherweise in der Google-Suche angezeigter Hinweis auf Sicherheitsprobleme wesentlich schneller wieder entfernt.

Zusammenfassung des Kapitels

- Hacker versuchen, bekannte Schwachstellen von Websites auszunutzen und Schadcode über die kompromittierten URLs zu verbreiten.
- In manchen Fällen werden Cloaking-Techniken eingesetzt, wodurch nur Google die veränderten Seiteninhalte sieht. Dies

geschieht mit dem Ziel, zum Beispiel Links auf fragwürdige Websites zu setzen.

- In den Google Webmaster Tools werden Sie auf *Sicherheitsprobleme* hingewiesen. Diese sollten Sie so schnell wie möglich beseitigen und anschließend eine Überprüfung durch Google anfordern.

Disavow Tool

9

Vereinfacht gesagt, analysieren Suchmaschinen zwei Arten von Signalen: einmal die, die über die Analyse der auf einer Domain vorkommenden Dokumente generiert werden können, und die, die von externen Domains auf eine Website einwirken.

Während sich der Optimierungsgrad der eigenen Domain verhältnismäßig leicht beeinflussen lässt, ist die Generierung von externen Signalen wesentlich schwieriger. Aus diesem Grund ist es nachvollziehbar, weshalb externe Signale (»Offpage«) in den Ranking-Algorithmen von Suchmaschinen ein größeres Gewicht haben.

Vielen Webmastern ist der Einfluss von Verlinkungen auf das Ranking innerhalb der Google-Websuche bekannt. Wie sich spätestens mit dem sogenannten »Penguin-Update« von Google herausgestellt hat, muss dieser Einfluss aber nicht immer positiver Natur sein. Durch das Penguin-Update hat es Google geschafft, Manipulationen an der Verlinkungsstruktur besser zu erkennen und manipulierende Domains dafür zu bestrafen – in der Regel durch eine Zurücksetzung der Webseiten in den Google-Ergebnissen, häufig verknüpft mit einer über die Google Webmaster Tools ersichtlichen manuellen Maßnahme.

Das Disavow Tool

Mit dem Penguin-Update hat Google viele Websites identifiziert, die über manipulative Links das Ranking der eigenen Inhalte verbessert haben. Daraufhin mussten einige Website-Betreiber einsehen, dass Link doch nicht gleich Link ist. Viele Suchmaschinenoptimierer hatten offensichtlich die reine Quantität als Maßstab für den Erfolg von Linkmarketing-Aktivitäten definiert, und nun soll der Blick wieder verstärkt auf die Qualität gerichtet werden. Links sollten in erster Linie dazu dienen, Besucher auf Ihre Website zu leiten, und nicht, um Algorithmen zu manipulieren. Wenn sich die Links zusätzlich positiv auf Ihr Ranking auswirken, ist dies natürlich umso besser.

Neben der (Über-)Optimierung des Backlink-Profils durch eigene Anstrengungen ist auch das Thema »Negative SEO« einer der Gründe für die Bereitstellung des *Disavow Tools* gewesen.

Negative SEO

Während SEO das Ziel verfolgt, durch mehr positive Signale Inhalte besser in den Suchergebnissen zu ranken, verfolgt negative SEO das Gegenteil: Die gesetzten Signale sollen zu einer Ranking-Verschlechterung führen. Solche Techniken werden vereinzelt eingesetzt, um Wettbewerbern zu schaden.

Für Suchmaschinen ist es erfahrungsgemäß schwer, herauszufinden, ob ein Signal, beispielsweise ein Link, auf natürlichem oder unnatürlichem Weg entstanden ist. Unnatürlich bedeutet, vereinfacht gesagt, dass ein Link aufgrund einer Vergütung von einem Webmaster gesetzt wurde. Dieses Vorgehen widerspricht den Google-Richtlinien. Ein unnatürlicher Link kann auch von einem Wettbewerber initiiert werden.

Das Thema der negativen SEO beschränkt sich nicht nur auf Links, da die Diskussion des Themas aber zu weit weg von den Google Webmaster Tools führen würde, wird es hier nicht weiter vertieft.

Was tun, um unerwünschte Verlinkungen loszuwerden? Es ist möglich, dass sich auf die eigene Website verweisende Links nicht durch eine Kontaktaufnahme mit dem Webmaster der verweisenden Website entfernen lassen. So ist es denkbar, dass ein Link von einer nicht mehr gepflegten Website auf den eigenen Webauftritt verweist und das Ranking der eigenen Domain negativ beeinflusst. Für solche und andere Zwecke hat Google das *Disavow Tool* geschaffen. Damit ist es möglich, sich von eingehenden Links zu distanzieren, diese also von Suchmaschinen nicht als Empfehlung werten zu lassen.

Das Tool ist zwar Teil der Google Webmaster Tools, allerdings wird es nicht innerhalb des Interface verlinkt. Sie erreichen es unter der Adresse *www.google.com/webmasters/tools/disavow-links-main*.

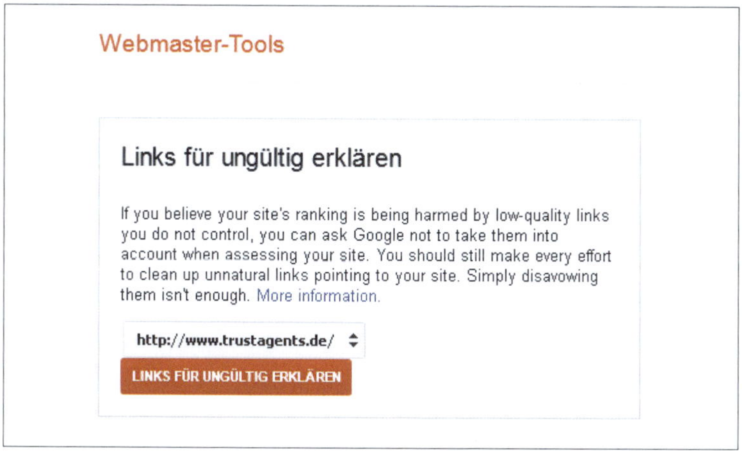

Abbildung 9-1
Das Disavow Tool ist nicht innerhalb der Google Webmaster Tools verlinkt.

Der Grund dafür, dass es innerhalb der Webmaster-Tools nicht verlinkt ist, liegt vor allem darin, dass Google Webmaster vor unbedarfter Verwendung des Tools schützen möchte. Denn ein Webmaster könnte über das Tool unnötig Verlinkungen entwerten, was einen Ranking-Verlust zur Folge haben kann.

Sie sollten sich vor der Benutzung des Tools sehr sicher sein, dass Sie negative Links melden. Das Tool wird in der Regel bei einer Bereinigung des Backlink-Profils verwendet, entweder als Präventivmaßnahme oder als Aktion aufgrund einer Ranking-Verschlechterung.

Die Schritte zur Bereinigung des Backlink-Profils sind:

1. Übersicht über das Backlink-Profil erstellen.
2. Unnatürliche Links identifizieren.
3. Möglichst viele unnatürliche Links abbauen lassen.
4. Nicht abbaubare Links über das Disavow Tool entwerten.

Links für ungültig erklären

Besonders dann, wenn Sie von einer manuellen Maßnahme aufgrund unnatürlicher eingehender Links betroffen sind, ist die Verwendung des Disavow Tools anzuraten. Nachdem Sie sich einen umfassenden Überblick über das Backlink-Profil Ihrer Website verschafft und unnatürliche Links identifiziert haben, sollten Sie versuchen, möglichst viele dieser Links entfernen zu lassen. Erfahrungsgemäß bleiben allerdings wie oben beschrieben einige potenziell schlechte Links übrig, die nicht entfernt werden können, beispielsweise weil kein Kontakt zum Webmaster hergestellt werden kann. In diesem Fall können diese Verlinkungen über das Disavow Tool gemeldet werden.

Um Links zu entwerten, müssen Sie diese über ein TXT-Dokument an Google übermitteln. Mithilfe dieses Dokuments können Sie durch die Nennung von einzelnen URLs entweder die von diesen URLs auf Ihre Website verweisenden Links entwerten oder durch die Verwendung des domain:Operator gleich alle von dieser Domain kommenden Verlinkungen entfernen.

Bei der Erstellung des Dokuments ist zu beachten, dass pro Zeile nur ein Eintrag angegeben werden kann. Wenn Sie einen Kommentar in das Dokument einfügen möchten, müssen Sie diesen mit einer Raute am Zeilenanfang kennzeichnen. Zudem sollten Sie die Datei mit der Kodierung UTF-8 abspeichern. Andernfalls kann es zu Problemen im Hochladeprozess kommen.

Tipp

Wenn Sie nicht davon ausgehen, dass Sie von einer bestimmten Domain in Zukunft eine natürliche Verlinkung erhalten werden, sollten Sie anstelle von URLs gleich den Domain:Operator verwenden.

Dadurch stellen Sie sicher, dass alle von dieser Domain auf Sie verweisenden Verlinkungen entwertet werden. Häufig kommt es vor, dass ein Link unter verschiedenen URLs zu erreichen ist. Dies ist beispielsweise dann der Fall, wenn der Link in einem Artikel und zusätzlich auf einer Übersichtsseite erscheint.

Ein Dokument zur Übermittlung an Google könnte zum Beispiel so aussehen:

```
# Inhaber von spamdomain1.com am 01.07.2013 kontaktiert
# Anfrage zur Linkentfernung, aber keine Antwort erhalten
domain:spamdomain1.com
# Inhaber von spamdomain2.com hat die Links bis auf folgende entfernt:
http://www.spamdomain2.com/inhaltA.html
http://www.spamdomain2.com/inhaltB.html
http://www.spamdomain2.com/inhaltC.html
```

Sobald Sie die Vorbereitung des Dokuments abgeschlossen und dieses als TXT-Dokument abgespeichert haben, können Sie mit dem Entwertungsprozess beginnen. Wählen Sie dazu zuerst auf *www.google.com/webmasters/tools/disavow-links-main* Ihre Domain aus.

Wenn Sie in der Vergangenheit bereits eine Disavow-Datei hochgeladen haben, sollten Sie beachten, dass Sie durch jedes weitere Hochladen die bisherige Datei überschreiben. Mit anderen Worten: Es ist immer nur möglich, eine Disavow-Datei pro Domain zu übertragen. Diese Datei sollte alle Verlinkungen enthalten, von denen Sie sich distanzieren möchten – also sowohl bereits hochgeladene Links eines vorherigen Disavow als auch alle neu identifizierten Verweise. Wenn eine vormals über das Tool gemeldete Verlinkung nicht mehr enthalten ist, wird diese wieder ganz normal von Google gewertet.

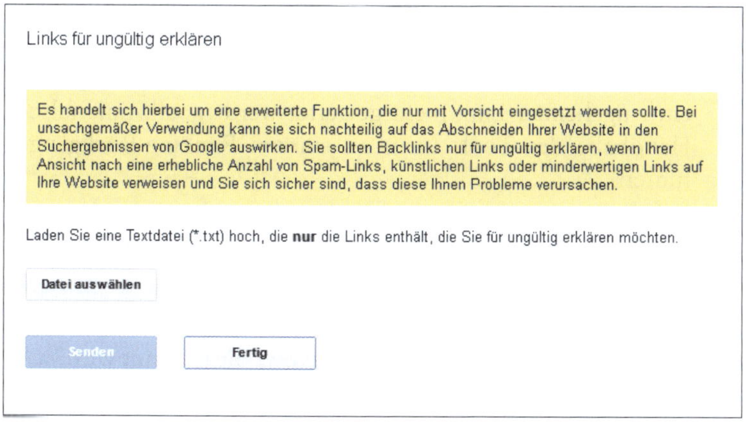

Abbildung 9-2
Eine bereits vorhandene Disavow-Datei wird in diesem Dialog angezeigt.

Im in Abbildung 9-2 gezeigten Fenster können Sie die eventuell früher hochgeladene Disavow-Datei herunterladen oder löschen. Zudem wird in diesem Fenster der Hochladeprozess gestartet.

Wie Google an mehreren Stellen eigens betont, ist das Tool nur für Experten geeignet! Wenn von Google als »gut« eingestufte Verlinkungen entwertet werden, hat dies einen negativen Einfluss auf das Ranking Ihrer Website – zusätzlich zu dem negativen Einfluss der möglicherweise bestehenden qualitativ schlechten Verlinkungen.

Zur Wertung der über das Disavow Tool übermittelten Links für die verlinkte Website sagt Google selbst, das die Angabe des Webmasters als »starker Hinweis« gewertet wird. Es ist folglich möglich, dass Google dieser Einschätzung nicht nachkommt und einzelne übermittelte Links wie gewohnt wertet.

Zusammenfassung des Kapitels

- Das Disavow Tool ist nicht im Google Webmaster Tools-Interface verlinkt, ist aber Teil der Webmaster-Tools. Nur für bestätigte Domains kann das Tool verwendet werden. Sie müssen dazu Website-Inhaber sein oder benötigen uneingeschränkten Zugriff.

- Über das Tool können Sie sich von eingehenden Links distanzieren, wenn Sie der Ansicht sind, dass diese Links Ihrem Ranking in der Google-Suche schaden.
- Neben einzelnen URLs kann über den domain:Operator jede auf die eigene Website verweisende Verlinkung einer bestimmten Domain entwertet werden.
- Google wertet die Nennung eines Links oder einer Domain im Disavow Tool als starken Hinweis des Webmasters.
- Verwenden Sie das Tool nur, wenn Sie sich sicher sind, dass ein eingehender Link nicht gewertet werden soll. Eine falsche Handhabe des Tools kann zu starken Ranking-Rückgängen führen.
- Es ist immer nur möglich, eine Disavow-Datei hochzuladen. Sie müssen sicherstellen, dass in der aktuellsten Datei immer alle Links enthalten sind, von denen Sie sich distanzieren möchten.
- Wenn ein Link nicht mehr im Disavow-File genannt wird, wird dieser wieder ganz normal von Google gewertet.

Google Webmaster Tools verknüpfen

10

Sie haben die Möglichkeit, die Google Webmaster Tools mit anderen Google-Programmen zu verknüpfen. Die Verknüpfung führt dazu, dass die Daten der Google Webmaster Tools in anderen von Ihnen genutzten Google-Produkten zur Verfügung stehen. Aktuell ist eine Verknüpfung der Webmaster-Tools mit Google Analytics und Google AdWords möglich.

Verknüpfung mit Google Analytics

Sowohl Google Webmaster Tools als auch Google Analytics stellen Informationen zu Suchanfragen bereit, zu denen eine Website gefunden wurde. Dennoch sind die beiden Tools in ihrer grundsätzlichen Ausrichtung unterschiedlich. Vereinfacht gesagt, beginnt die Datenerhebung von Google Analytics dort, wo sie mit den Google Webmaster Tools endet.

Während die Webmaster-Tools zu allem, was innerhalb der Google-Websuche passiert, Daten bereitstellt, beginnt die Datenerhebung von Analytics nach dem Einstieg des Nutzers in die Website. Im Suchanfragenbericht der Webmaster-Tools erhalten Sie, wie in Kapitel 4 vorgestellt, Informationen über Impressionen, Klicks, die Zielseite und die durchschnittliche Position. In Google Analytics sehen Sie unter Umständen die Suchanfrage des Nutzers und auf jeden Fall die Einstiegsseite über Google, darüber hinaus Informationen über die Besuchsdauer und gegebenenfalls weitere Aktionen, die ein Benutzer auf der Website durchgeführt hat.

Seitdem Google damit begonnen hat, immer weniger Suchbegriffe an Webanalysesoftware zu übertragen (bekannt unter »not provided«), sind die Google Webmaster Tools die Primärquelle für Suchanfragendaten geworden, zu denen eine Website in der Google-Suche Klicks generiert hat.

Durch eine Verknüpfung der beiden Google-Tools ist es möglich, den Suchanfragenbericht der Webmaster-Tools in Google Analytics anzeigen zu lassen. Zusätzlich sehen Sie nach einer Verknüpfung innerhalb von *Links zu Ihrer Website* eine Verlinkung auf den Verweisbericht in Google Analytics.

Abbildung 10-1 ▲
Durch die Verknüpfung von Analytics und Webmaster-Tools erscheint unter anderem bei Links zu Ihrer Website ein Verweis auf Analytics.

Um Daten von den Webmaster-Tools an Analytics zu übergeben, muss eine Datenfreigabe zwischen den beiden Tools eingerichtet werden. Dazu ist es notwendig, dass Sie Website-Inhaber der Domain und zugleich Administrator des Analytics-Profils sind, in das Sie die Daten importieren möchten.

Am schnellsten können Sie die Datenfreigabe einrichten, wenn Sie in Google Analytics den Menüpunkt *Suchmaschinenoptimierung* aufrufen. Diesen Punkt finden Sie unter *Akquisition*. Auf der erscheinenden Seite ist ein Link hinterlegt, der Sie in die sogenannten *Property-Einstellungen* von Google Analytics bringt. Wurde noch keine Verknüpfung eingerichtet, sehen Sie neben dem Link *Bearbeiten* das Wort *none* (s. Abbildung 10-2).

Klicken Sie hier auf den Link *Bearbeiten*. Dieser Link führt Sie zum Punkt *Google Analytics Property* in den Google Webmaster Tools. Auf dieser Seite sehen Sie, wie in Kapitel 7 beschrieben, alle in Ihrem Konto bestätigten Hostnamen oder Ordner.

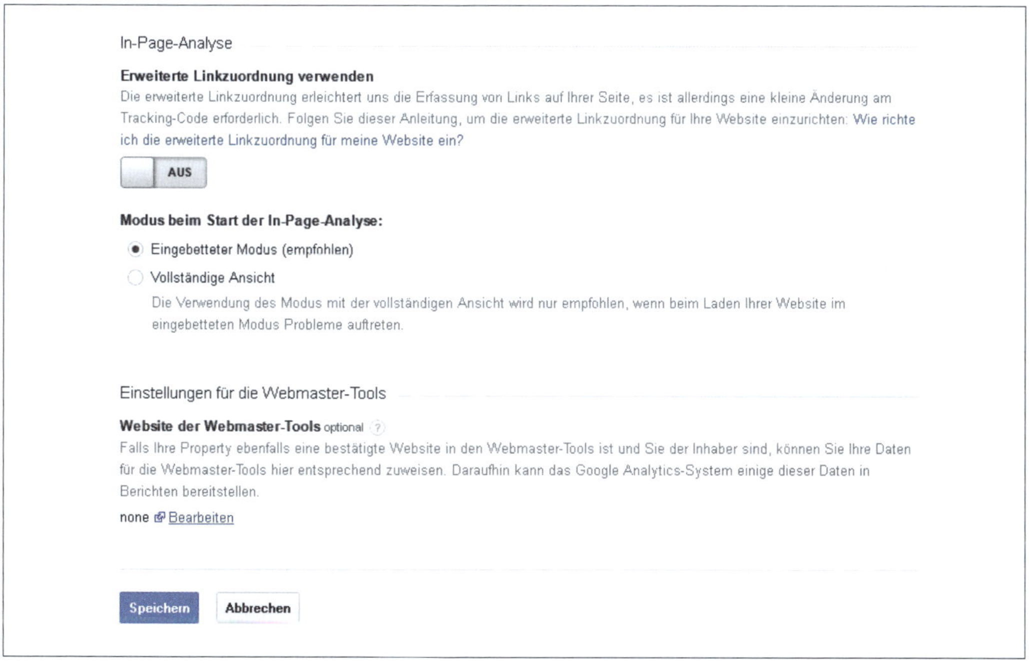

In dieser Liste müssen Sie durch die Auswahl der Checkbox die Domain markieren, für die eine Verknüpfung eingerichtet werden soll. Nachdem Sie Ihre Auswahl bestätigt haben, werden Sie zurück zu Google Analytics geleitet.

▲ **Abbildung 10-2**
Solange keine Verknüpfung zwischen Analytics und Webmaster-Tools besteht, sehen Sie in Analytics das Wort »none«.

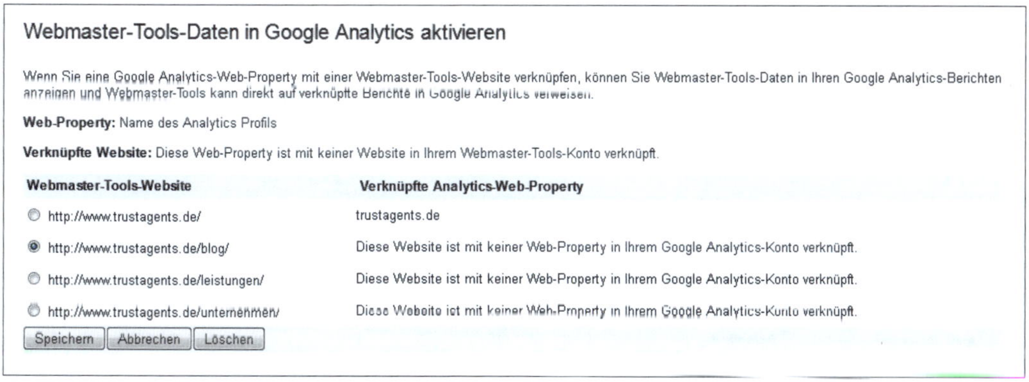

Das Wort *none* sollte nun durch den Namen der von Ihnen gewählten Website ausgetauscht worden sein.

▲ **Abbildung 10-3**
Auf dieser Seite wählen Sie aus, mit welcher bestätigten Website die Verknüpfung durchgeführt werden soll.

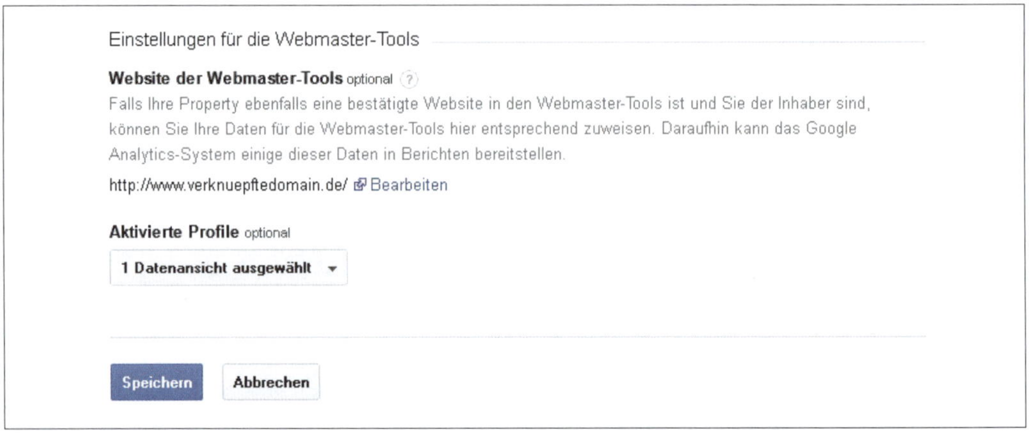

Abbildung 10-4▲ Im Drop-down-Menü können Sie das Analytics-Profil auswählen, in das die Webmaster-Tools-Daten integriert werden sollen.

Im neu erscheinenden Drop-down-Menü müssen Sie noch das Analytics-Profil auswählen, unter dem die Webmaster-Tools-Daten in Analytics angezeigt werden sollen. Durch einen finalen Klick auf *Anwenden* ist die Verknüpfung von Analytics und Webmaster-Tools abgeschlossen.

Unter dem im Menü *Akquise* zu findenden Punkt *Suchmaschinenoptimierung* wird nun der Suchanfragenbericht angezeigt. Die Verknüpfung erweitert übrigens nicht den Datenzeitraum. Auch in Analytics lassen sich demnach nur die Daten der letzten 90 Tage analysieren. Interessant ist die Verknüpfung vor allem deshalb, weil Sie in Analytics die Darstellung der Daten feiner beeinflussen können.

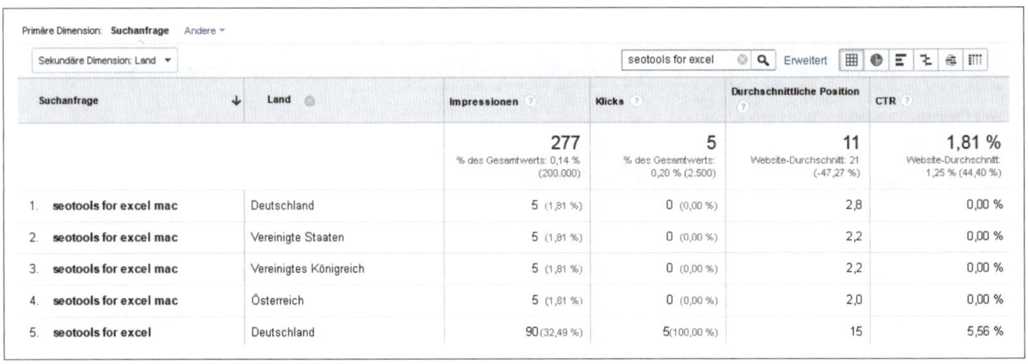

Abbildung 10-5▲ Google Analytics erlaubt es, dem Bericht zusätzliche Dimensionen hinzuzufügen.

Interessanterweise sind die in Google Analytics angezeigten Daten zum gegenwärtigen Zeitpunkt weiterhin gerundet, während dieselben Suchanfragen in den Google Webmaster Tools exakte Werte anzeigen. Erst seit Anfang 2014 weist Google Suchanfragen mit exakte(re)n Suchvolumina aus.

Übrigens: Sie können die Verknüpfung zwischen Webmaster-Tools und Analytics auch starten, indem Sie nach Auswahl einer Domain innerhalb der Konfiguration auf *Google Analytics Property* klicken und dort eines der Google Analytics-Profile auswählen, auf das Sie Administratorzugriff haben.

Verknüpfung mit Google AdWords

Neben einer Verknüpfung mit Google Analytics kann auch ein Datenaustausch zwischen Google AdWords und Webmaster-Tools hergestellt werden. Google AdWords ist das Programm, über das bezahlte Anzeigen innerhalb der Google-Suche und dem Google-Suchnetzwerk gebucht werden können. Zudem können Sie über Google AdWords Anzeigen innerhalb von Google AdSense aufsetzen.

Seit August 2013 besteht bereits die Möglichkeit zum Datenaustausch zwischen AdWords und Webmaster-Tools. Durch die Verknüpfung sehen Sie innerhalb von AdWords, zu welchen Suchbegriffen Sie entweder in der unbezahlten sowie der bezahlten Suche angezeigt werden oder nur in einem der beiden Bereiche.

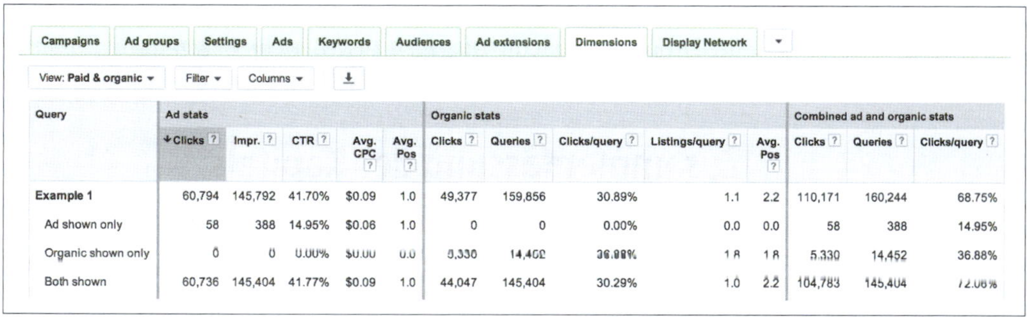

Query	Ad stats					Organic stats					Combined ad and organic stats		
	Clicks	Impr.	CTR	Avg. CPC	Avg. Pos	Clicks	Queries	Clicks/query	Listings/query	Avg. Pos	Clicks	Queries	Clicks/query
Example 1	60,794	145,792	41.70%	$0.09	1.0	49,377	159,856	30.89%	1.1	2.2	110,171	160,244	68.75%
Ad shown only	58	388	14.95%	$0.06	1.0	0	0	0.00%	0.0	0.0	58	388	14.95%
Organic shown only	0	0	0.00%	$0.00	0.0	5,330	14,452	36.88%	1.8	1.8	5,330	14,452	36.88%
Both shown	60,736	145,404	41.77%	$0.09	1.0	44,047	145,404	30.29%	1.0	2.2	104,783	145,404	72.06%

▲ **Abbildung 10-6**
Durch die Verknüpfung von AdWords und Webmaster-Tools sehen Sie, für welche Begriffe Sie in beiden oder nur einem der beiden Bereiche gefunden werden.

Die Verknüpfung hilft Ihnen dabei, weitere Keywords zu identifizieren, die entweder für AdWords oder Ihre Suchmaschinenoptimierung relevant sind.

Um die beiden Programme miteinander zu verknüpfen, müssen Sie sowohl Administrator des Google AdWords-Kontos sein als auch über Website-Inhaber-Rechte in den Google Webmaster Tools verfügen. Wenn Sie nur erstere Rechte besitzen, können Sie Website-Inhabern eine Autorisierungsanfrage zur Freigabe der Webmaster-Tools-Daten zusenden.

Um die Datenfreigabe einzurichten, wechseln Sie in Ihrem AdWords-Konto über das Zahnrad im rechten oberen Bereich zu den Kontoeinstellungen. Wählen Sie dort den Menüpunkt *Verknüpfte Konten* und anschließend den Unterpunkt *Webmaster-Tools* aus.

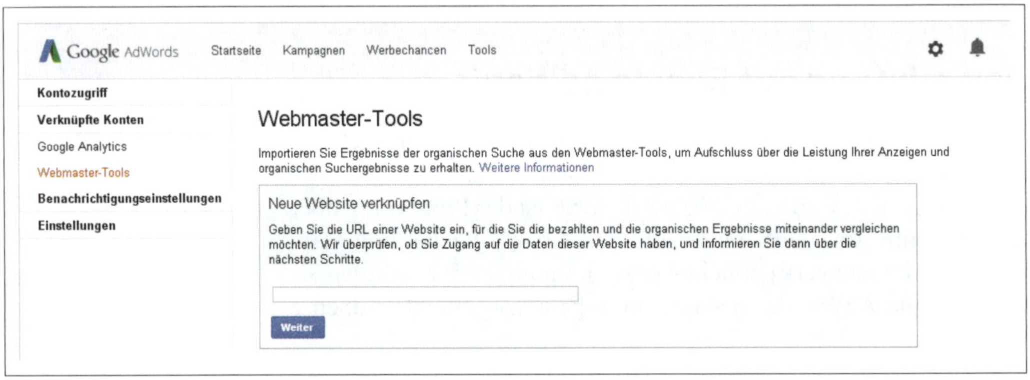

Abbildung 10-7 ▲
Durch Eingabe des zu verknüpfenden Domainnamens starten Sie den Freigabeprozess.

Wenn Sie nicht über Website-Inhaber-Zugriff auf die zu verknüpfende Domain in den Webmaster-Tools verfügen, können Sie im zweiten Schritt die Datenfreigabe anfordern.

Nach erfolgreichem Abschluss der Verknüpfung finden Sie den neuen Bericht in Google AdWords unter *Dimensionen*. Wählen Sie im Drop-down-Menü *Anzeigen* den Bericht *Bezahlte und organische Suche* aus.

Zusammenfassung des Kapitels

- Die Google Webmaster Tools können Sie wahlweise mit Google Analytics oder Google AdWords verknüpfen. Dadurch werden die Webmaster-Tools-Daten in diese Google-Produkte integriert.
- Wenn Sie Google Webmaster Tools und Google Analytics verknüpfen, werden die Suchanfragendaten in Google Analytics unter *Suchmaschinenoptimierung* angezeigt. Auf die Datenverfügbarkeit hat das keinen Einfluss. Diese ist weiterhin auf 90 Tage begrenzt.
- Durch die Verknüpfung mit Google AdWords erfahren Sie, zu wie vielen Suchanfragen Sie entweder nur in der bezahlten oder nur in der unbezahlten Suche zu finden sind – und zusätzlich, zu welchen Suchanfragen Sie in beiden Bereichen der Google-Suche gefunden werden.

Google Webmaster Tools-API

11

Über das mit API abgekürzte »Application Programming Interface« können Sie auf einem alternativen Weg Daten der Google Webmaster Tools herunterladen.

Im vorgestellten Webmaster-Tools-Webinterface stehen Ihnen für manche Funktionen, beispielsweise unter *Suchanfragen* oder *Links zu Ihrer Website*, Möglichkeiten zur Verfügung, die angezeigten Daten im CSV-Dateiformat herunterzuladen oder sie alternativ in Google Docs darzustellen. Damit der Download gestartet wird, muss der Impuls immer von einem bestätigen Nutzer ausgehen.

Für Nutzer mit Programmierkenntnissen, die zudem an einem regelmäßigen und vor allem einer automatisierten Abfrage der Daten interessiert sind, stellt die *Webmaster-Tools-API* eine gute Alternative dar. Allerdings ist der Zugriff auf die eigenen Daten mit technischem Verständnis und Konfigurationsarbeit verbunden.

Sie erinnern sich wahrscheinlich daran, dass im Bereich der Crawling-Fehler der Download einige Daten vermissen lässt. Dieser ist zum einen auf bis zu 1.000 Crawling-Fehler pro Kategorie begrenzt und enthält zum anderen leider nur die fehlerhafte URL – Informationen darüber, von wo aus die URL angelinkt wird, fehlen leider vollständig im Export. Diese Einschränkungen lassen sich über die Webmaster-Tools-API umgehen.

Aktuell erlaubt es Google, über die API folgende Daten herunterzuladen:

Site data
: Liste der bestätigten Domains im eigenen Google Webmaster Tools-Konto.

Keyword data
: Das ist nicht der Suchanfragenbericht, das sind die Daten, die unter *Content-Keywords* angezeigt werden. Sie sehen also die Begriffe, die Google besonders häufig auf Ihrer Website gefunden hat.

Sitemaps feed
: Übersicht über alle eingereichten Sitemaps der Domains, die im Google-Konto als bestätigt vorliegen.

Messages feed
: Über diesen Datenfeed erhalten Sie alle Nachrichten, die Google über die Benachrichtigungsfunktion an Ihr Konto versendet hat.

Crawl feed
: Im *Crawl feed* sind alle gefundenen Crawling-Fehler samt den bekannten eingehenden Verlinkungen auf die fehlerhafte URL enthalten.

Zusätzlich zur Abfrage von Daten können auch Konfigurationen an der Website über die API übermittelt werden. Damit Google versteht, auf welche Konfiguration sich eine übermittelte Information bezieht, wird *wt:* mit dem definierten Bezeichner an Google übermittelt.

wt:crawl-rate
: Über diese Konfiguration kann die Crawl-Rate eingestellt werden. Google erlaubt die Werte *normal*, *slower* und *faster*.

wt:geolocation
: Über die Angabe des ISO-Länderkürzels kann bei der Verwendung von generischen Top-Level-Domains (z.B. *.com* oder *.net*) das geografische Ziel festgelegt werden.

wt:preferred-domain
: Wenn Ihre Website mit und ohne vorangestellte www.-Subdomain erreichbar ist, können Sie durch die Angabe *wt:preferred-domain* Google mitteilen, welche der beiden Varianten Google in der Websuche darstellen soll. Als Werte sind die Angaben *none*, *prefernonwww* und *preferwww* erlaubt.

wt:verification-method
: Listet auf, über welche Methode die Inhaberschaft der einzelnen bestätigten Websites bestätigt wurde.

Die vollständige Liste aller Funktionen sowie eine Dokumentation der API finden Sie unter *https://developers.google.com/webmaster-tools/*. Leider ist Dokumentation nicht sonderlich gepflegt und aktuell.

Daten über Python herunterladen

Im Dezember 2011 hat Google ein kostenloses Skript für die Programmiersprache Python veröffentlicht, über das der Suchanfragenbericht heruntergeladen werden kann. Die englischsprachige Dokumentation sowie das Skript finden Sie unter *http://googlewebmastercentral.blogspot.de/2011/12/download-search-queries-data-using.html*.

Daten über PHP herunterladen

Wesentlich umfangreichere Möglichkeiten, um Daten der Google Webmaster Tools zu exportieren, bietet ein fertiges und kostenloses PHP-Skript, das unter *https://github.com/eyecatchup/php-webmaster-tools-downloads* zum Download zur Verfügung steht.

In der aktuellen Version erlaubt das Tool, die folgenden Informationen herunterzuladen:

- Suchanfragen: Top-Suchanfragen
- Suchanfragen: Top-Seiten
- Crawling-Fehler
- Content-Keywords
- Aktuelle Links
- Interne Verlinkung

Die Daten werden dabei im CSV-Dateiformat heruntergeladen. Der Programmierer dieser Skripte bietet zudem ein Skript an, über das der Indexierungsstatus automatisch abgefragt werden kann. Die Daten stehen unter *https://github.com/eyecatchup/GWT_IndexStatus-php* zum Download bereit.

Als weitere Möglichkeit steht ein Skript zur Verfügung, über das nur die Crawling-Fehler bezogen werden können. Dieses finden Sie unter *https://github.com/eyecatchup/GWT_CrawlErrors-php*.

Zusammenfassung des Kapitels

- Über die *Google Webmaster Tools-API* können Sie beispielsweise Beschränkungen bei der Anzahl der im Download enthaltenen Crawling-Fehler umgehen.

  Eine technische Konfiguration der Website ist über die API möglich.
- Der Vorteil der Webmaster-Tools-API ist, dass Sie Daten automatisiert abfragen können. Normalerweise müssen Sie die Daten über einen Klick auf die Download-Optionen im Webmaster-Tools-Interface herunterladen.
- Google stellt ein Python-Skript bereit, über das der Suchanfragenbericht heruntergeladen werden kann.
- Dank eines frei verfügbaren PHP-Skripts ist es möglich, weitaus mehr Daten automatisch herunterzuladen, als dies über das von Google angebotene Python-Skript möglich ist.
- Die API-Dokumentation ist leider nicht wirklich gut. Häufig führt Sie eine Webrecherche zur gesuchten Lösung.

Bing Webmaster Tools

12

Google und Bing verfolgen dasselbe Ziel: Inhalte zu analysieren, auszuwerten und Nutzern zu der jeweiligen Suchanfrage die Ergebnisse zu präsentieren, die ihre Anfrage wahrscheinlich am besten beantworten.

Um das zu erreichen, werden Webdokumente automatisch analysiert, und aus diesen Dokumenten werden Signale gewonnen. Natürlich verlässt sich auch Bing nicht nur auf Signale, die aus einem einzelnen Dokument (»Onpage«) gewonnen werden, sondern auch externe Signale (»Offpage«) spielen eine Rolle.

Zwar ist der Marktanteil der Suchmaschine von Microsoft in Deutschland überschaubar (gemeinhin wird ein Anteil von 4 bis 5 % angenommen), doch ihre Funktionsweise ähnelt der des Branchenprimus Google. Aus diesem Grund ist es spannend, auch einen Blick in die *Bing Webmaster Tools* zu werfen. Denn diese bieten Funktionen, die es in dieser Form bisher nicht in den Google Webmaster Tools gibt, die Ihnen jedoch helfen können, auch von Google besser gefunden zu werden.

Bing Webmaster Tools einrichten

Bing stellt die eigenen Webmastertools ebenso wie Google komplett kostenlos zur Verfügung. Alles was Sie zum Zugriff auf die Tools benötigen, ist ein Microsoft-Konto. Analog zu Google bietet auch Microsoft eine Reihe von Produkten an. Eventuell nutzen Sie bereits Angebote wie das Onlinemailprogramm Outlook.com oder die Spieleplattform Xbox Live und verfügen somit über ein Microsoft-Konto.

Unter der Adresse *www.bing.com/toolbox/webmaster* können Sie sich in ein bestehendes Microsoft-Konto einloggen oder ein neues anlegen. Nach dem Einloggen können Sie direkt mit der Bestätigung Ihrer Website beginnen.

Bevor Sie Ihre persönliche Bestätigungsdatei erhalten, können Sie, wie in Abbildung 12-1 zu sehen, direkt die Adresse Ihrer möglicherweise vorhandenen Sitemap übermitteln. Zusätzlich fragt Bing Sie, zu welcher Tageszeit mit besonders hohen Zugriffszahlen durch Besucher zu rechnen ist. Das hat den Hintergrund, dass Bing versucht, in diesem Zeitraum möglichst wenig Last zu erzeugen. Diese Einstellung ermöglicht Ihnen, Bing anzuweisen, beispielsweise in der Nacht häufiger zu crawlen als am Tag. Diese Einstellung können Sie natürlich zu einem späteren Zeitpunkt ändern.

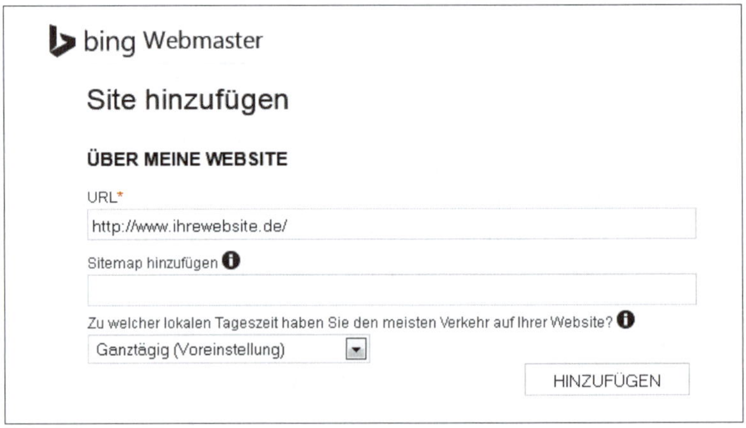

Abbildung 12-1 ▶ Im Bestätigungsprozess können Sie direkt eine Sitemap übertragen und angeben, zu welcher Tageszeit Sie die meisten Zugriffe verzeichnen.

In Bing Webmaster Tools können Sie Ihre Website auf drei verschiedenen Wegen bestätigen:

- Hochladen einer Bestätigungsdatei.
- Einfügen eines Bestätigungsschlüssels auf die Startseite.
- Eintrag des Bestätigungsschlüssels in den DNS-Eintrag Ihrer Website.

Alle diese Varianten bietet Google in ähnlicher Form an. Am einfachsten ist es, die von Bing bereitgestellte Datei im XML-Format auf den Webserver zu übertragen. Diese hat immer den Namen *BingSiteAuth.xml* – das macht es schwierig, mehrere Konten über eigene Schlüssel zu verifizieren. Selbstverständlich bietet Bing die Möglichkeit, von einem Website-Inhaber zur gemeinsamen Nutzung der Bing Webmaster Tools eingeladen zu werden.

Nachdem Sie Ihre Website über eine der Methoden bestätigt haben, gelangen Sie auf das sogenannte Dashboard.

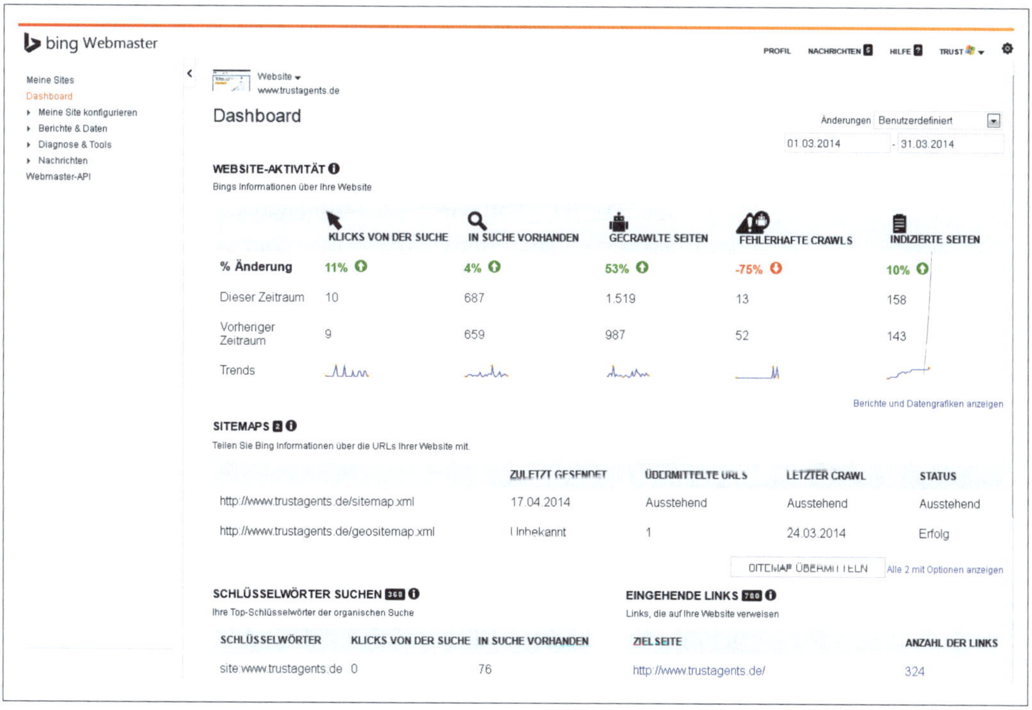

Auf dem Dashboard sehen Sie unter anderem:

- *Klicks von der Suche* (Google: *Klicks*)
- *In Suche vorhanden* (Google: *Impressionen*)
- *Gecrawlte Seiten* (Google: *Crawling Statistiken*)
- *Fehlerhafte Crawls* (Google: *Crawling-Fehler*)
- *Indizierte Seiten* (Google: *Indexierungsstatus*)

▲ **Abbildung 12-2**
Das Dashboard zeigt Ihnen wichtige Kennzahlen der Domain an.

Im unteren Bereich sind einzelne Suchanfragen (*Schlüsselwörter*) zu finden, und Bing zeigt Ihnen die URLs Ihrer Website an, die über die meisten eingehenden Links verfügen. Diese Daten basieren auf externen Links.

Hinter einigen der Funktionen ist in einem grauen Kasten eine Zahl zu sehen. Diese sagt Ihnen, wie hoch die Gesamtzahl an zum Beispiel eingehenden Links ist.

Über die Datumseingabe bestimmen Sie den Zeitraum, in dem die anzuzeigenden Daten liegen sollen. Sie können dabei jeden beliebigen Zeitraum innerhalb der letzten sechs Monate auswählen. (Zur Erinnerung: Google erlaubt nur, Daten innerhalb der letzten 90 Tage auszuwählen.) Änderungen berechnet Bing im Gegensatz zu Google nicht nur für Daten innerhalb der letzten vier Wochen, sondern sogar über die letzten drei Monate hinweg.

Veränderungen werden von Bing farblich hervorgehoben, Verschlechterungen in Rot und Verbesserungen in Grün. Auf den ersten Blick können rot dargestellte Zahlen unter *Fehlerhafte Crawls* verwirren. Denn im Fall von Crawling-Fehlern sind geringere Werte natürlich besser, eine Auszeichnung in grüner Farbe wäre also sinnvoller gewesen.

In der linken Spalte finden Sie die Hauptnavigation der Bing Webmaster Tools. Diese unterteilt sich in:

- *Meine Site konfigurieren*
- *Berichte & Daten*
- *Diagnose & Tools*
- *Nachrichten*

Anders als bei Google wird über das Zahnrad keine Konfiguration der Website beziehungsweise Ihres Webmastertools-Kontos durchgeführt. Durch einen Klick auf das Zahnrad können Sie vielmehr allgemeine Einstellungen innerhalb der Bing-Suche vornehmen. Benachrichtigungseinstellungen können Sie durch einen Klick auf *Profil* in der Leiste oben festlegen. Konfigurationen nehmen Sie hingegen über *Meine Site konfigurieren* vor.

Viele der unter den Hauptmenüpunkten in der linken Spalte zu findenden Funktionen sind in ähnlicher Form in den Google Webmaster Tools enthalten.

Ich werde mich vor allem auf die Funktionen konzentrieren, die die Daten und Funktionen der Google Webmaster Tools ergänzen und die für Ihre regelmäßige SEO-Arbeit relevant sind.

Index-Explorer

Der unter *Berichte & Daten* zu findende *Index-Explorer* kann für verschiedene Anwendungsfälle genutzt werden. Zum einen listet er Ihnen auf, wie viele URLs Bing innerhalb eines Verzeichnisses kennt und wie viele Links sich auf URLs dieses Verzeichnisses beziehen, zum anderen können Sie nach URLs suchen, die einen bestimmten HTTP-Statuscode verwenden.

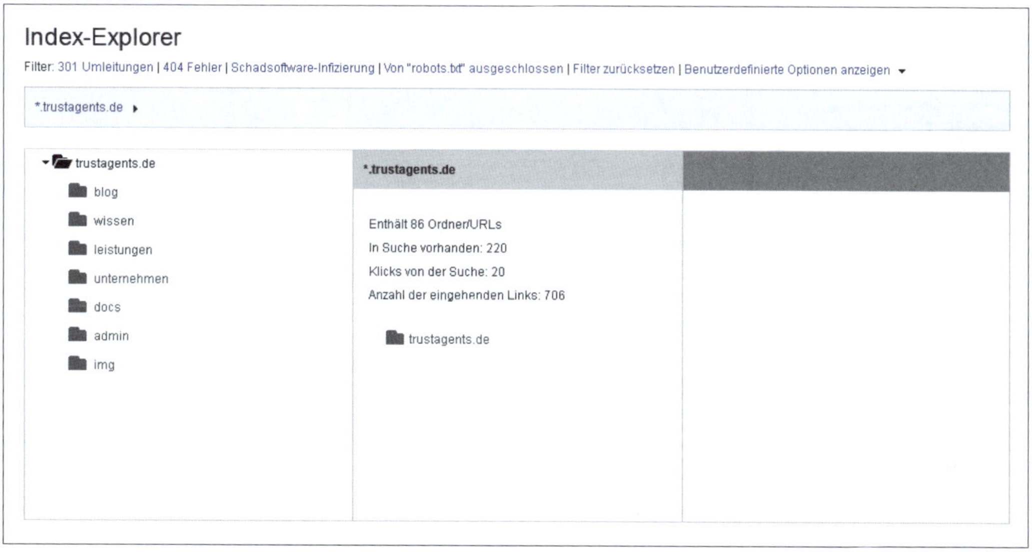

Jedes der im unteren Bereich angezeigten Verzeichnisse sowie jede einzelne URL können Sie anklicken. Dadurch erhalten Sie weitere Informationen über die getroffene Auswahl.

▲ **Abbildung 12-3**
Der Index-Explorer liefert Filtermöglichkeiten unter anderem Informationen zu HTTP-Statuscodes.

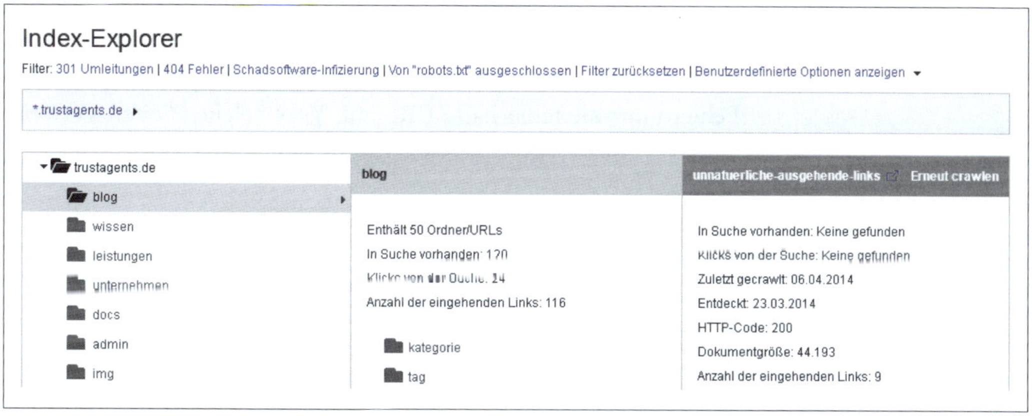

Wie in Abbildung 12-4 zu sehen ist, erhalten Sie für jede URL unter anderem das Datum des letzten Crawls durch Bingbot sowie das Datum, an dem Bing diese URL zum ersten Mal analysiert hat. Wenn dieses Datum zeitlich weit zurückliegt, weist Bing *Älter als 6 Monate* als Datum aus.

▲ **Abbildung 12-4**
Sie können einzelne URLs auswählen und diese gezielt analysieren.

Interessante Informationen können Sie über die Filter erhalten. Neben den Standardfiltern wie *301 Umleitungen*, *404 Fehler* und

Schadsoftware-Infizierung bieten die benutzerdefinierten Optionen noch weitere Auswahlmöglichkeiten.

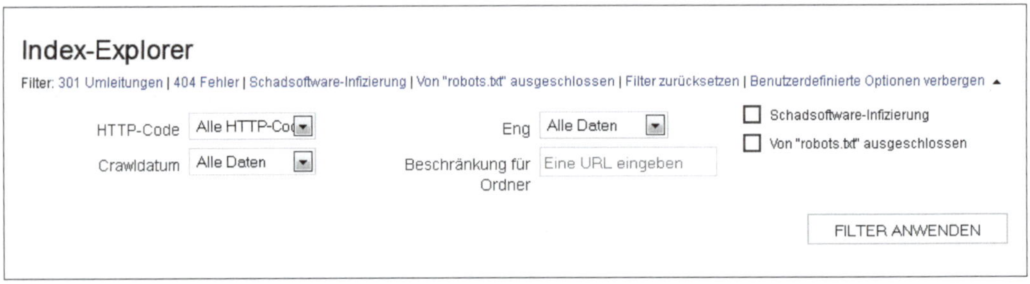

Abbildung 12-5▲
Weitere Filter werden durch einen Klick auf Benutzerdefinierte Optionen angezeigt.

Über den Filter *HTTP-Codes* können Sie sich beispielsweise nur die Bing bekannten URLs Ihrer Website anzeigen lassen, die den HTTP-Statuscode 302 verwenden. Dies ist eine sehr sinnvolle Filterung, mit der Sie einem häufig vorkommenden Fehler auf die Spur kommen können. Denn die 302-Weiterleitung sollten Sie nicht verwenden, wenn ein Inhalt dauerhaft verschoben wurde. Google und andere Suchmaschinen übertragen bei der Verwendung von 302-Weiterleitungen nicht im selben Umfang eingehende Signale von der alten auf die neue URL (also das Weiterleitungsziel), wie es der Fall sein würde, wenn eine 301-Weiterleitung zum Einsatz käme.

Leider listet Ihnen der Index-Explorer bei der Betrachtung von 404-Fehlern nur die fehlerhafte URL auf. Von welchen Seiten Verweise auf diese Adresse gesetzt sind, wird nicht angezeigt.

Eingehende Links

Auch für ein gutes Ranking in der Bing-Suche sind die eingehenden Links von externen Domains wichtig. Die Funktion ist bei Bing unter *Berichte & Daten* zu finden.

Während die Backlink-Daten der Google Webmaster Tools die Schwäche haben, dass sie Linkquelle, Ankertext sowie Linkziel nicht zusammen darstellen, geht Bing mit diesen Informationen komplett anders um. Im Datenexport erhalten Sie diese Informationen direkt nebeneinander, wodurch die Analyse der Daten wesentlich vereinfacht wird.

▲ **Abbildung 12-6**
Im Graphen wird das Linkwachstum der Website dargestellt.

Über die Datumseinstellung können Sie sich die Entwicklung der Anzahl eingehender Links der letzten sechs Monate anzeigen lassen. Während über *Exportieren* nur die Zielseite sowie die Anzahl der auf die Adresse verweisenden Links angezeigt werden, erhalten Sie über *Alle exportieren* sowohl Linkquelle als auch Linkziel und den verwendeten Ankertext.

Durch einen Klick auf die Daten in der Tabelle werden die Linkquelle sowie der Ankertext angezeigt. Im erscheinenden Fenster ist ein Export der angezeigten Daten möglich.

Ein Wort an dieser Stelle zum Datenumfang: Über die Google Webmaster Tools erhalten Sie erfahrungsgemäß wesentlich mehr einzelne Links als über Bing. Zudem verteilen sich diese auch über mehr Domains. Insgesamt betrachtet ist der Datenumfang der Google Webmaster Tools signifikant größer. Bing kann vor allem über die gemeinsame Anzeige von Ankertext, Linkquelle und Linkziel punkten.

Crawlinformationen

Abbildung 12-7 ▼
Bing informiert Sie unter Crawlinformationen über Probleme bei der Analyse Ihrer Website.

Ebenfalls unter *Berichte & Daten* ist der Punkt *Crawlinformationen* zu finden. Hier werden von Bing URLs aufgelistet, die nicht erreichbar, weitergeleitet oder durch die *robots.txt* blockiert waren, sowie URLs, zu denen keine Verbindung hergestellt werden konnte.

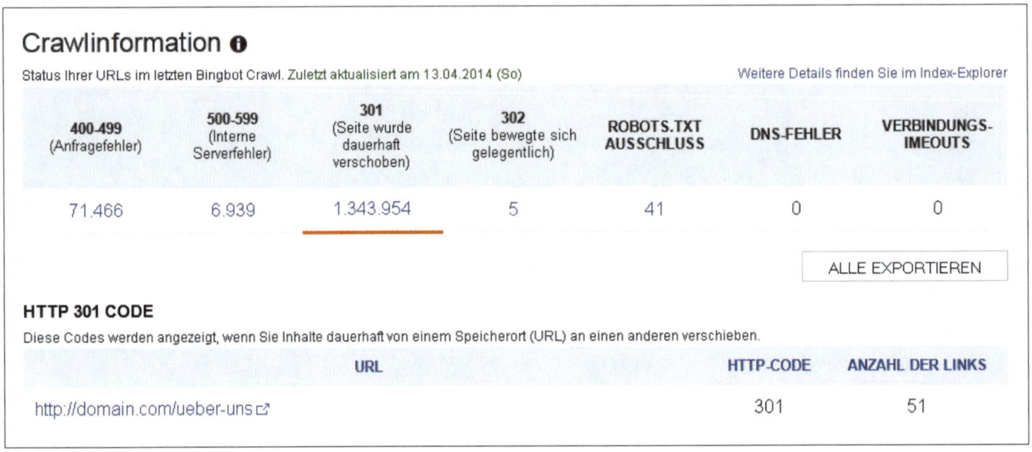

Auf dem Dashboard wird direkt angezeigt, wie viele eingehende Links eine hier aufgelistete Adresse hat. Auch an dieser Stelle werden eingehende Verlinkungen zu den einzelnen Adressen nicht angezeigt.

Die Daten können Ihnen zusätzlich zu denen aus den Google Webmaster Tools dabei helfen, fehlerhafte Adressen zu identifizieren und Gegenmaßnahmen zu ergreifen. Der große Vorteil der Bing Webmaster Tools ist, dass der Datenexport alle gelisteten Fehler enthält. Google erlaubt es lediglich, pro Kategorie 1.000 Fehler über den normalen Datenexport zu beziehen. Bedauerlicherweise sind auch bei Bing keine URLs enthalten, die sich auf eine fehlerhafte URL beziehen.

SEO-Berichte

Unter dem Menüpunkt *Berichte & Daten* finden Sie zudem die Funktion *SEO-Berichte*. Dankenswerterweise gibt Ihnen Bing über diese Funktion im Gegensatz zu Google konkrete Hinweise dazu, wie Sie Seiten Ihres Webauftritts verbessern können.

Alle zwei Wochen analysiert Bing automatisch die Website auf wichtige Onpage-Faktoren und listet im SEO-Bericht Verbesserungsvorschläge auf.

SEO-Berichte (Beta)

Ermitteln Sie, welche Bereiche Ihrer Website möglicherweise bearbeitet werden müssen, um den SEO-Best-Practices zu entsprechen.

SEO-VORSCHLÄGE	SCHWEREGRAD	FEHLERANZAHL	SEITEN
Der Titel im head-Bereich der Seite fehlt.	Hoch	21	21
Für das <img>-Tag wurde kein ALT-Attribut definiert.	Niedrig	280.373	22.109
Die Seite enthält mehrere Titel.	Hoch	4	2
Die geschätzte Größe des HTML-Codes ist größer als 125 KB und kann möglicherweise nicht vollständig zwischengespeichert werden.	Niedrig	38	38
Die Meta Language-Informationen für diese Seite fehlen.	Mittel	22.102	22.102
Der Titel ist zu kurz oder zu lang.	Hoch	252	252
Das <h1>-Tag fehlt.	Hoch	186	186
Es gibt mehrere <h1>-Tags auf der Seite.	Hoch	123	24
Im <head>-Bereich der Seite fehlt eine Beschreibung.	Hoch	101	101
Es wurden mehrere Beschreibungen auf der Seite gefunden.	Hoch	6	3
Die Beschreibung ist zu kurz oder zu lang.	Hoch	4.647	4.647

▲ **Abbildung 12-8**
SEO-Berichte hilft Ihnen dabei, Ihre Inhalte möglichst ideal auszuzeichnen.

Bing untersucht dabei die Seiten Ihres Webauftritts auf 15 bewährte SEO-Vorgehensweisen und zeigt Ihnen URLs an, die diesen Vorgehensweisen nicht entsprechen. Bei der Priorisierung der Verbesserungen hilft Ihnen der dreistufige Schweregrad. Dieser weist pro Vorschlag aus, ob dieser einen niedrigen, mittleren oder hohen Einfluss auf das Ranking Ihrer Website hat.

Zu den von Bing untersuchten Best Practices gehören:

- Der Titel im <head>-Bereich der Seite fehlt.
- Die Seite enthält mehrere Titel.
- Der Titel ist zu kurz oder zu lang.
- Das `<h1>`-Tag fehlt.
- Es gibt mehrere `<h1>`-Tags auf der Seite.
- Es wurden mehrere Beschreibungen auf der Seite gefunden.
- Die Beschreibung ist zu kurz oder zu lang.
- Die URL enthält mehr als drei Parameter.
- Die Beschreibung im <head>-Bereich der Seite fehlt.

- Die Meta Language-Informationen für diese Seite fehlen.
- Für das `<img>`-Tag wurde kein ALT-Attribut definiert.
- Die geschätzte Umfang des HTML-Codes ist größer als 125 KByte und kann möglicherweise nicht vollständig zwischengespeichert werden.

Durch einen Klick auf einen der Vorschläge werden sowohl eine Erklärung also auch eine empfohlene Aktion angezeigt.

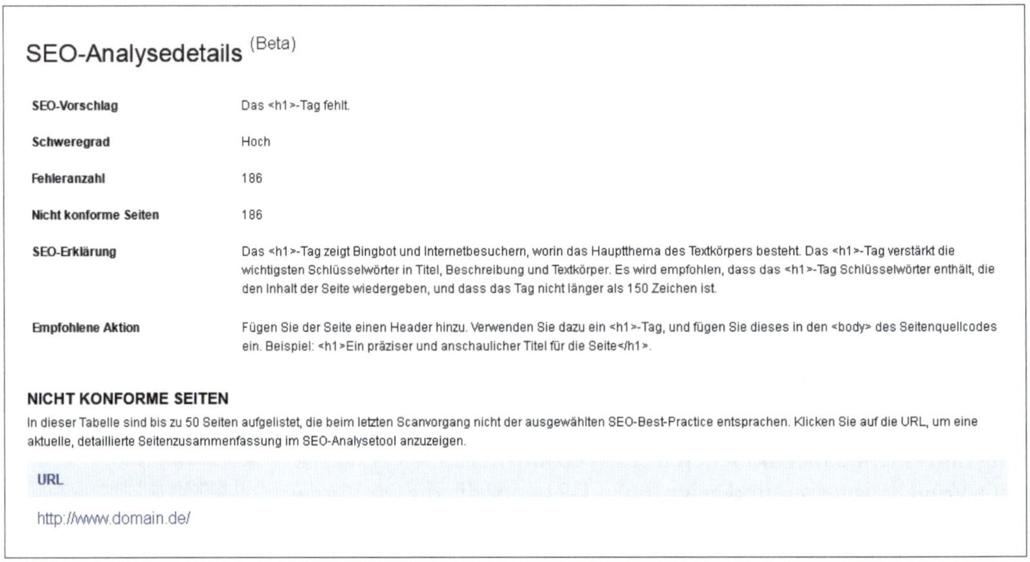

Abbildung 12-9▲
Durch die Auswahl eines Vorschlags erhalten Sie weitere Informationen.

Zusätzlich zur Erklärung werden URLs im unteren Bereich aufgelistet, die dem Vorschlag aktuell nicht entsprechen. Durch einen Klick auf eine der gelisteten URLs kommen Sie zum *SEO-Analysator*, einem weiteren Tool, das Ihnen bei der Onpage-Optimierung Ihrer Website behilflich ist.

SEO-Analysator

Zum *SEO-Analysator* gelangen Sie entweder über *Diagnose & Tools* oder indem Sie innerhalb des SEO-Berichts auf eine URL klicken. Dadurch wird diese an den SEO-Analysator übergeben.

Während die SEO-Berichtsfunktion automatisch Ihre Website untersucht, ist der SEO-Analysator für Ad-hoc-Analysen gedacht. Nach der Eingabe einer URL in den Analysator überprüft das Tool, inwieweit diese Adresse den von Bing überprüften SEO-Best-Practices entspricht.

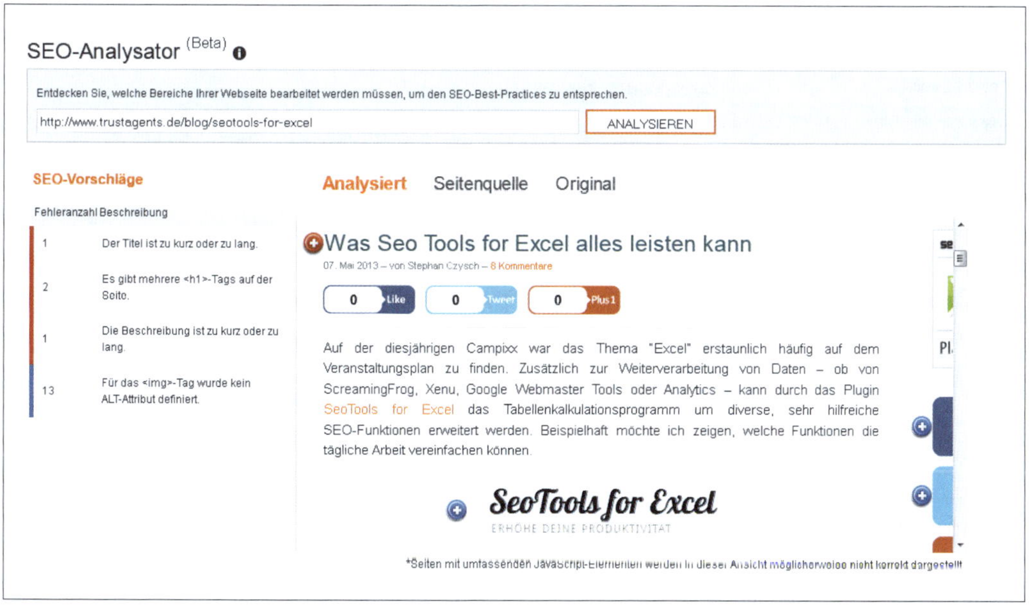

▲ **Abbildung 12-10**
Über den SEO-Analysator können Ad-hoc-Analysen von URLs durchgeführt werden.

Um Ihnen die Funktionsweise des SEO-Analysators zeigen zu können, habe ich eine URL absichtlich »deoptimiert«. Im Analysator sehen Sie zum einen die gefundenen Vorschläge und zum anderen in drei Tabs die Ansichten *Analysiert*, *Seitenquelle* und *Original*. Darunter wird entweder die Seite dargestellt oder der Seitenquelltext.

Im Fall der Beispielseite wurden folgende Verstöße beziehungsweise Verbesserungsvorschläge festgestellt:

- Der Titel ist zu kurz oder zu lang.
- Es gibt mehrere <h1>-Tags auf der Seite.
- Die Beschreibung ist zu kurz oder zu lang.
- Für das <img>-Tag wurde kein ALT-Attribut definiert.

Unter *Analysiert* zeigt Ihnen Bing genau an, an welcher Stelle Verbesserungspotenzial bei der Suchmaschinenoptimierung besteht (s. Abbildung 12-11).

Wenn Sie auf *Vergrößern* in der Fehlerbeschreibung klicken, wird Ihnen die von Bing empfohlene Aktion angezeigt.

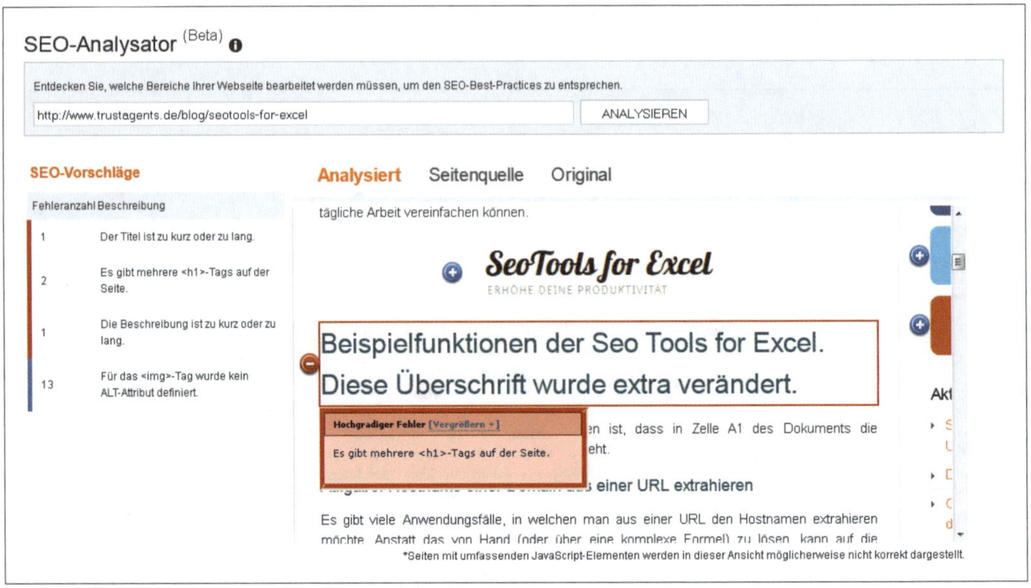

▲ Abbildung 12-11
Durch einen Klick auf das Pluszeichen erfahren Sie, welche Potenziale bisher nicht genutzt werden.

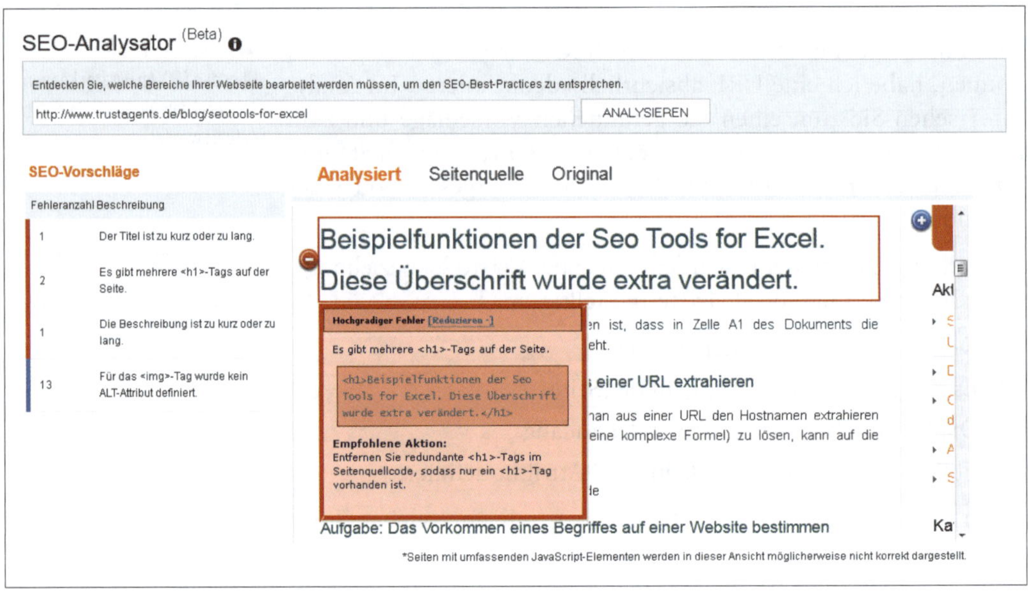

▲ Abbildung 12-12
Durch einen Klick auf Vergrößern wird die empfohlene Aktion angezeigt.

Alternativ können Sie im Tab *Seitenquelle* Bing dazu veranlassen, das Potenzial direkt im Quelltext zu markieren. Über die rechts oben angezeigten Pfeile springt Bing innerhalb des Quelltexts von einer Fehlerquelle zur anderen.

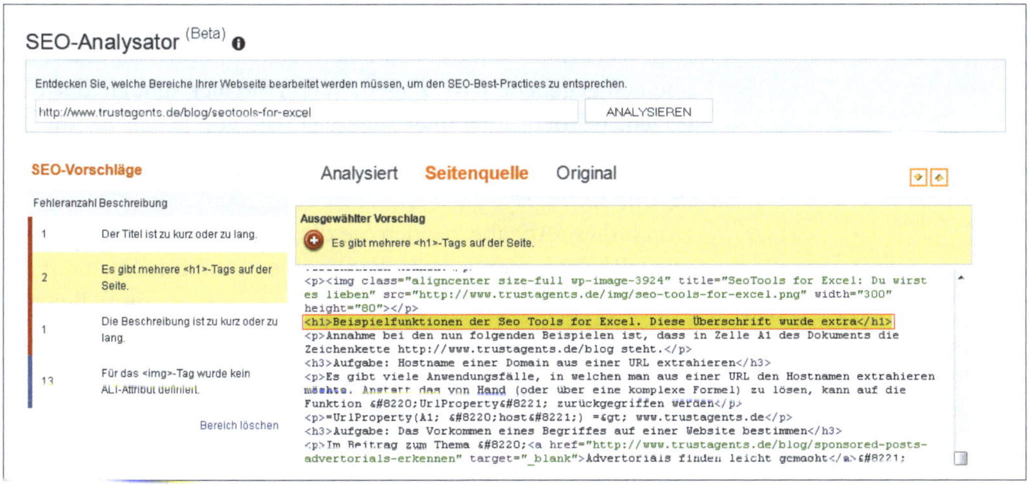

▲ **Abbildung 12-13**
Unter Seitenquelle werden Potenziale direkt im Seitenquelltext markiert.

Zu guter Letzt noch der Hinweis darauf, was Sie unter *Original* erwartet. Hier sehen Sie die Seite in Ihrer aktuellen Form ohne die von Bing über das Pluszeichen markierten Potenziale.

Link-Explorer

Mit dem unter *Diagnose & Tools* zu findenden *Link-Explorer* erhalten Sie Einblicke in das Backlink-Profil jeder beliebigen Website. Sie können über das Tool demnach auch sehen, welche Webdokumente sich auf Adressen eines Wettbewerbers beziehen. Diese Information nutzen Sie zum Beispiel für die Recherche nach möglichen Kooperationspartnern.

▼ **Abbildung 12-14**
Über den Link-Explorer können Sie eingehende Links jeder beliebigen URL abfragen.

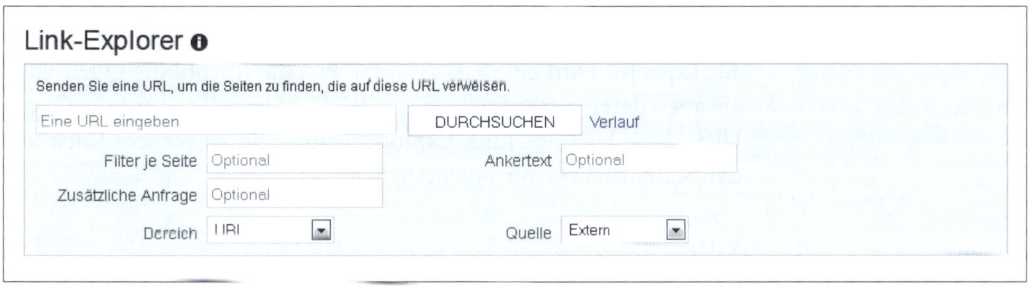

Der Link-Explorer erlaubt es, folgende Filter zu verwenden:

Eine URL eingeben
: Hier geben Sie die URL an, die Sie analysieren möchten.

Filter je Seite
: Über diesen Filter können Sie definieren, dass nur Links angezeigt werden sollen, die von einer bestimmten Domain auf die oben eingegebene URL zeigen. Wenn Sie hier »google.de« eintragen, werden nur Links angezeigt, die von *google.de* auf die angegebene URL verweisen.

Zusätzliche Anfrage
: Durch diese Angabe können Sie die Anfrage einschränken und nur URLs anzeigen lassen, die für eine bestimmte Suchanfrage in der Bing-Suche gefunden werden. Wenn Sie zum Beispiel nur Links von Seiten sehen möchten, die für die Suchanfrage »Bing Webmaster Tools« ranken, geben Sie diese Suchanfrage hier ein.

Bereich
: Mit diesem Filter können Sie auswählen, ob sich Links exakt auf die gesuchte URL beziehen sollen oder auf die Domain insgesamt. Wählen Sie dazu entweder *URL* oder *Domäne* aus.

Ankertext
: Mit *Ankertext* definieren Sie, dass nur Links angezeigt werden, die den gewünschten Ankertext enthalten.

Quelle
: Den *Quelle*-Filter können Sie so konfigurieren, dass entweder nur interne Links oder nur externe Links angezeigt werden. Auch eine Kombination aus internen und externen Links ist möglich.

Im Beispiel in Abbildung 12-15 wurde der Link-Explorer so konfiguriert, dass er sowohl interne als auch externe Links anzeigt, die sich auf die Startseite der Bing Webmaster Tools beziehen.

Als Ergebnis wird eine Liste präsentiert, die sowohl die Quell-URL als auch deren Seitentitel anzeigt. Während ein Klick auf die Quell-URL diese URL im Link-Explorer öffnet, bringt Sie ein Klick auf den Seitentitel zur verlinkenden Seite.

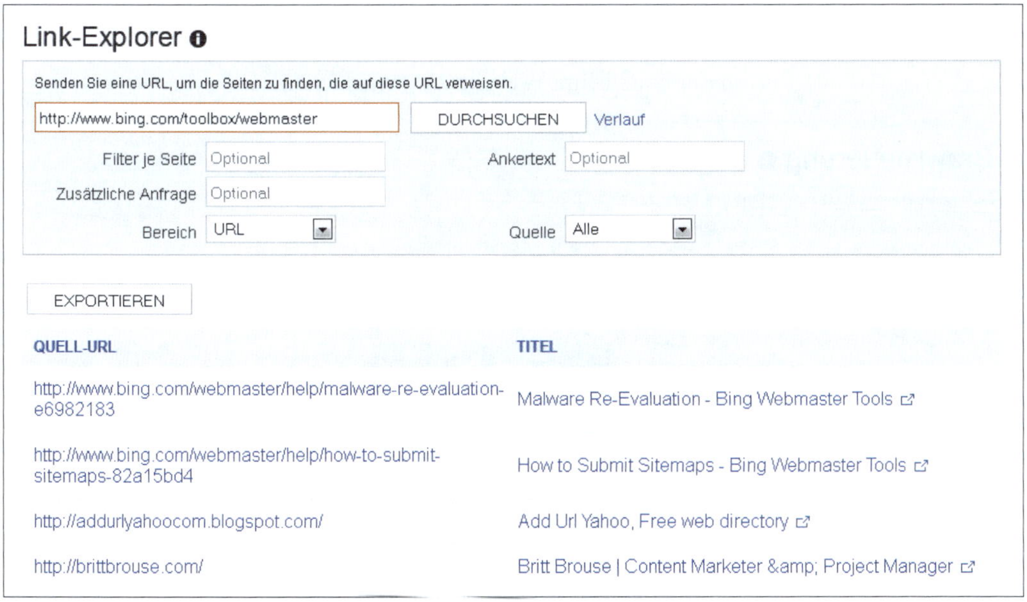

▲ **Abbildung 12-15**
Der Link-Explorer zeigt Links, die sich auf eigene oder fremde Webdokumente beziehen.

Weitere interessante Funktionen der Bing Webmaster Tools

Nachdem wir uns Funktionen angeschaut haben, die die Google Webmaster Tools ergänzen können, möchte ich noch ein paar Funktionen von Bing vorstellen, die bei der Suchmaschinenoptimierung für Google nicht hilfreich sind. Zwar ist der Marktanteil von Bing in Deutschland gering, aber vielleicht ändert sich das ja in der Zukunft. Und eventuell verwendet Ihre Zielgruppe Bing häufiger als der Durchschnitt.

Crawlsteuerung

Bereits im Bestätigungsprozess stellt Bing die Frage, zu welcher Tageszeit besonders viele Zugriffe auf die Website verzeichnet werden. Unter *Meine Site konfigurieren* finden Sie die *Crawlsteuerung*, um Änderungen an der Einstellung durchzuführen.

Wie bereits erwähnt, soll diese Frage dabei helfen, zu verhindern, dass Ihre Website durch die von Bingbot gestellten Anfragen zu Stoßzeiten zusätzlich belastet wird. Wenn Ihre Website beispielsweise in den Abendstunden besonders viele Zugriffe verzeichnet, können Sie Bing anweisen, besonders in den Morgenstunden oder in der Nacht Ihre Website zu untersuchen.

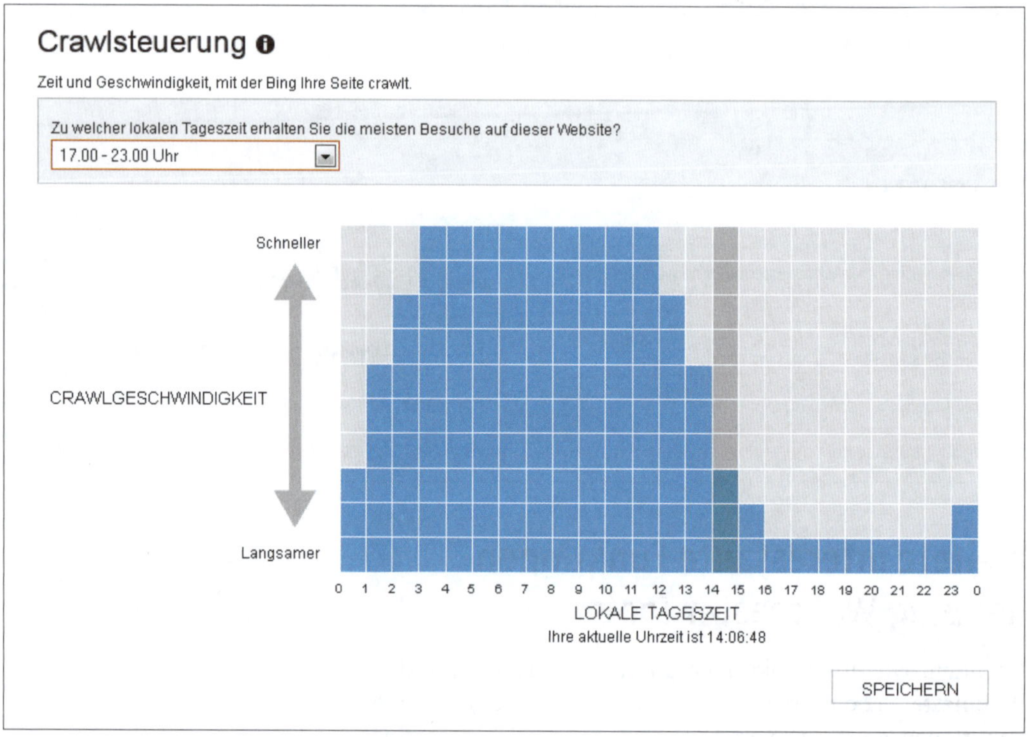

Abbildung 12-16▲ Bingbot kann angewiesen werden, Ihre Website zu bestimmten Tageszeiten nicht zusätzlich durch Anfragen zu belasten.

Wenn Sie mit der Maus in den Chart klicken, können Sie das Crawling-Verhalten des Bingbot zu einer bestimmten Uhrzeit beeinflussen. In den meisten Fällen ist es sinnvoll, Seiten verstärkt in der Nacht von Bingbot crawlen zu lassen.

Verbundene Seiten

Ähnlich wie die Funktion *Partner* der Google Webmaster Tools erlaubt es Bing über die unter *Meine Site konfigurieren* zu findende Funktion *Verbundene Seiten,* Profile Ihres Webauftritts auf anderen Portalen zu kennzeichnen. Der Vorteil: Dadurch können Sie die Performance dieser Seiten (bezogen auf Suchanfragen und Impressionen) in der Bing-Suche analysieren.

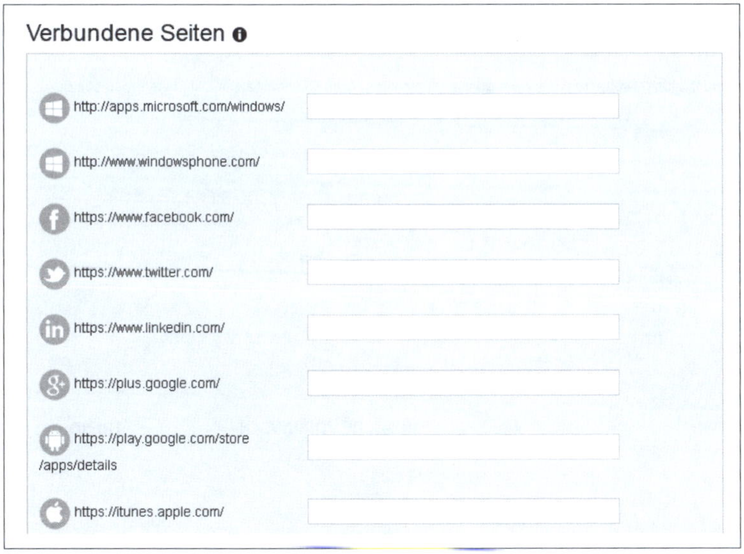

Abbildung 12-17
Über die Funktion Verbundene Seiten können Sie deren Performance in der Bing-Suche analysieren.

Bing gibt die verknüpfbaren Websites fest vor. Die Palette der aktuell zwölf verschiedenen Websites reicht von Facebook über Pinterest bis LinkedIn.

Schlüsselwort-Recherche

Um herauszufinden, wie die eigene Zielgruppe einzelne Themen beschreibt, ist eine Keyword-Recherche hilfreich. In den Bing Webmaster Tools ist unter *Diagnose & Tools* die *Schlüsselwort-Recherche* zu finden.

Basierend auf den über die Bing-Suche gestellten Suchanfragen im Zeitraum der letzten bis zu sechs Monate sehen Sie, wie hoch das Suchvolumen für abgefragte Begriffe war. Zusätzlich zeigt Bing einen Suchtrend an.

An dieser Stelle ein Wort zum Filter *Hoch*, bei dem die Übersetzung seitens Bing etwas missverständlich ist. Im englischen Interface steht hier *Strict*. Wenn Sie diesen Filter aktivieren, wird Ihnen das Suchvolumen exakt für die eingegebene Schreibweise angezeigt. Wenn dieser Filter nicht aktiviert ist, kann das abgefragte Wort auch Teil der Suchanfrage sein, wodurch das Suchvolumen größer ist.

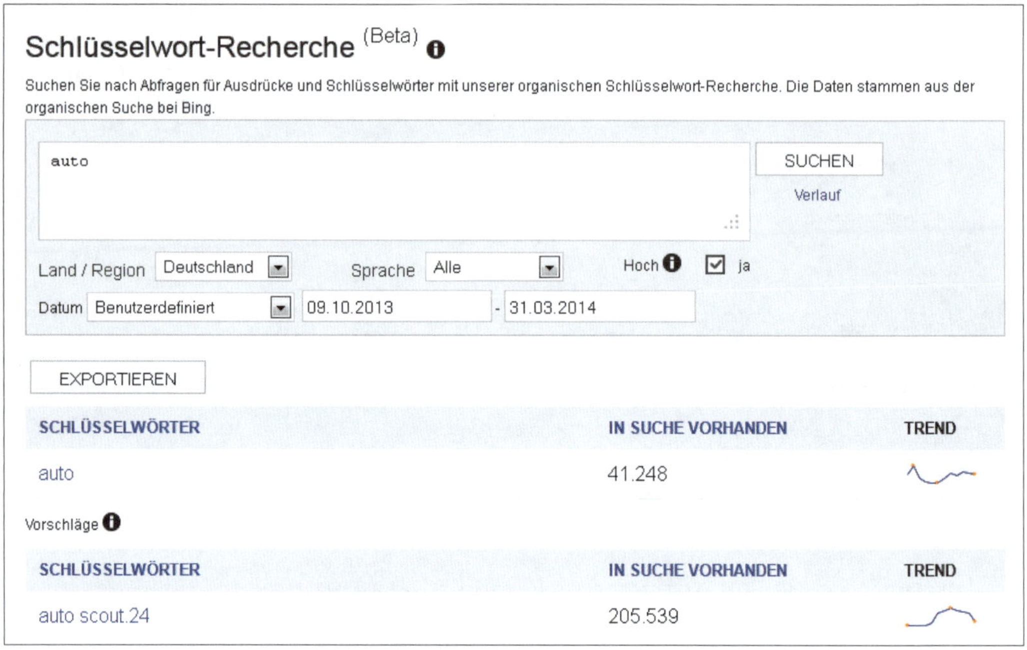

Abbildung 12-18 ▲
Über die Schlüsselwort-Recherche finden Sie die Suchvolumina für einzelne Begriffe heraus.

Funktionen der Google Webmaster Tools und der Bing Webmaster Tools im Vergleich

Um Ihnen die Einarbeitung in die Bing Webmaster Tools zu erleichtern, stellt die folgende Tabelle die Namen ausgewählter Funktionen von Google und Bing gegenüber.

Hinweis: Nicht immer sind Funktionen in ihrem Umfang komplett gleich.

Tabelle 12-1 ▶
Gegenüberstellung einiger Funktionsnamen bei Bing und Google

Funktionsname bei Google	Funktionsname bei Bing
Strukturierte Daten	fehlt
Data Highlighter	fehlt
HTML-Verbesserungen	SEO-Bericht
Sitelinks	Deeplinks
Suchanfragen	Schlüsselwörter suchen
Links zu Ihrer Website	Eingehende Links & Link-Explorer
Interne Links	Link-Explorer
Manuelle Maßnahmen	fehlt

Funktionsname bei Google	Funktionsname bei Bing
Indexierungsstatus	Index-Explorer
Content-Keywords	fehlt
URLs entfernen	URLs blockieren
Crawling-Fehler	Crawlinformation
Crawling-Statistiken	Index-Explorer/Berichte & Daten
Abruf wie durch Google	URLs übermitteln
Blockierte URLs	Index-Explorer
Sitemaps	Sitemaps
URL-Parameter	URL-Parameter ignorieren
Sicherheitsprobleme	Schadsoftware
Disavow Links	Links ablehnen
Benachrichtigungen	Nachrichten
Nutzer & Website-Inhaber	Benutzer
Adressänderung	Siteverschiebung
Partner	Verbundene Seiten

◀ Tabelle 12-1
Gegenüberstellung einiger Funktionsnamen bei Bing und Google (Forts.)

Zusammenfassung des Kapitels

- Die kostenlosen Bing Webmaster Tools ergänzen die Google Webmaster Tools perfekt durch exklusive Funktionen wie den SEO-Bericht.
- Eine Website wird über einen persönlichen Schlüssel bestätigt. Als Bestätigungsmethode steht das Hochladen einer Datei, die Integration des Schlüssels auf der Startseite oder alternativ in die DNS-Konfiguration der Website zur Auswahl.
- Über den *Index-Explorer* können URLs nach einzelnen Statuscodes gefiltert werden. Zu jeder URL wird unter anderem die aktuelle Performance in der Bing-Suche sowie die Anzahl eingehender Links angezeigt.
- *Eingehende Links* erlaubt es, das Backlink-Profil der Website zu betrachten. Im Export stehen Informationen zu Linkquelle und Linkziel sowie zum Ankertext zur Verfügung.

  Was den Datenumfang betrifft, können die Bing Webmaster Tools allerdings nicht mit dem Google-Pendant konkurrieren.
- Unter *Crawlinformationen* listet Bing URLs auf, die beispielsweise nicht erreichbar waren oder weitergeleitet werden.

12

- Mit der Funktion *SEO-Berichte* macht Bing Sie auf Verbesserungspotenziale hinsichtlich der Onpage-Optimierung unter SEO-Gesichtspunkten aufmerksam.

  Alle zwei Wochen analysiert Bing Ihre Website auf 15 Faktoren und erklärt, weshalb Sie eine Änderung an den nicht optimalen Seiten vornehmen sollten.

- Der *SEO-Analysator* ist für Ad-hoc-Analysen von Adressen Ihrer Website gedacht. Diese Funktion ist eng mit dem SEO-Bericht verknüpft.

  Eine im SEO-Analysator aufgerufene URL wird von Bing in einem Fenster dargestellt, und Verbesserungspotenziale werden in diesem Fenster markiert. Alternativ können die Potenziale im Quelltext der Seite angezeigt werden.

  Der Analysator verwendet dieselben Regeln wie der SEO-Bericht.

- Interessante Funktionen, die Ihnen bei der Optimierung für die Bing-Suche behilflich sind, sind *Crawlsteuerung*, *Verbundene Seiten* und *Schlüsselwort-Recherche*.

  Über *Crawlsteuerung* können Sie festlegen, zu welchen Zeiten Bingbot besonders intensiv Ihre Website crawlen soll.

  Die Performance von *Verbundene Seiten* innerhalb der Bing-Suche kann ausgewertet werden, wenn Sie diese mit den Bing Webmaster Tools verbinden.

  Mit der *Schlüsselwort-Recherche* finden Sie Suchvolumina und weitere Suchbegriffe heraus, auf die Sie optimieren können. Die Daten stammen aus der Bing-Websuche.

Von der Theorie zur Praxis

13

Nachdem Sie alle Funktionen der Google Webmaster Tools kennen und darüber hinaus wissen, welche Funktionen des Pendants von Bing Ihnen bei der Optimierung Ihrer Website helfen, möchte ich Ihnen anhand von Beispielen zeigen, wie Sie das theoretische Wissen praktisch einsetzen.

Betrachten wir zuerst, wie Sie Webseiten mit Webmaster Tools optimieren. Anschließend zeige ich Ihnen, wie Sie mit Google Webmaster Tools eine Analyse des Crawling-Verhaltens durchführen und wieso eine solche Untersuchung für Ihren SEO-Erfolg wichtig ist.

Abschließend zeige ich Ihnen, wie Sie Ihren »mobile SEO«-Erfolg mit Google Webmaster Tools messen können. Denn die Bereitstellung von auf kleine Bildschirmauflösung optimierten Inhalten wird immer wichtig.

Praxisanwendung: Webseiten mit Google und Bing Webmaster Tools optimieren

Auf Ihrem Webauftritt wird es einzelne Dokumente geben, die Ihnen wichtiger sind als andere. Beispielsweise, weil für die in diesen Dokumenten behandelten Themen eine hohe Nachfrage, sprich ein hohes Suchvolumen, besteht, oder weil die Seite viele Conversions unterschiedlicher Art erzeugt.

Hinweis Unter einer *Conversion* (Konversion) wird allgemein eine vordefinierte Aktion eines Besuchers verstanden. Beispielsweise kann die Anmeldung zu einem Newsletter als ein Conversionziel definiert werden. Andere mögliche Ziele sind die Erstellung eines Nutzerkontos, die Bestellung eines Produkts oder der Download einer Informationsbroschüre.

Anhand des folgenden Praxisbeispiels möchte ich Ihnen zeigen, wie Sie ein Dokument mit Google bzw. Bing Webmaster Tools optimieren. Dazu werden die folgenden Schritte durchgeführt:

- Aktuelle Performance analysieren
- Passende Keywords recherchieren
- Dokument auf Keywordverwendung überprüfen
- Onpage-Potenziale identifizieren
- HTML-Verbesserungen nutzen
- Interne und externe Verlinkung analysieren
- Daten strukturiert auszeichnen
- Google über geänderte Seiteninhalte informieren

Aktuelle Performance im Suchanfragenbericht analysieren

Im Allgemeinen interessiert Sie eine gute Platzierung in der Google-Suche stärker als eine gute Platzierung in der Bing-Suche. Aus diesem Grund ist der *Suchanfragenbericht* der Google Webmaster Tools die erste Anlaufstelle, um herauszufinden, ob bereits Nutzer mit einem Dokument erreicht werden.

Da es regelmäßig vorkommt, dass ein einzelnes Dokument zu vielen verschiedenen Suchanfragen gefunden wird, sollten Sie Ihre Analyse im Suchanfragenbericht nicht auf Basis von Suchanfragen, sondern auf Basis von »*Die Häufigsten Seiten*« durchführen. Suchen Sie in der Liste nach der URL, die Sie optimieren möchten. Wenn die von Ihnen gesuchte URL nicht in der Liste auftaucht, scheint diese Adresse bisher nicht über die Google-Suche gefunden zu werden. Das sollte allerdings selten der Fall sein.

Abbildung 13-1 ▼
Rufen Sie »Die häufigsten Seiten« im Suchanfragenbericht auf.

Seite	Impressionen ▲	Klicks	CTR	Durchschn. Pos.
▾ /meine-url	46.643	1.363	3 %	4,9
suchbegriff 1	38.799	1.067		
suchbegriff gründen	1.096	9		
suchanfrage voraussetzung	15	4		

Da es leider aktuell nicht möglich ist, die Daten des Suchanfragenberichts sowohl mit Adressen als auch den einzelnen Suchanfragen über die Download-Funktionen zu erhalten, müssen Sie diese Daten selbst kopieren. Fügen Sie sie beispielsweise in ein Tabellenkalkulationsprogramm ein. Es reicht für die Analyse einzelner URLs völlig, wenn Sie nur die Daten dieser einen URL kopieren.

Zu jeder Suchanfrage weist Google die Anzahl der Impressionen und Klicks aus. Leider fehlen bei der Betrachtung über Seiten die Informationen zur durchschnittlichen Position. Sie wissen also nicht, an welcher Stelle Sie für einen Suchbegriff gefunden wurden. Aus diesem Grund sollten Sie die Anzahl der Impressionen erstmal mit Vorsicht genießen. Denn wenn Sie für einen Begriff entweder gar nicht oder auf Seite 2+ gefunden werden, ist die Anzahl der von Ihrer Seite für die Suchanfrage erzeugten Impressionen entsprechend niedrig. In diesem Fall spiegelt die Anzahl der Impressionen nicht das tatsächliche Suchvolumen wider.

Die Daten zur durchschnittlichen Position können Sie mit etwas Excel-Kenntnissen über den Datenexport unter *Häufigste Suchanfragen* hinzuziehen. Allerdings sollten Sie beachten, dass unter Umständen verschiedene URLs Ihres Webauftritts für die von Ihnen analysierte Suchanfrage gefunden werden.

Suchvolumen herausfinden

Nachdem Sie wissen, zu welchen Suchanfragen das Dokument bereits gefunden wird, sollten Sie herausfinden, welche Schreibweise der Suchanfrage das höchste Suchvolumen besitzt und ob Sie unter Umständen einige Schreibweisen gar nicht mehr verwenden.

Dazu können Sie entweder die *Schlüsselwortrecherche* von Bing Webmaster Tools oder den *Google AdWords Keyword-Planer* verwenden. Dieser hat den entscheidenden Vorteil, dass er Daten der Google-Suche verwendet. Um den Keyword-Planer verwenden zu können, benötigen Sie ein AdWords-Konto. Dafür ist es jedoch nicht notwendig, auch aktiv Werbeanzeigen zu schalten. Den Keyword-Planer finden Sie nach Login in Google AdWords unter *Tools → Keyword-Planer*.

In Abbildung 13-2 sehen Sie, dass ich *Ideen für neue Keywords und Anzeigengruppen suchen* ausgewählt habe. Sie können hier wahlweise die aus dem Suchanfragenbericht kopierten Begriffe in *Ihr Produkt oder Ihre Dienstleistung* hineinkopieren oder die URL des zu optimierenden Webdokuments unter *Ihre Zielseite* angeben. Dadurch listet Ihnen Google auf, welche Begriffe für die Adresse besonders relevant sind.

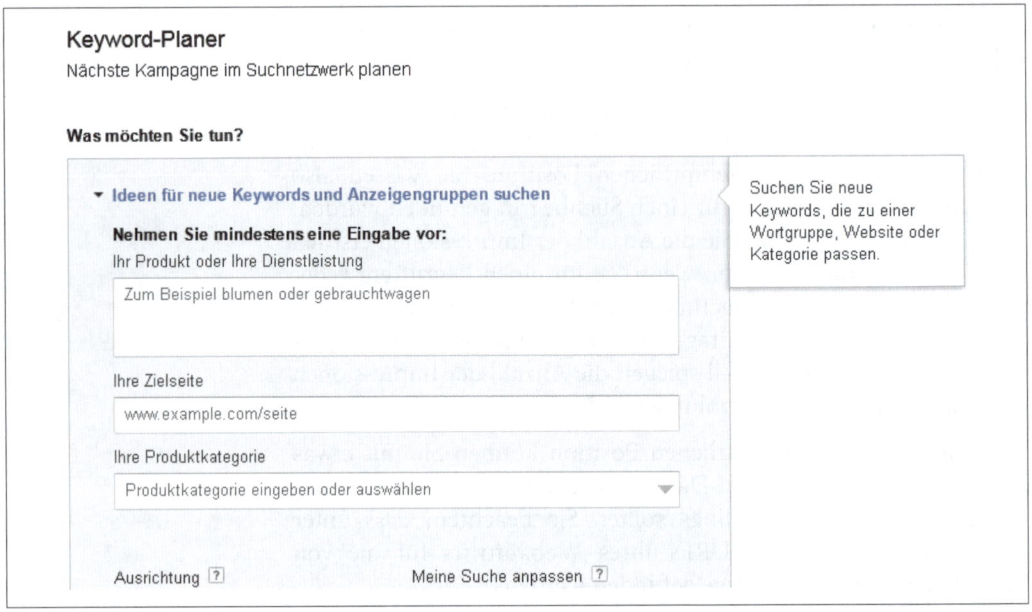

Abbildung 13-2 ▲
Über den Keyword-Planer finden Sie Suchvolumina heraus.

Wo kommen die optimierten Begriffe im Dokument vor?

Identifizieren Sie über die Keyword-Recherche die Begriffe, für die Sie gefunden werden möchten. Schauen Sie im nächsten Schritt, ob und wo die von Ihnen identifizierten Begriffe auf Ihrer Website vorkommen. Behalten Sie dabei im Hinterkopf, dass besonders der Seitentitel und die Verwendung der Begriffe in HTML-Überschriften Ihr Ranking positiv beeinflussen können. Kontrollieren Sie zudem, ob die präferierte Schreibweise der Suchanfrage in der Meta-Description enthalten ist. Denn die Meta-Description wird zusammen mit dem Seitentitel und der URL in der Google-Suche angezeigt und hat folglich einen Einfluss auf die Klickrate.

Unter Umständen ist es notwendig, dass Sie den Seiteninhalt erweitern oder umschreiben, damit die zu optimierenden Suchanfragen klar herausstechen. Bedenken Sie dabei, dass am Ende ein sauber strukturierter und gut lesbarer Text herauskommen soll. Sie sollten nicht zwanghaft versuchen, die identifizierten Suchanfragen innerhalb des Dokuments zu verwenden.

Onpage-Potenziale mit Bing Webmaster Tools finden

Über den *SEO-Analysator* der Bing Webmaster Tools finden Sie heraus, ob es auf der URL noch ungenutzte Onpage-Potenziale gibt. Geben Sie die zu optimierende URL in den Analysator ein und beseitigen Sie die möglicherweise gemeldeten Probleme. Werfen Sie in diesem Schritt zusätzlich einen Blick auf die *SEO-Berichte*. Möglicherweise finden Sie so weitere Potenziale Ihres Webauftritts.

Verwenden Sie den optimierten Seitentitel aktuell mehrfach?

Über *HTML-Verbesserungen* in Google Webmaster Tools finden Sie heraus, ob der von Ihnen auf der URL verwendete Seitentitel mehrfach auf dem Webauftritt verwendet wird.

Wenn dies der Fall ist, sollten Sie dies dringend ändern. Behalten Sie bei der Gestaltung von Seitentiteln (und Meta-Descriptions) im Hinterkopf, dass jede URL ein eigenes Thema behandeln sollte und aus diesem Grund auch einen einzigartigen und inhaltsbeschreibenden Titel benötigt.

Verfügt die Seite über ausreichend interne und externe Verlinkungen?

Über die Funktion *interne Links* der Google Webmaster Tools sollten Sie herausfinden, ob die Seite über die Anzahl an internen Verweisen für Google als besonders relevant zu identifizieren ist. Auch für Ihre Besucher ist eine einfache Erreichbarkeit der Seite über interne Links relevant. Analysieren Sie folglich, ob die URL der Seite zu den am häufigsten intern verlinkten Dokumenten gehört.

Um neue interne Linkquellen zu identifizieren, können Sie schauen, ob der optimierte Begriff auf unterschiedlichen URLs Ihres Webauftritts vorkommt. Dazu können Sie die Funktion *Content-Keywords* verwenden. Suchen Sie in der Liste nach dem zu optimierenden Begriff und lassen Sie sich anzeigen, auf welchen URLs der Begriff verwendet wird. Dazu müssen Sie den Begriff in der Detailansicht aufrufen.

Als Alternative zur Content-Keywords-Funktion bietet sich eine interne Suche an. Greifen Sie dazu am besten auf die Google-Suche

13

zurück und schränken Sie die Suche mit dem site:-Befehl auf Ihren Webauftritt ein. Zur Erinnerung: Den Namen Ihrer Website schreiben Sie direkt nach dem Doppelpunkt. Durch das Ranking der Dokumente wissen Sie zudem, welches Dokument Google als besonders relevant zur Suchanfrage hält.

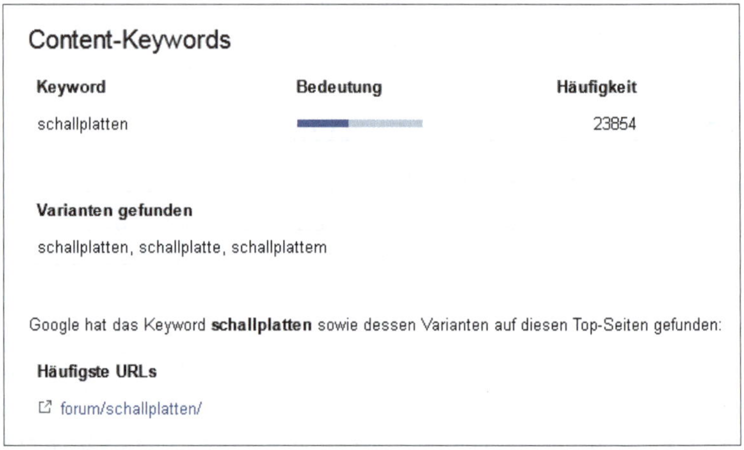

Abbildung 13-3 ▶ Über Content-Keywords finden Sie unter »Häufigste URLs« möglicherweise neue interne Linkquellen

Zusätzlich können Sie kontrollieren, ob die URL über eingehende Verweise von externen Websites verfügt. Dazu können Sie entweder *Links zu Ihrer Website* der Google Webmaster Tools oder *Eingehende Links* sowie den *Link-Explorer* der Bing Webmaster Tools verwenden.

Über den Link-Explorer können Sie zudem die Linkstruktur von Konkurrenzdokumenten analysieren und gegebenenfalls potenzielle Linkquellen identifizieren. Beachten Sie dabei allerdings die Webmaster-Richtlinien von Google.

Können Sie Ihre Daten strukturiert auszeichnen?

Ein weiterer Optimierungsschritt ist die Prüfung, ob für die auf der URL dargestellten Informationen strukturierte Datenauszeichnungen möglich sind. Neben dem *Data Highlighter* ist natürlich die Website *www.schema.org* die passende Anlaufstelle. Unter Umständen werden die strukturiert ausgezeichneten Daten in Form von *Rich Snippets* in der Websuche dargestellt – folglich können Sie durch die auffälligere Gestaltung der angezeigten Informationen eine möglicherweise höhere Klickrate erzielen.

Überlegen Sie gerne, ob Sie mittels einer Verknüpfung der URL mit Ihrem Google+-Profil die Autorschaft auszeichnen möchten.

Dadurch erscheint unter Umständen Ihr Google+-Profilbild zusammen mit der Webadresse des Dokument in der Google-Suche.

Änderungen an der URL vorgenommen? Verwenden Sie Abruf wie durch Google

Mit Sicherheit haben Sie im Laufe des hier vorgestellten Prozesses Änderungen am Dokument vorgenommen. Abschließend möchten Sie natürlich, dass Google möglichst schnell von diesen Änderungen erfährt. Das perfekte Tool, um Google schnell über Änderungen an einer Seite zu informieren, ist *Abruf wie durch Google*.

Geben Sie die Adresse des geänderten Dokuments im Tool an und lassen Sie anschließend durch einen Klick auf »*An den Index senden*« die Adresse neu von Google indexieren.

Wenn Sie wünschen, können Sie auch Bing über die Änderungen informieren. Nutzen Sie dazu die Funktion *Bingbot-Abruf*, die Sie unter *Diagnose & Tools* finden.

Praxisanwendung: Crawling-Analyse mit Google Webmaster Tools

Suchmaschinenoptimierung beginnt immer mit der Erstellung von URLs, auf denen Inhalte zu finden sind. Durch die automatische Analyse der Webadressen, dem sogenannten Crawling, versuchen Suchmaschinen, Informationen zu den unter der URL zu findenden Inhalten zu extrahieren. Worum geht es auf der Seite? Welche Wörter kommen im Seitentitel vor? Von welchen Seiten wird das Dokument verlinkt? Wohin verlinkt es? Dies sind die Fragen, die Suchmaschinen an ein Dokument richten.

Jeder Crawling-Vorgang kostet sowohl Google als auch den Webmaster Ressourcen. Durch die von Suchmaschinen gestellten Anfragen an einen Webserver wird dessen Kapazität gebunden, und natürlich kostet es auch Google Geld, Inhalte zu crawlen. Beim gesamten Thema Duplicate Content, also der Bereitstellung derselben Seiteninhalte unter mehreren URLs, geht es auch darum, dass Suchmaschinen unnötigerweise Ballast crawlen – URLs, die im Vergleich zu anderen Webadressen keine neuen Inhalte bereitstellen.

Suchmaschinen honorieren es in aller Regel, wenn man als Website-Betreiber die Google zur Verfügung stehenden URL-Strukturen im Griff hat. Das soll kein Aufruf dazu sein, im Zweifelsfall weniger

13

Inhalte zu veröffentlichen, sondern dazu, nur so viele URLs zu erstellen, dass jeder einzigartige Inhalt unter im Idealfall genau einer Adresse verfügbar ist.

Abbildung 13-4 ▼
Google weist Sie darauf hin, wenn beim Crawling eine extrem hohe Anzahl an URLs gefunden wurde.

Was Sie vermeiden sollten, ist die in Abbildung 13-4 dargestellte Nachricht: Der Googlebot ist auf eine extrem hohe Anzahl an URLs gestoßen.

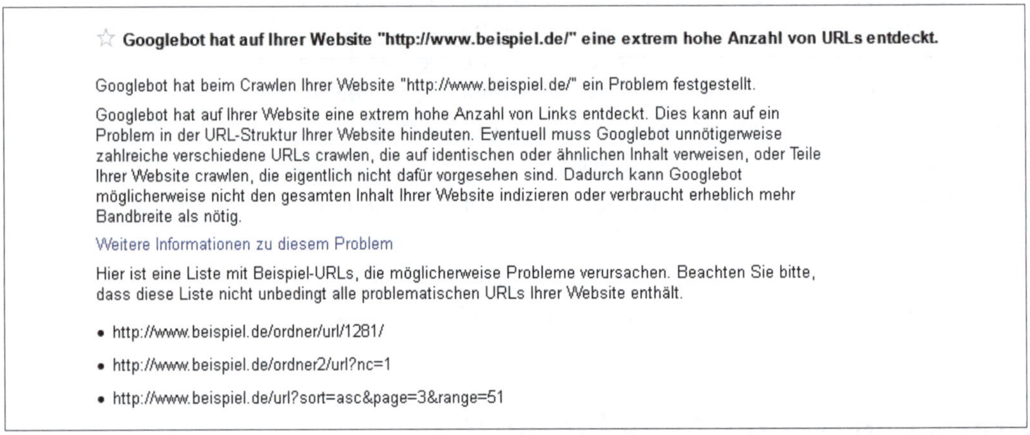

☆ **Googlebot hat auf Ihrer Website "http://www.beispiel.de/" eine extrem hohe Anzahl von URLs entdeckt.**

Googlebot hat beim Crawlen Ihrer Website "http://www.beispiel.de/" ein Problem festgestellt.

Googlebot hat auf Ihrer Website eine extrem hohe Anzahl von Links entdeckt. Dies kann auf ein Problem in der URL-Struktur Ihrer Website hindeuten. Eventuell muss Googlebot unnötigerweise zahlreiche verschiedene URLs crawlen, die auf identischen oder ähnlichen Inhalt verweisen, oder Teile Ihrer Website crawlen, die eigentlich nicht dafür vorgesehen sind. Dadurch kann Googlebot möglicherweise nicht den gesamten Inhalt Ihrer Website indizieren oder verbraucht erheblich mehr Bandbreite als nötig.

Weitere Informationen zu diesem Problem

Hier ist eine Liste mit Beispiel-URLs, die möglicherweise Probleme verursachen. Beachten Sie bitte, dass diese Liste nicht unbedingt alle problematischen URLs Ihrer Website enthält.

- http://www.beispiel.de/ordner/url/1281/
- http://www.beispiel.de/ordner2/url?nc=1
- http://www.beispiel.de/url?sort=asc&page=3&range=51

Über die Google Webmaster Tools können Sie als Webmaster einen Einblick darüber erhalten, welche URLs Google auf Ihrer Website analysiert. Diese Information hilft Ihnen dabei, Probleme in der URL-Struktur Ihrer Website zu erkennen und ein effizienteres Crawling durch Suchmaschinen zu gewährleisten.

Crawling-Statistiken

Die *Crawling-Statistiken* sind die erste Anlaufstelle, um herauszufinden, wie aktiv Google auf einer Website ist. Zur Erinnerung: Die Crawling-Statistiken geben darüber Aufschluss, wie viele Seiten durch Googlebot pro Tag gecrawlt werden. Eine URL kann dabei pro Tag auch mehrfach durch Google aufgerufen werden. Zusätzlich weist Google Informationen zum übertragenen Datenvolumen sowie zur *Dauer des Herunterladens* aus.

Häufig sieht man einen direkten Zusammenhang zwischen der Dauer des Herunterladens und dem Crawling-Volumen. Wenn Inhalte schneller bereitstehen, werden mehr Seiten analysiert. Auch andersherum sind Ausschläge feststellbar: Eine plötzlich langsamer reagierende Website wird von Google temporär seltener gecrawlt. In Abbildung 13-5 hat der starke Anstieg der *Dauer des Herunterladens* allerdings nicht zu einem verringerten Crawling-Volumen geführt.

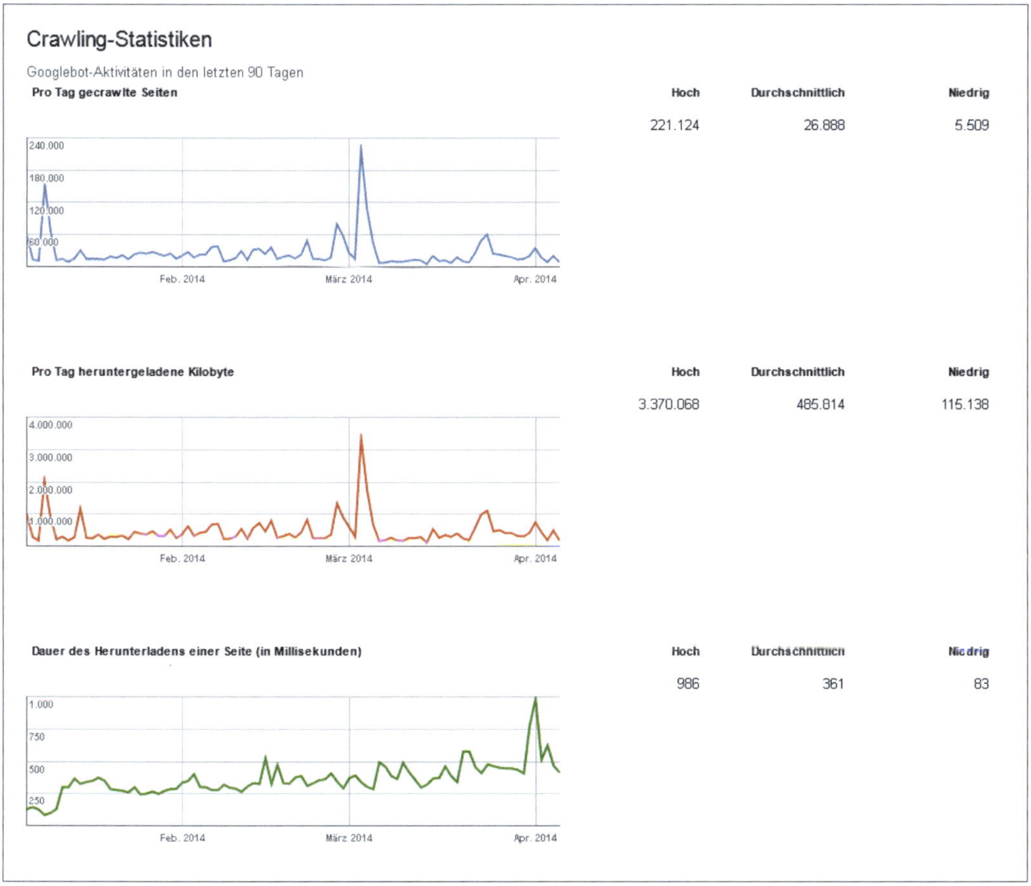

▲ **Abbildung 13-5**
Die Crawling-Statistiken sagen Ihnen, wie viele Seiten Google pro Tag aufruft.

Die Statistiken geben Ihnen vor allem einen Einblick in das durchschnittliche Crawling. Es gibt grundsätzlich kein typisches Crawling-Verhalten, da dieses stark mit der Aktivität der Website zu tun hat. Neue Inhalte, das Einreichen einer Sitemap oder viele eingehende Verweise können zu einem temporär gesteigerten Crawling-Volumen führen. Wichtig ist, dass Google die richtigen beziehungsweise wichtigen Inhalte Ihrer Domain crawlt.

Indexierungsstatus

Beim *Indexierungsstatus* interessiert uns für die Crawling-Analyse die Anzahl der indexierten Seiten nicht so sehr. Vielmehr geht es uns um die *jemals gecrawlten URLs*. Diese können in der erweiterten Ansicht über den Filter ausgewählt werden.

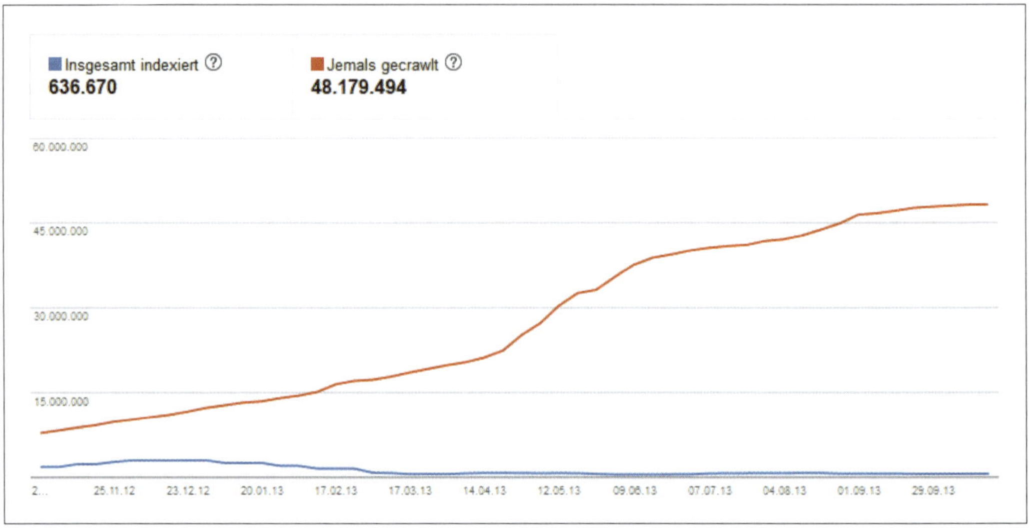

Abbildung 13-6 ▲
Über jemals gecrawlt erfahren Sie, wie viele einzigartige URLs Google bisher auf Ihrer Website gecrawlt hat.

In Abbildung 13-6 sehen Sie, dass die rote Linie (*jemals gecrawlt*) in einem viel höheren Maße steigt als die blaue Linie (*insgesamt indexiert*). Genauer gesagt: Der Indexierungsstatus geht sogar zurück. Im Fall dieser Domain ist der Rückgang gewollt. Es wurden nachträglich gezielt Webseiten von der Indexierung ausgeschlossen.

Doch warum ist – einmal abgesehen von der gewollten Deindexierung – die große Differenz zwischen den beiden Linien grundsätzlich ein Problem? Da der Indexierungsstatus nicht steigt, Google aber mehr einzigartige URLs findet, scheint es sich um URLs zu handeln, die keine neuen oder indexierungswürdigen Inhalte zur Verfügung stellen – und das in einem extrem hohen Maß. Der plötzliche starke Anstieg der jemals gecrawlten URLs in der Mitte des betrachteten Zeitraums lässt den Schluss zu, dass diese neu gefundenen URLs durch eine technische Änderung an der Website entstanden sind. Bei der Website sprechen wir nicht über Hunderte URLs, sondern über Millionen!

Das ideale Szenario für einen Suchmaschinenoptimierer ist es, wenn die Datenpunkte für *jemals gecrawlt* und *indexierte URLs* vollkommen identisch sind, Google also genau so viele URLs crawlt, wie auch indexiert werden sollen. Bei der in Abbildung 13-6 gezeigten Domain ist dies nicht der Fall. Das deutet darauf hin, dass es hinsichtlich der URL-Strukturen noch Optimierungspotenzial gibt.

Crawling-Analyse mit Webmaster-Tools-Funktionen

Nachdem wir jetzt wissen, wie viele URLs Google pro Tag crawlt und wie viele einzigartige URLs auf dem Webauftritt entdeckt wurden, begeben wir uns doch am besten Mal auf deren Spur. Welche URLs sind es, die Google crawlt? Da Google Sie nur dann zum Beispiel über Crawling-Fehler informieren kann, wenn der Crawler auf eine URL zugegriffen hat, ist das genau die Information, die wir suchen.

In folgenden Funktionen der Google Webmaster Tools finden Sie Informationen über von Google gecrawlte URLs:

- *Strukturierte Daten*
- *HTML-Verbesserungen*
- *Suchanfragen*
- *Interne Links*
- *Content-Keywords*
- *Crawling-Fehler*
- *URL-Parameter*

Eine weitere Möglichkeit, auf von Google gecrawlte URLs zu schließen, ist die Google Webmaster Tools-Benachrichtigung über eine extrem hohe Anzahl an gefundenen URLs auf dem Webauftritt. Diese Nachricht ist in Abbildung 13-4 zu sehen.

Bei den meisten Funktionen lässt sich das Datum des Abrufs nicht feststellen. Ein Zugriffsdatum wird bei strukturierten Daten sowie Crawling-Fehlern angezeigt.

Crawling-Analyse über Strukturierte Daten

Wenn Sie Daten Ihrer Website in einem strukturierten Format auszeichnen, entweder zum Beispiel über schema.org-Auszeichnungen direkt im Seitenquelltext oder über die Data Highlighter-Funktion, können Sie unter *Strukturierte Daten* sehen, auf welchen URLs Google strukturierte Daten gefunden hat.

Nach Auswahl eines Datentyps sehen Sie in der erscheinenden Detailansicht die URLs und das Datum, an dem Google die strukturierte Datenauszeichnung zuletzt gecrawlt hat.

Abbildung 13-7 ▲
Unter Strukturierte Daten listet Google URLs auf, die den ausgewählten Datentyp beinhalten.

Crawling-Analyse über HTML-Verbesserungen

Analog läuft auch die Betrachtung der URLs über *HTML-Verbesserungen* ab. Wenn doppelte Seitentitel oder Beschreibungstexte vorliegen, nennt Ihnen Google die URLs, die sich dieselben Informationen teilen. Bitte beachten Sie: In erster Linie weist Sie Google auf mehrfach vorkommende Informationen im Seitentitel beziehungsweise im Beschreibungstext hin. An dieser Stelle wäre es nicht korrekt, von doppeltem Seiteninhalt (Duplicate Content) zu sprechen. Die Informationen können ein Hinweis auf Duplicate Content sein, sind es aber nicht zwingend.

Abbildung 13-8 ▲
Im Beispiel führt offensichtlich der URL-Parameter dazu, dass der gleiche Seitentitel angezeigt wird.

Letztendlich ist der Vorgang immer derselbe, wenn Sie auf von Google gecrawlte URLs rückschließen möchten: In den Funktionen, die URLs nennen, wird geschaut, welche URLs dort genannt sind. Doch was machen Sie mit dieser Information?

Wie Sie diese Informationen nutzen können

Leider sind die Informationen zum Crawling in den Google Webmaster Tools über viele verschiedene Funktionen verstreut. Um einen möglichst umfassenden Überblick über die von Googlebot aufgerufenen Adressen zu erhalten, exportieren Sie die URLs der einzelnen Google Webmaster Tools-Funktionen und fügen sie in einer großen Liste zusammen. Werfen Sie anschließend einen Blick auf die URLs: Sind dort Strukturen dabei, die Sie gar nicht kennen? Sollen manche URLs gar nicht von Google analysiert werden?

Je nach gewünschtem Verhalten sollten Sie anschließend Maßnahmen ergreifen. Wenn Sie zum Beispiel nicht möchten, dass Google gewisse URLs überhaupt crawlt, können Sie diese über eine entsprechende Konfiguration der *robots.txt* sperren. Alternativ besteht die Möglichkeit, URLs, die Duplikate erzeugen, auf die bevorzugte URL weiterzuleiten. Auch die Verwendung der URL-Parameter-Funktion stellt eine Alternative dar.

Es ist auch in Ihrem Interesse, wenn Google möglichst wenige der URLs analysiert, die für Sie aus SEO-Sicht irrelevant sind. Denn dann wird Ihr Webserver nicht unnötig belastet. Alternativ können Sie das Crawling-Verhalten des Googlebot analysieren, indem Sie Ihren Webserver so konfigurieren, dass dieser Logfiles anlegt. In diesen Logfiles werden alle Zugriffe – sowohl von Besuchern als auch Suchmaschinen – verzeichnet.

Praxisanwendung: Performancemessung für mobile-optimierte Inhalte

Immer mehr Nutzer greifen über mobile Endgeräte auf Webseiten zu. Ob Smartphone oder Tablet: Im Vergleich zu Desktop-Geräten verfügen die meisten dieser Endgeräte über geringere Auflösungen. Aufgrund der Vielzahl an Zugriffen über mobile Geräte kann es durchaus lohnend sein, die eigenen Inhalte so aufzubereiten, dass sie auf jedem Endgerät möglichst optimal dargestellt werden.

Technisches Setup zur Optimierung für mobile

Um Webseiten mobile-optimiert darzustellen, gibt es verschiedene Möglichkeiten:

- Responsive Design
- Dynamic Serving
- Separate Mobile Website

Alternativ ist auch eine Verwendung von Apps möglich.

Responsive Design

Wenn eine Website auf Responsive Design zurückgreift, wird die Darstellung des Inhalts mithilfe verschiedener CSS-Dateien (Cascading Style Sheets) an die verwendete Auflösung des Endgeräts angepasst. Bei diesem Setup wird auf bereits bestehende URLs zurückgegriffen. Sowohl beim Zugriff über Desktop-PCs als auch beim Zugriff über Smartphones wird dieselbe URL aufgerufen. Einzig die Darstellung ist unterschiedlich.

Dieses Setup erleichtert Suchmaschinen das Crawling, da hier dem Ziel »ein Inhalt, eine URL« am besten entsprochen wird.

Dynamic Serving

Beim Dynamic Serving werden ebenfalls keine neuen URLs erzeugt. Im Gegensatz zum Responsive Design wird allerdings je nach Gerätetyp beziehungsweise User-Agent (also der Identifizierung eines Zugriffgeräts beziehungsweise -typs) ein anderer HTML- und gegebenenfalls auch CSS-Code vom Server bereitgestellt.

Da dieses Setup für Suchmaschinen nicht direkt ersichtlich ist, sollte die Angabe *Vary: User-Agent* beim Aufruf der URL über den HTTP-Header übertragen werden. Weitere Informationen hierzu finden Sie unter *https://developers.google.com/webmasters/smartphone-sites/details#dynamicserving*.

Separate Website

Zu den weiterhin sehr häufig gewählten Optimierungsmöglichkeiten für eine passende Darstellung von Inhalten auf mobilen Endgeräten zählt die Verwendung einer separaten Website. Diese laufen häufig auf einer eigenen Subdomain des Webauftritts (beispielsweise *m.ebay.de*) oder auf einer separaten mobilen Domain (beispielsweise *www.kicker.mobi*).

Bei diesem technischen Setup werden neue URLs erzeugt. Es ist also für Suchmaschinen möglich, denselben Seiteninhalt unter verschiedenen URLs zu finden. Durch die Verwendung von entsprechenden Annotationen im Seitenquelltext ist es möglich, die Beziehung der URLs zueinander für Suchmaschinen auszuzeichnen. Unter *https://developers.google.com/webmasters/smartphone-sites/details#separateurls* können Sie die von Google vorgeschlagene technische Konfiguration nachlesen.

Für welches Setup Sie sich entscheiden, liegt grundsätzlich bei Ihnen. Jede der vorgestellten Möglichkeiten bietet spezielle Vor- und Nachteile. Unter *https://developers.google.com/webmasters/smartphone-sites/* finden Sie Empfehlungen von Google zu diesem Thema.

Informationen über die mobile Performance: derselbe Hostname für Desktop und Mobile

Auch wenn Ihre mobile-optimierten Inhalte nicht unter einem eigenen Hostnamen zur Verfügung stehen, bieten Ihnen die Google Webmaster Tools die Möglichkeit, die Performance explizit für mobile Suchanfragen zu analysieren.

Besonders relevant sind hierbei wiederum der Bericht zu Crawling-Fehlern sowie der Suchanfragenbericht.

Crawling-Fehler

Google unterteilt Crawling-Fehler seit einiger Zeit in unterschiedliche Gruppen. Dadurch ist es einfach möglich, nur solche Fehler zu identifizieren, die Google beim Crawling mit dem Bot für mobile Inhalte festgestellt hat. Achten Sie unter *Crawling-Fehler* darauf, ob Google Fehler für *Smartphone* und *Feature-Phone* getrennt auflistet.

▼ **Abbildung 13-9**
Google listet Crawling-Fehler getrennt nach Gerätetypen auf.

Es ist häufig der Fall, dass eine URL unabhängig vom Gerätetyp auftritt. Dann ist diese URL in aller Regel über die verschiedenen Gerätetypen hinweg mehrfach als Fehler aufgelistet.

In erster Linie ist es unerheblich, ob ein Fehler nur bei einem bestimmten Gerätetyp auftritt oder bei allen, denn Sie möchten im Sinne der Nutzerfreundlichkeit Ihrer Website feststellen, dass es eine möglichst geringe Anzahl an Fehlern gibt.

Suchanfragenbericht

In dem in Kapitel 4 detailliert vorgestellten Suchanfragenbericht können Sie über die Filterfunktion einzelne Suchräume auswählen. Hier ist es möglich, nur nach Suchanfragen zu filtern, die über mobile Geräte gestellt wurden (zumindest dann, wenn Ihre Website bei über mobile Geräte gestellten Suchanfragen gefunden wurde).

Abbildung 13-10 ▼
Wenn Ihre Website auch über mobile Endgeräte gefunden wurde, können Sie unter Suchen nach »Mobil« filtern.

Wählen Sie im ersten Schritt unter *Suchen mobil* aus und klicken Sie anschließend auf *Anwenden*. Das Suchanfragendiagramm sowie die unterhalb des Diagramms gelisteten Suchbegriffe werden dadurch so angepasst, dass sie dem gewählten Filterkriterium entsprechen. Durch die im grauen Kasten dargestellten Informationen sehen Sie, welcher Filter aktuell aktiv ist.

Abbildung 13-11 ▼
Durch Einschränkung des Suchraums sehen Sie nur noch die Suchanfragen, zu denen Sie bei mobil abgegebenen Anfragen gefunden wurden.

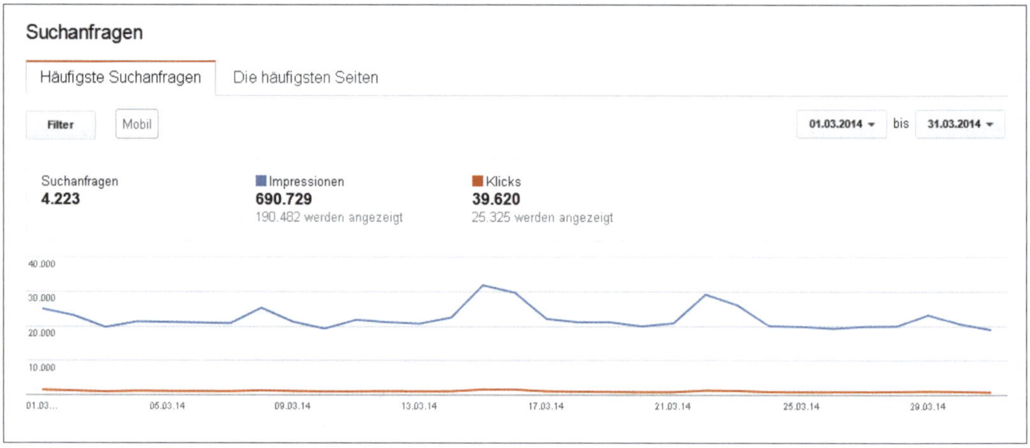

Durch die Auswahl eines einzelnen Suchbegriffs können Sie diesen gesondert analysieren. In der Detailansicht finden Sie die gewohnten Informationen zur Suchanfrage.

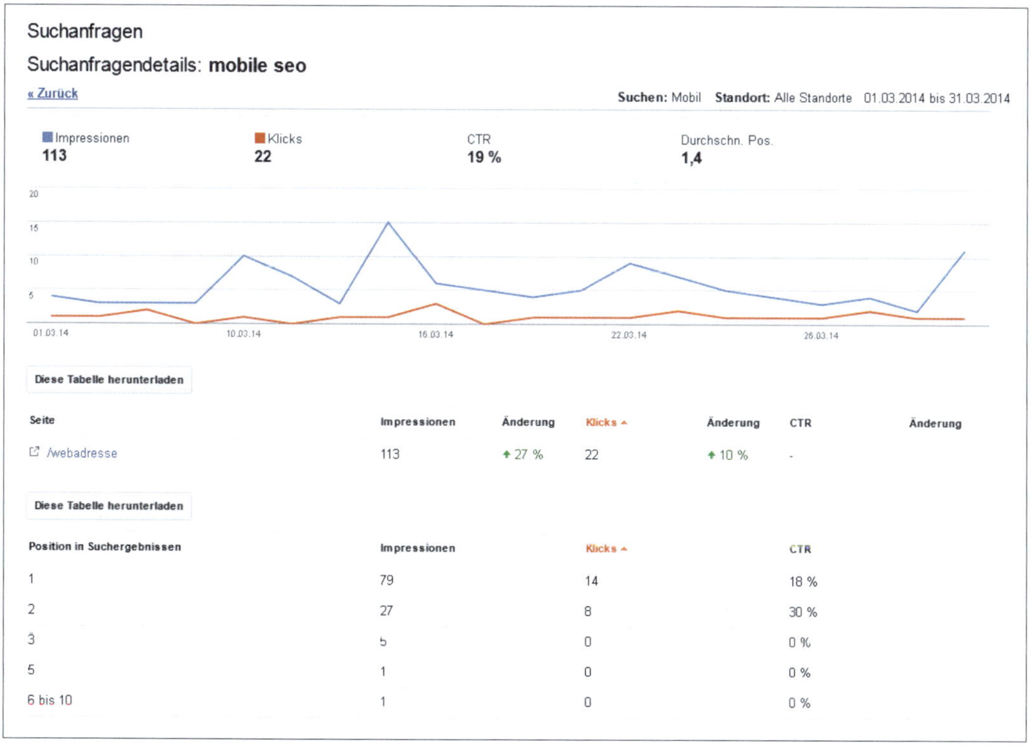

▲ Abbildung 13-12
Wie gewohnt ist eine Einzelanalyse von Suchbegriffen möglich.

Blockierte URLs

Über die *robots.txt* können Sie einzelne User-Agents gezielt ansprechen. So ist es möglich, einzelne Dokumente oder Verzeichnisse nur für Googlebot-Mobile zu sperren.

Über die Funktion *Blockierte URLs* können Sie testen, ob der Googlebot für mobile Inhalte problemlos auf einzelne Ressourcen zugreifen kann.

▼ Abbildung 13-13
Es ist möglich, über die robots.txt einzelne Dokumente oder Verzeichnisse für bestimmte User-Agents zu sperren.

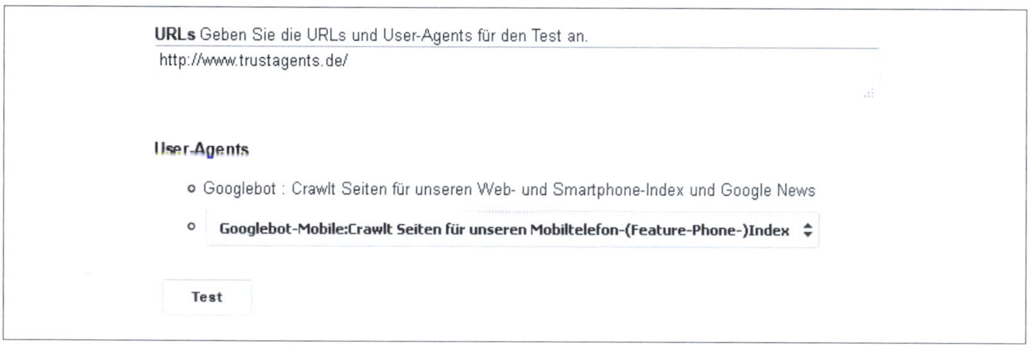

Informationen über die mobile Performance: separater Hostname

Wenn Sie mobile-optimierte Inhalte auf einer eigenen Domain oder unter einem eigenen Hostnamen bereitstellen, sollten Sie diesen in den Google Webmaster Tools bestätigen.

Bei dieser Konfiguration ist die Performancemessung einfach durchzuführen, da die Daten in den Google Webmaster Tools auf den einzelnen Hostnamen (und damit im Fall einer separaten Domain auch auf diese) ausgerichtet sind.

Wichtig ist hier die Analyse der Crawling-Fehler und natürlich des Suchanfragenberichts. Denn über diesen finden Sie heraus, über welche Suchanfragen Sie Besucher auf Ihre mobile Website geholt haben.

Da bei diesem Setup häufig mit auf User-Agent basierenden Weiterleitungen gearbeitet wird, also Zugriffe über Smartphones direkt auf die passende mobile Darstellung geleitet werden, ist es wichtig, zu kontrollieren, ob diese Weiterleitungen auch für Googlebot ersichtlich sind. Dazu können Sie die Funktion *Abruf wie durch Google* verwenden.

Über das Drop-down-Menü können Sie den gewünschten User-Agent auswählen und die angegebene URL abrufen lassen. In Abbildung 13-14 sehen Sie, dass beim Aufruf der Adresse eine temporäre Weiterleitung das Ergebnis ist. Zu dieser Ansicht gelangen Sie, indem Sie in der Übersicht unter *Ergebnis* auf *Erfolgreich* klicken.

Abbildung 13-14 ▼
Mobile User-Agents werden automatisch auf die mobile Webseitenversion geleitet.

Der Abruf derselben URL mit dem User-Agent des Bots für Desktop-Inhalte führt zu einem anderen Ergebnis. In diesem Fall findet keine Weiterleitung statt, was in diesem Fall auch gewünscht ist.

Übrigens: Die Verwendung von temporären Weiterleitungen bei diesem Szenario stellt kein Problem dar. Sie sollten auf temporäre Weiterleitungen jedoch verzichten, wenn Inhalte dauerhaft von einer Adresse auf eine andere umgezogen sind und dieser Umzug unabhängig vom Endgerät ist.

▼ **Abbildung 13-15**
Beim Abruf derselben URL mit dem normalen Googlebot findet keine Weiterleitung statt.

Zusammenfassung des Kapitels

- Dank der Kombination diverser Funktionen der Bing und Google Webmaster Tools können Sie bestehende Inhalte einfach optimieren. Bedenken Sie, dass Suchmaschinen nur zwei Gruppen von Signalen analysieren: Einmal solche, die durch die Analyse des Dokuments (»Onpage«) und solche, die über die Beziehung von Dokumenten (»Offpage«) gewonnen werden.
- Im ersten Schritt ist eine Analyse der aktuellen Performance über den Suchanfragenbericht sinnvoll. Zusätzlich sollten Sie manuell überprüfen, ob und wo der zu optimierende Begriff auf der Seite vorkommt.
- Behalten Sie im Hinterkopf, dass die attraktive Gestaltung von Seitentitel und Meta-Description einen großen Einfluss auf die Klickrate in der Google-Suche hat. Möglicherweise können Sie

durch strukturierte Datenauszeichnungen die Anzeige von Rich Snippets aktivieren.

- Alternativ kann die Verknüpfung der Seite mit dem Google+-Profil angedacht werden.
- Nach Abschluss der Änderungen sollten Sie über *Abruf wie durch Google* eine Neuindexierung der Seite anstoßen.
- Durch Betrachten der von Google innerhalb der Webmaster-Tools angezeigten URLs ist es möglich, Rückschlüsse auf das Crawling-Verhalten zu ziehen.

  Es sollte das Ziel sein, ein möglichst redundanzfreies Crawling zu gewährleisten. Eine saubere URL-Struktur hilft dabei, jeden Inhalt nur unter einer Adresse erreichbar zu machen.

  Die Crawling-Statistiken geben einen Einblick in das durchschnittliche Crawling-Volumen in den letzten 90 Tagen. Ausschläge nach oben können beispielsweise durch viele neue eingehende Verweise entstehen.
- In den Google Webmaster Tools können Sie die Performance für mobile Suchanfragen und Crawls separat analysieren. Je nach gewähltem Setup ist das Vorgehen unterschiedlich.

  Besonders relevant ist die Möglichkeit, im Suchanfragenbericht eine Eingrenzung auf *mobil* durchzuführen. Dadurch werden nur die Suchanfragen angezeigt, die über mobile Endgeräte gestellt wurden.

  Über die Funktion *Abruf wie durch Google* können Sie kontrollieren, ob Weiterleitungen ordnungsgemäß funktionieren.

Umfrage zur Nutzung der Google Webmaster Tools

A

Da ich mich sehr intensiv mit den Google Webmaster Tools auseinandersetze, wollte ich herausfinden, wie andere Webmaster mit den Tools umgehen. Wie intensiv werden die Tools genutzt? Welche Funktionen stehen dabei im Vordergrund? Und was denken andere Webmaster über die Datenqualität?

Auf diese und weitere Fragen habe ich von insgesamt 166 Personen Antworten bekommen.

Wie häufig nutzt du die Google Webmaster Tools?

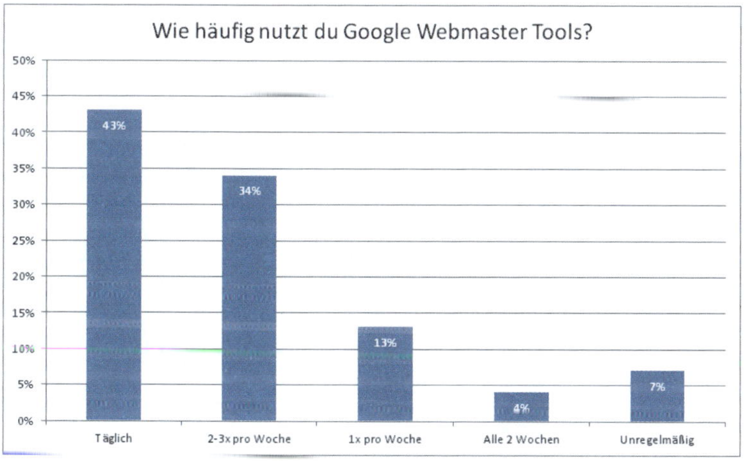

◀ **Abbildung A-1**
Der überwiegende Anteil der Nutzer greift mindestens zwei- bis dreimal täglich auf die Google Webmaster Tools zu.

Das Ergebnis der Umfrage zeigt, dass fast alle teilnehmenden Webmaster mindestens einmal pro Woche auf die Google Webmaster Tools zugreifen. 77% der Teilnehmer schauen sogar zweimal pro Woche oder öfter in die Google Webmaster Tools.

Tabelle A-1 ▶ Häufigkeit der Nutzung

Wie häufig nutzt du die Google Webmaster Tools?		
Täglich	71	43%
2 bis 3 Mal pro Woche	56	34%
1 Mal pro Woche	22	13%
Alle 2 Wochen	6	4%
Unregelmäßig	11	7%

Welche Funktionen schaust du dir wie regelmäßig an?

Nachdem die Frage nach der Nutzungshäufigkeit geklärt war, wollte ich wissen, welche Funktionen besonders stark Beachtung finden. Denn nicht jede Funktion ist in der täglichen Arbeit relevant.

Die Reihenfolge der Fragen orientiert sich dabei an der Sortierung der Funktionen innerhalb der Google Webmaster Tools.

Strukturierte Daten

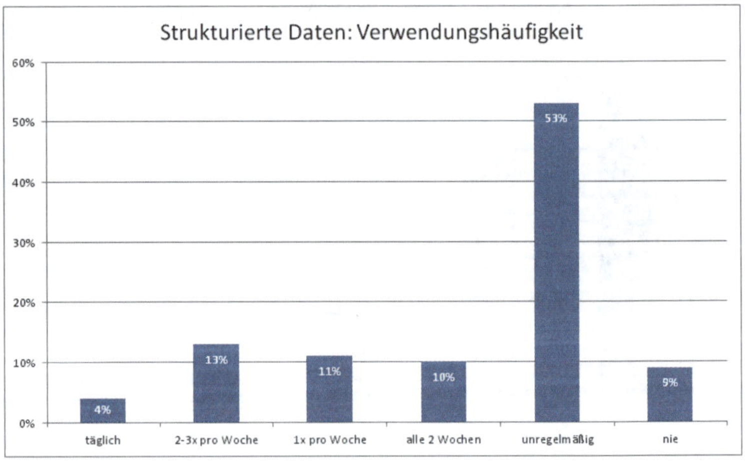

Abbildung A-2 ▶ Die meisten Teilnehmer nutzen die Funktion Strukturierte Daten nur unregelmäßig.

Im Allgemeinen kann man davon ausgehen, dass eine auf einem Seitentyp eingefügte strukturierte Datenauszeichnung, wahlweise direkt im Quelltext oder über die Verwendung des Data Highlighter, fehlerfrei auf allen ausgezeichneten Seiten dargestellt wird.

Aus diesem Grund verwundert es nicht, dass der überwiegende Anteil der Teilnehmer nur sehr unregelmäßig einen Blick auf die strukturierten Daten wirft.

Strukturierte Daten: Verwendungshäufigkeit		
Täglich	7	4%
2 bis 3 Mal pro Woche	21	13%
1 Mal pro Woche	19	11%
Alle 2 Wochen	19	10%
Unregelmäßig	88	53%
Nie	15	9%

Tabelle A-2
Verwendung Strukturierter Daten

Data Highlighter

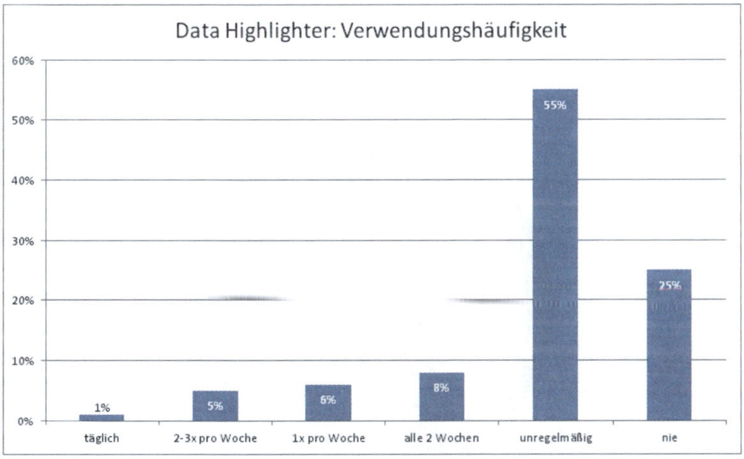

Abbildung A-3
Es dürfte niemanden verwundern, dass der Data Highlighter meistens spontan verwendet wird.

Während es nicht überrascht, dass der *Data Highlighter* hauptsächlich im Bedarfsfall und daher unregelmäßig zum Einsatz kommt, ist es doch erstaunlich, dass immerhin 25% der Teilnehmer angeben, die Funktion nie zu verwenden. Eine Erklärung hierfür könnte sein, dass diese Befragten die Auszeichnung von Daten in strukturierter Form direkt im Quelltext durchführen.

A

Grundsätzlich ist anzuraten, Mikroformatauszeichnungen nicht über das Tool, sondern direkt im Quelltext durchzuführen. Das hat den Vorteil, dass alle Suchmaschinen die auf der Website vorliegenden Daten besser analysieren können.

Tabelle A-3 ▶
Verwendung des Data Highlighters

Data Highlighter: Verwendungshäufigkeit		
Täglich	2	1%
2 bis 3 Mal pro Woche	8	5%
1 Mal pro Woche	10	6%
Alle 2 Wochen	14	8%
Unregelmäßig	91	55%
Nie	41	25%

Im Zusammenhang mit dem Data Highlighter hat es mich interessiert, wie die Erfahrungswerte hinsichtlich der Anzeige von Rich Snippets aufgrund der Verwendung des Tools sind.

Von den Personen, die das Tool nutzen, konnten 59% keine Rich Snippets in den Suchergebnissen für die eigene Website feststellen.

Abbildung A-4 ▶
59% der Befragten konnten keine Rich Snippets nach der Verwendung des Data Highlighter feststellen.

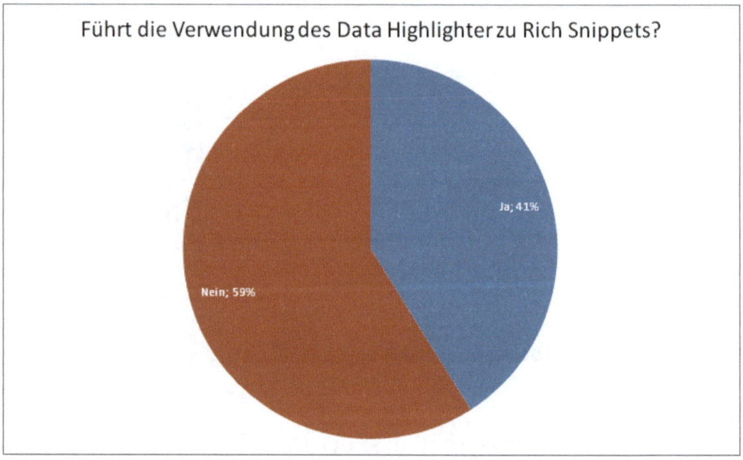

Tabelle A-4 ▶
Data Highlighter und Rich Snippets?

Führt die Nutzung des Data Highlighter zu Rich Snippets?		
Ja	33	41%
Nein	47	59%

HTML-Verbesserungen

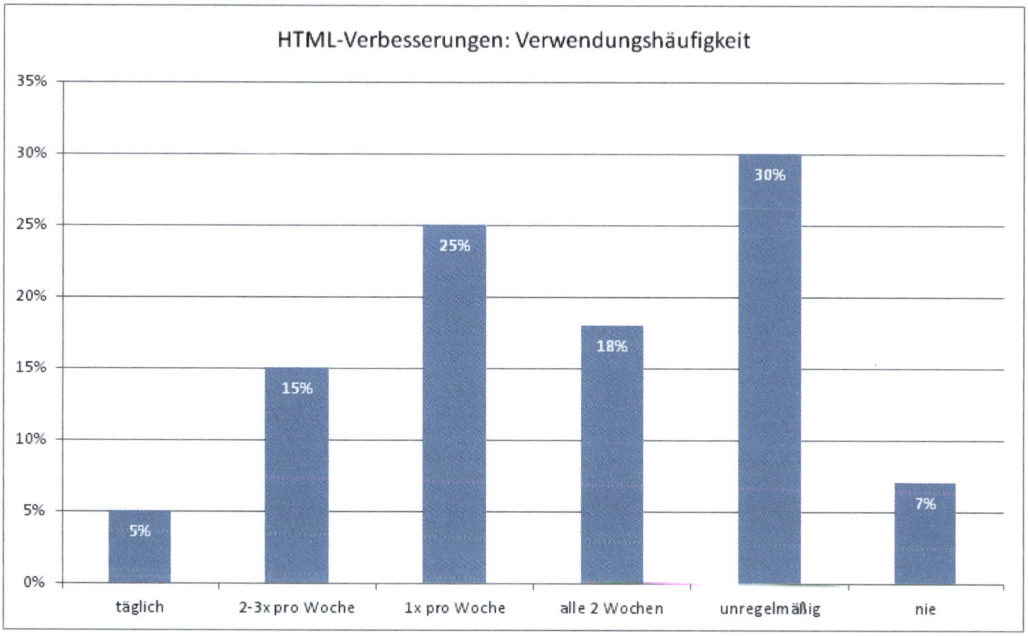

▲ **Abbildung A-5**
Der überwiegende Anteil der Teilnehmer schaut zumindest einmal pro Woche in die Funktion hinein.

Wenn ich eine Website zum ersten Mal unter SEO-Gesichtspunkten analysiere, ist der Aufruf der *HTML-Verbesserungen* einer der ersten Schritte. Denn über doppelte Seitentitel beziehungsweise Beschreibungstexte bekommt man ein erstes Gespür dafür, ob es Probleme hinsichtlich der URL-Struktur gibt.

Da die Daten nicht täglich aktualisiert werden, reicht es allemal aus, diese Funktion einmal pro Woche oder bei nicht sehr umfangreichen Websites auch unregelmäßig aufzurufen.

◀ **Tabelle A-5**
Verwendung von HTML-Verbesserungen

HTML-Verbesserungen: Verwendungshäufigkeit		
Täglich	8	5%
2 bis 3 Mal pro Woche	25	15%
1 Mal pro Woche	41	25%
Alle 2 Wochen	30	18%
Unregelmäßig	50	30%
Nie	12	7%

A

Sitelinks

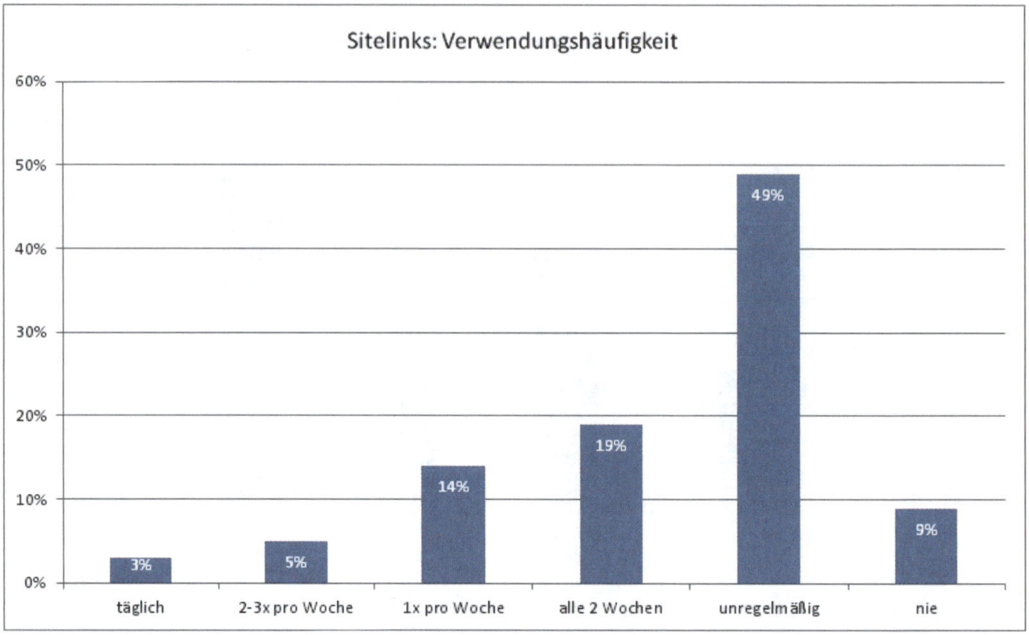

Abbildung A-6 ▲
Da Google nicht auflistet, welche URLs zusätzlich Sitelinks anzeigen, ist es nicht verwunderlich, dass das Tool eher unregelmäßig verwendet wird.

Als Erinnerung: Unter *Sitelinks* sind zusätzlich zu einer URL einer Website angezeigte URLs zu verstehen. Da Google (leider) nicht anzeigt, bei welchen Suchanfragen Sitelinks angezeigt werden, ist es schwierig, über die Funktion Einfluss auf die angezeigten Sitelinks zu nehmen.

Ich bin mir sicher, dass die Verwendung der Funktion steigen würde, wenn Google anzeigte, welche URLs beziehungsweise Suchanfragen Sitelinks hervorrufen. Bei den meisten Domains werden Sitelinks allerdings nur bei Suchen nach dem Domainnamen angezeigt.

Tabelle A-6 ▶
Verwendung von Sitelinks

Sitelinks: Verwendungshäufigkeit		
Täglich	5	3%
2 bis 3 Mal pro Woche	9	5%
1 Mal pro Woche	23	14%
Alle 2 Wochen	32	19%
Unregelmäßig	82	49%
Nie	15	9%

Suchanfragenbericht

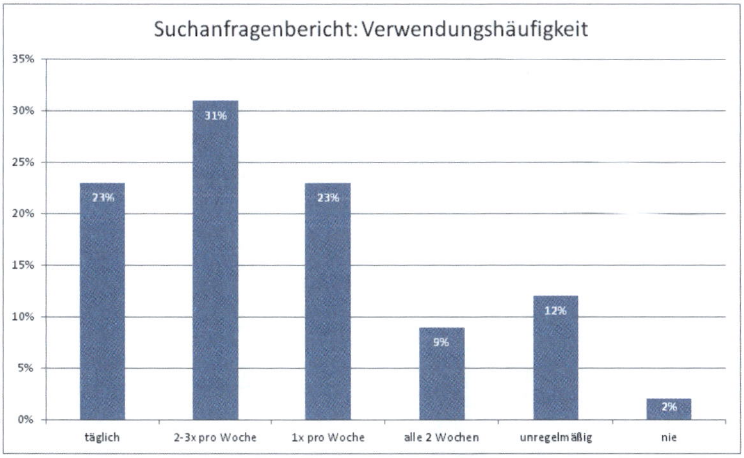

Abbildung A-7
Da jeden Tag neue Daten im Suchanfragenbericht verfügbar sind, ist eine regelmäßige Kontrolle durchaus sinnvoll.

Es ist bemerkenswert, dass der Großteil der Nutzer sehr regelmäßig auf den *Suchanfragenbericht* schaut. Aus meiner Sicht hat das vermehrte Auftreten von *not provided* in Webanalysesoftware dazu geführt, dass der Suchanfragenbericht verstärkt Beachtung erfährt. Zur Erinnerung: Um die Privatsphäre der Nutzer zu schützen, werden die meisten Suchanfragen nicht mehr an Webanalysesoftware übergeben. Dadurch verliert man als Website-Betreiber die Möglichkeit, genau nachzuvollziehen, nach welchen Wörtern ein Nutzer gesucht hat.

Google aktualisiert die Daten im Suchanfragenbericht täglich. Aus diesem Grund ist es sinnvoll, regelmäßig einen Blick in den Bericht zu werfen. Dadurch kann man beispielsweise schnell Begriffe identifizieren, die gerade besonders stark nachgefragt werden. Diese Information kann dazu verwendet werden, neue Inhalte zu einem Thema nachzuliefern oder bestehende Seiten zu diesem Thema auszubauen.

Suchanfragenbericht: Verwendungshäufigkeit		
Täglich	38	23%
2 bis 3 Mal pro Woche	52	31%
1 Mal pro Woche	38	23%
Alle 2 Wochen	15	9%
Unregelmäßig	20	12%
Nie	3	2%

Tabelle A-7
Verwendung des Suchanfragenberichts

A

Zum Jahreswechsel 2013/2014 hat Google den Suchanfragenbericht umgestellt und zeigt anstelle von gerundeten Werten nun Daten an, die wesentlich genauer zu sein scheinen.

Diese Änderung habe ich zum Anlass genommen, die Teilnehmer nach ihrer Einschätzung zur Präzision der Daten zu fragen. Als Antwortmöglichkeit waren »Unpräzise«, »Präzise« und »Sehr präzise« vorgegeben. Die meisten Befragten entschieden sich für die goldene Mitte.

Abbildung A-8 ▼
76 % der Befragten halten die Daten für präzise – wobei damit natürlich noch deutlich Luft nach oben ist.

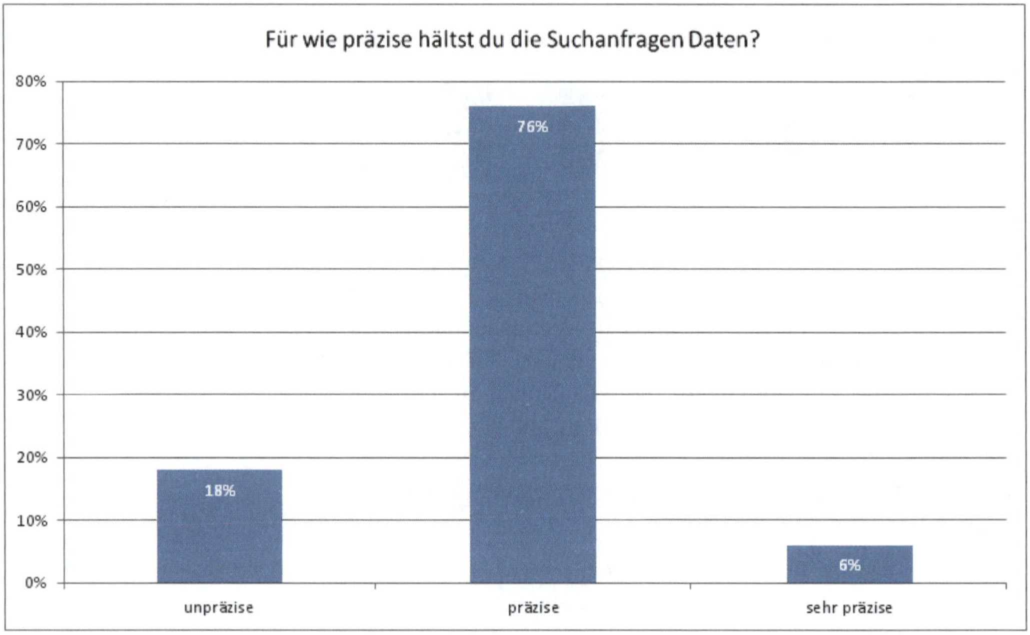

Insgesamt lässt sich festhalten, dass nicht alle Suchanfragen im Bericht enthalten zu sein scheinen.

Tabelle A-8 ▶
Genauigkeit des Suchanfragenberichts

Suchanfragenbericht: Für wie präzise hältst du die Suchanfragendaten?		
Unpräzise	30	18 %
Präzise	126	76 %
Sehr präzise	10	6 %

Links zu Ihrer Website

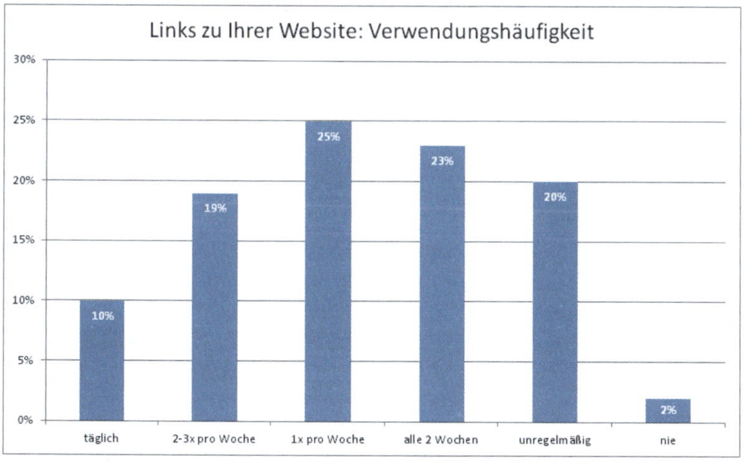

Abbildung A-9
Ein buntgemischtes Bild zeigt sich: Ungefähr gleich viele Nutzer greifen mindestens einmal pro Woche wie maximal alle zwei Wochen auf die Linkdaten zu.

Insgesamt betrachtet, zeigt sich bei *Links zu Ihrer Website* ein gemischtes Bild: Während knapp über die Hälfte der Befragten mindestens einmal pro Woche auf die Funktion zugreift, tut dies der Rest maximal alle zwei Wochen.

Die größte Schwäche der Funktion ist aus meiner Sicht, dass Informationen zu Ankertexten, Linkquelle und -ziel nicht zusammen dargestellt werden. Kommerzielle Alternativen bieten diese Daten auf einen Blick an.

Tabelle A-9
Verwendung von Links zu Ihrer Website

Links zu Ihrer Website: Verwendungshäufigkeit		
Täglich	17	10%
2 bis 3 Mal pro Woche	31	19%
1 Mal pro Woche	42	25%
Alle 2 Wochen	39	23%
Unregelmäßig	34	20%
Nie	3	2%

Als weitere Frage zu eingehenden Links wollte ich wissen, in welchem Anwendungsfall auf die Daten zurückgegriffen wird. Mehr als ein Drittel der Nutzer verwenden die Funktion besonders dann, wenn Ranking-Veränderungen festgestellt wurden.

A

Abbildung A-10 ▶
Ein Drittel der Nutzer greift auf die Daten nur in besonderen Fällen zu.

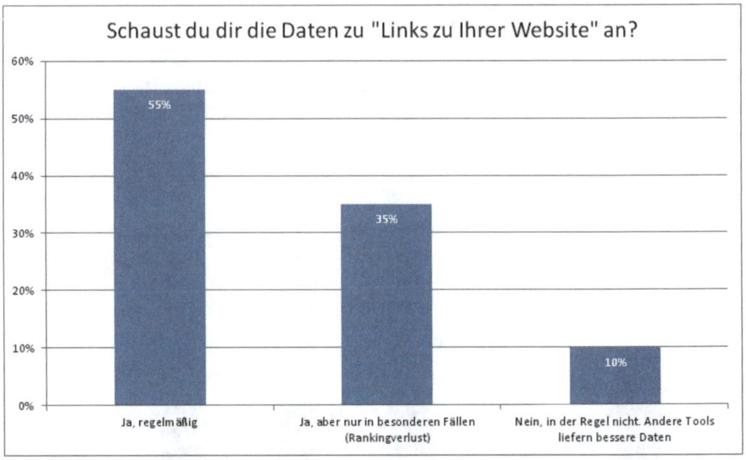

Tabelle A-10 ▶
Verwendung von Links zu Ihrer Website

Schaust du dir die Daten zu »Links zu Ihrer Website« an?		
Ja, regelmäßig	92	55%
Ja, aber nur in besonderen Fällen (Ranking-Verlust)	58	35%
Nein, in der Regel nicht. Andere Tools liefern bessere Daten.	16	10%

Interne Links

Abbildung A-11 ▶
Bei internen Links gibt es keinen Hinweis darauf, wann die Daten zuletzt aktualisiert wurden. Entsprechend greifen viele Nutzer unregelmäßig auf die Funktion zu.

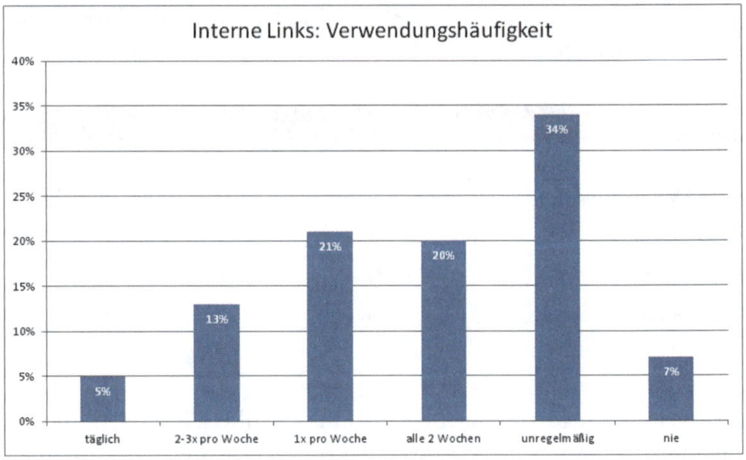

Über sinnvoll platzierte *interne Links* finden sowohl Suchmaschinen als auch Besucher wichtige Inhalte wesentlich schneller. Obwohl Google nicht anzeigt, wann die Daten zuletzt aktualisiert wurden, greifen viele Nutzer sehr regelmäßig auf die Funktion zu.

Interne Links: Verwendungshäufigkeit		
Täglich	17	10%
2 bis 3 Mal pro Woche	31	19%
1 Mal pro Woche	42	25%
Alle 2 Wochen	39	23%
Unregelmäßig	34	20%
Nie	3	2%

◀ **Tabelle A-11**
Verwendung von Interne Links

Ich persönlich halte die Daten nicht für sonderlich valide. Aus diesem Grund wollte ich im Rahmen der Umfrage erfahren, wie andere Nutzer die Funktion einschätzen.

Hier zeichnet sich ein gemischtes Bild: Nur knapp über die Hälfte der Nutzer sind der Meinung, dass die Daten valide sind.

▼ **Abbildung A-12**
Knapp über die Hälfte der Nutzer halten die internen Links für valide.

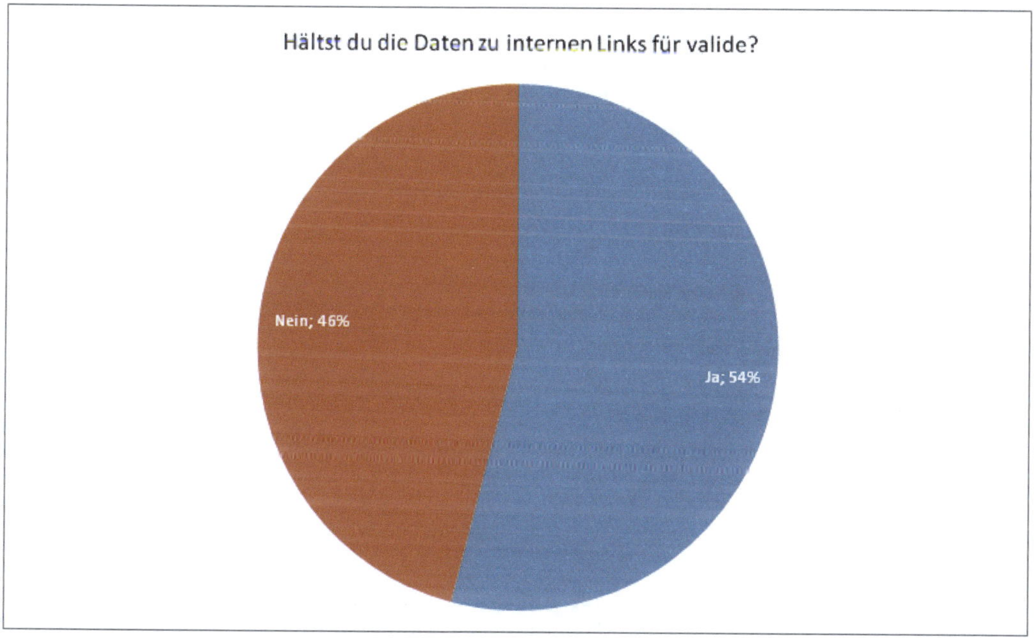

Interne Links: Hältst du die Daten zu internen Links für valide?		
Ja	90	54%
Nein	76	46%

◀ **Tabelle A-12**
Validität von Interne Links

A

Manuelle Maßnahmen

Abbildung A-13 ▶
Da Google bei manuellen Maßnahmen eine Benachrichtigung schickt, reicht den meisten Nutzern ein unregelmäßiger Blick.

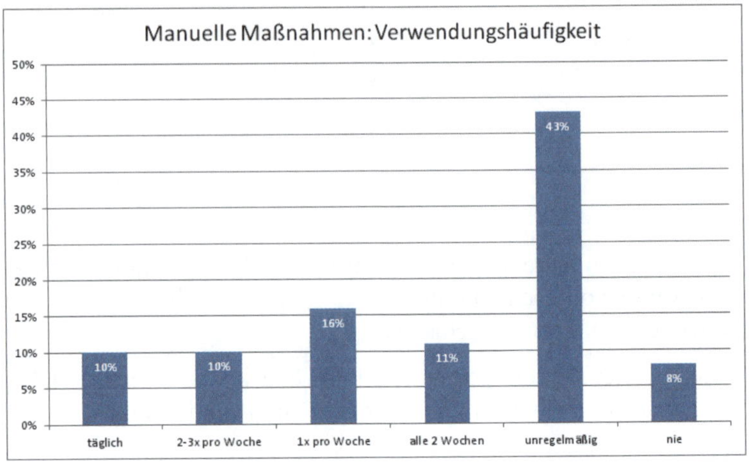

Eine *manuelle Maßnahme* kann den Traffic über die unbezahlte Google-Suche massiv verschlechtern. Doch da Google bei der Verhängung von manuellen Maßnahmen eine Nachricht schickt und diese auch nur dann zurückgenommen werden, wenn ein Reconsideration Request gestellt wurde, reicht ein unregelmäßiger Blick in die Funktion völlig aus.

Tabelle A-13 ▶
Verwendung von Manuelle Maßnahmen

Manuelle Maßnahmen: Verwendungshäufigkeit		
Täglich	17	10%
2 bis 3 Mal pro Woche	17	10%
1 Mal pro Woche	27	16%
Alle 2 Wochen	19	11%
Unregelmäßig	72	43%
Nie	14	8%

Zum Themenkomplex der manuellen Maßnahmen gehört in aller Regel auch das Disavow Tool. Über dieses ist es möglich, sich von eingehenden Links zu distanzieren. Dadurch wird Google der dringende Hinweis übermittelt, dass die gemeldeten Links nicht gewertet werden sollen.

Am Disavow Tool scheiden sich die Geister. Während einige Nutzer der Meinung sind, dass das Tool keinen Einfluss hat, verwenden es andere Webmaster präventiv.

Ich habe in der Umfrage die Frage nach Erfahrungswerten gestellt. 73 % der Nutzer sind demzufolge der Ansicht, dass das Tool durchaus hilfreich ist.

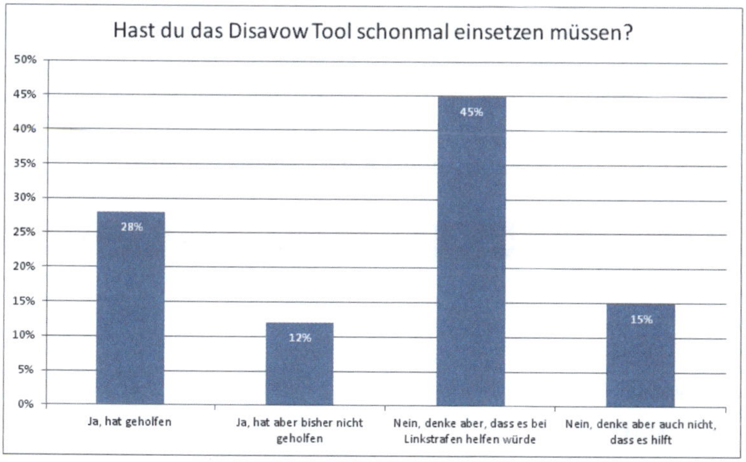

◀ **Abbildung A-14**
40 % der Befragten haben das Disavow Tool bereits eingesetzt.

Hast du das Disavow Tool schon einmal einsetzen müssen? Hilft es?		
Ja, hat geholfen	47	28 %
Ja, hat aber bisher nicht geholfen	20	12 %
Nein, denke aber, dass es bei Linkstrafen helfen würde	74	45 %
Nein, denke aber auch nicht, dass es hilft	25	15 %

◀ **Tabelle A-14**
Verwendung des Disavow Tools

Indexierungsstatus

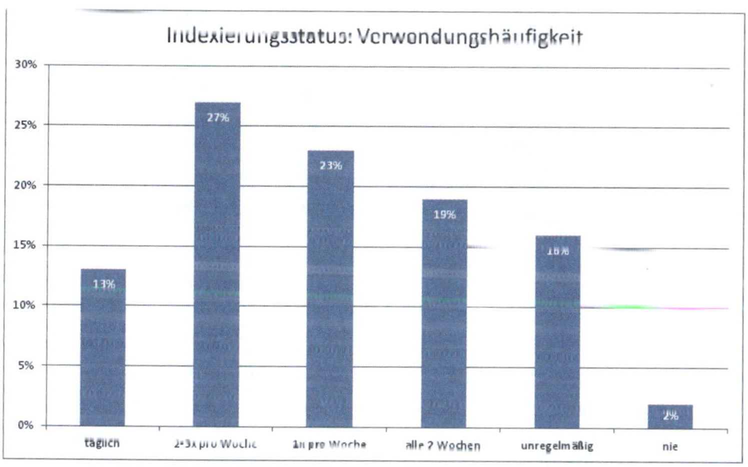

◀ **Abbildung A-15**
Der überwiegende Anteil der Befragten verwendet den Indexierungsstatus mindestens einmal pro Woche.

Da Webseiten nur dann über die Google-Suche gefunden werden können, wenn sie indexiert wurden, ergibt die Kontrolle des *Indexierungsstatus* Sinn. Denn ein versehentlich gesetzter Indexierungsausschluss über Meta Robots kann dazu führen, dass viele Seiten von Google »deindexiert« werden.

Google aktualisiert den in den Google Webmaster Tools angezeigten Indexierungsstatus einmal pro Woche. Einmal pro Woche einen Blick auf die Daten zu werfen, ist also durchaus sinnvoll und entspricht der Nutzungshäufigkeit der meisten Befragten.

Tabelle A-15 ▶ Verwendung von Indexierungsstatus

Indexierungsstatus: Verwendungshäufigkeit		
Täglich	22	13%
2 bis 3 Mal pro Woche	44	27%
1 Mal pro Woche	38	23%
Alle 2 Wochen	32	19%
Unregelmäßig	26	16%
Nie	4	2%

Content-Keywords

Abbildung A-16 ▶ Mehr als die Hälfte der Teilnehmer schauen maximal alle zwei Wochen in die Content-Keywords.

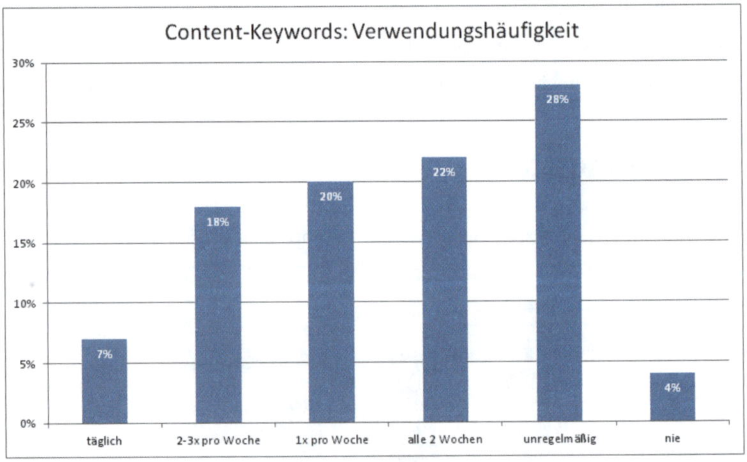

In den *Content-Keywords* sind Veränderungen beim Auftreten einzelner Wörter schwer nachvollziehbar. Das ist wohl einer der Gründe dafür, dass die meisten Befragungsteilnehmer dazu tendieren, maximal alle zwei Wochen die Funktion aufzurufen.

Content-Keywords: Verwendungshäufigkeit		
Täglich	12	7 %
2 bis 3 Mal pro Woche	30	18 %
1 Mal pro Woche	33	20 %
Alle 2 Wochen	37	22 %
Unregelmäßig	47	28 %
Nie	7	4 %

◀ **Tabelle A-16**
Verwendung der Content-Keywords

URLs entfernen

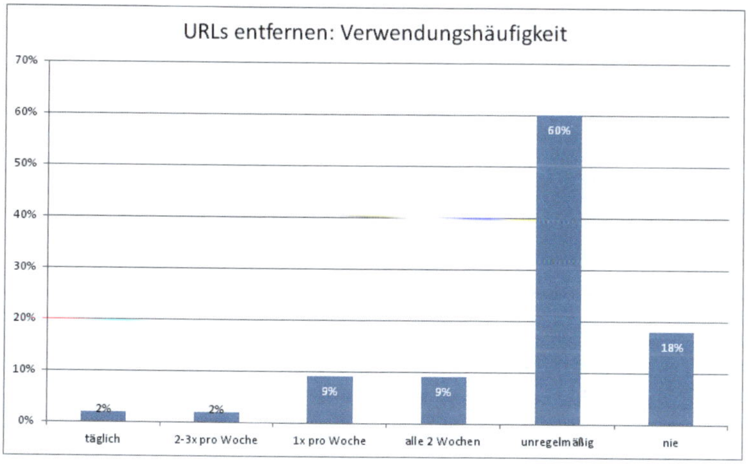

◀ **Abbildung A-17**
Die meisten Nutzer machen sich anscheinend bereits bei der Erstellung von Inhalten darüber Gedanken, ob ein Inhalt im Index erscheinen soll.

Es kommt wahrlich selten vor, dass man einen Inhalt aus dem Google-Index entfernen möchte. Entsprechend selten wird *URLs entfernen* von den Befragten aufgerufen.

Immerhin 18 % der Befragten gaben an, dass sie die Funktion nie verwenden.

URLs entfernen: Verwendungshäufigkeit		
Täglich	3	2 %
2 bis 3 Mal pro Woche	3	2 %
1 Mal pro Woche	15	9 %
Alle 2 Wochen	15	9 %
Unregelmäßig	100	60 %
Nie	30	18 %

◀ **Tabelle A-17**
Verwendung von URLs entfernen

Crawling-Fehler

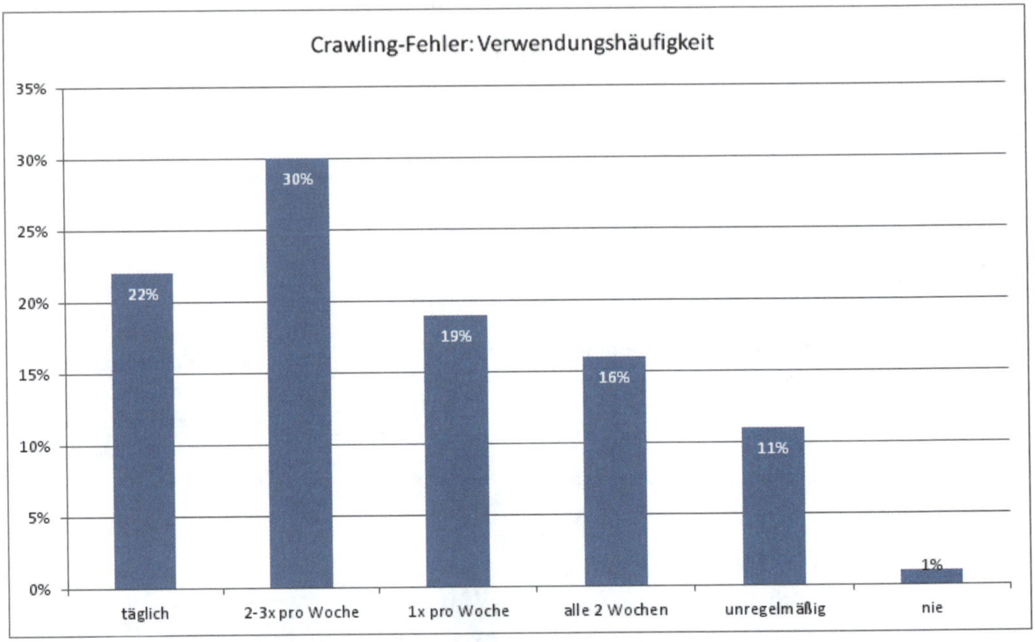

Abbildung A-18 ▲
Die Funktion Crawling-Fehler gehört zu den am häufigsten regelmäßig verwendeten Funktionen der Webmaster-Tools.

Der Großteil der Umfrageteilnehmer gibt sich anscheinend große Mühe, möglichst wenig Crawling-Fehler mit dem eigenen Webauftritt zu produzieren. Entsprechend häufig wurde ein regelmäßiger Zugriff als Antwort auf die Frage gegeben.

Tabelle A-18 ▶
Verwendung von Crawling-Fehler

Crawling-Fehler: Verwendungshäufigkeit		
Täglich	36	22%
2 bis 3 Mal pro Woche	50	30%
1 Mal pro Woche	32	19%
Alle 2 Wochen	27	16%
Unregelmäßig	19	11%
Nie	2	1%

Crawling-Statistiken

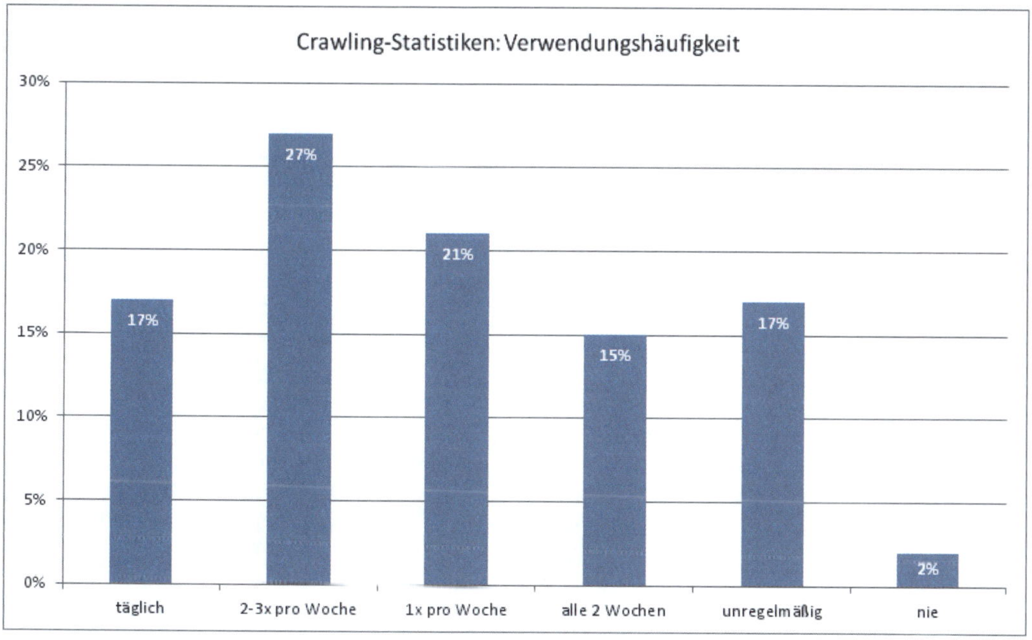

▲ **Abbildung A-19**
Viele Teilnehmer geben an, sehr regelmäßig auf die Crawling-Statistik zu blicken.

Es scheint ein durchaus hohes Interesse daran zu geben, einen Einblick in das Crawling-Verhalten des Googlebot auf der eigenen Website zu erhalten. Entsprechend geben viele Nutzer an, die Funktion *Crawling-Statistiken* regelmäßig aufzurufen.

In Kapitel 13 finden Sie eine Beschreibung dazu, über welche Funktionen Sie herausfinden können, welche URLs von Google analysiert wurden.

◀ **Tabelle A-19**
Verwendung von Crawling-Statistiken

Crawling-Statistiken: Verwendungshäufigkeit		
Täglich	29	17%
2 bis 3 Mal pro Woche	45	27%
1 Mal pro Woche	35	21%
Alle 2 Wochen	25	15%
Unregelmäßig	29	17%
Nie	3	2%

A

Abruf wie durch Google

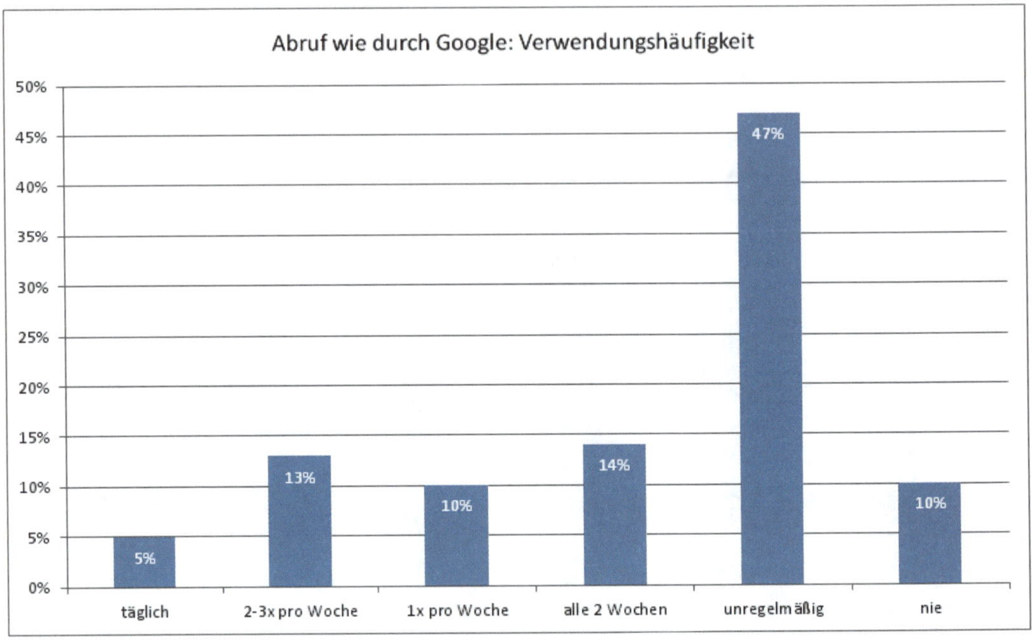

Abbildung A-20 ▲
Abruf wie durch Google ist ohne Nutzeraktion wertlos – entsprechend selten wird die Funktion verwendet.

Damit die Funktion *Abruf wie durch Google* seine Daseinsberechtigung erhält, muss diese aktiv von einem Nutzer verwendet werden. Da es nicht sonderlich regelmäßig vorkommt, dass man eine URL nochmals gezielt vom Googlebot analysiert haben möchte, greifen viele Nutzer nur unregelmäßig auf die Funktion zu.

Tabelle A-20 ▶
Verwendung von Abruf wie durch Google

Abruf wie durch Google: Verwendungshäufigkeit		
Täglich	9	5 %
2 bis 3 Mal pro Woche	22	13 %
1 Mal pro Woche	17	10 %
Alle 2 Wochen	23	14 %
Unregelmäßig	78	47 %
Nie	17	10 %

Blockierte URLs

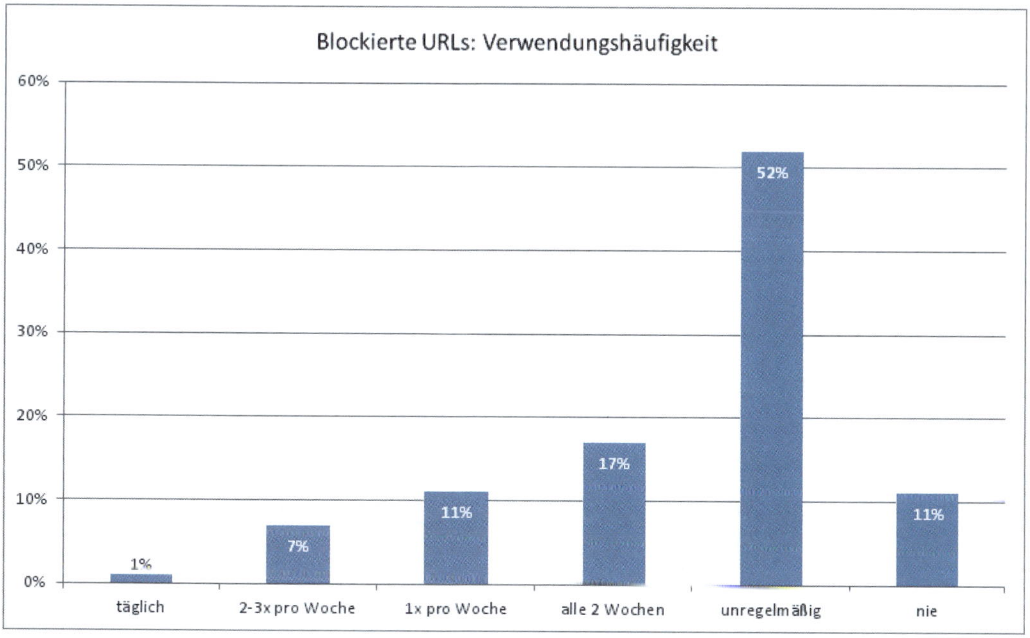

▲ **Abbildung A-21**
Ein sinnvolles Tool, allerdings eher selten genutzt: Blockierte URLs.

Die Funktion *Blockierte URLs* ist durchaus wichtig, denn eine fehlerhafte Konfiguration der *robots.txt* kann verheerende Folgen haben. Da es sehr selten vorkommt, dass die *robots.txt*-Konfiguration angepasst wird, ist es nachvollziehbar, dass der Großteil der Umfrageteilnehmer die Funktion eher selten aufruft.

◀ **Tabelle A-21**
Verwendung von Blockierte URLs

Blockierte URLs: Verwendungshäufigkeit		
Täglich	2	1%
2 bis 3 Mal pro Woche	12	7%
1 Mal pro Woche	19	11%
Alle 2 Wochen	28	17%
Unregelmäßig	87	52%
Nie	18	11%

Sitemaps

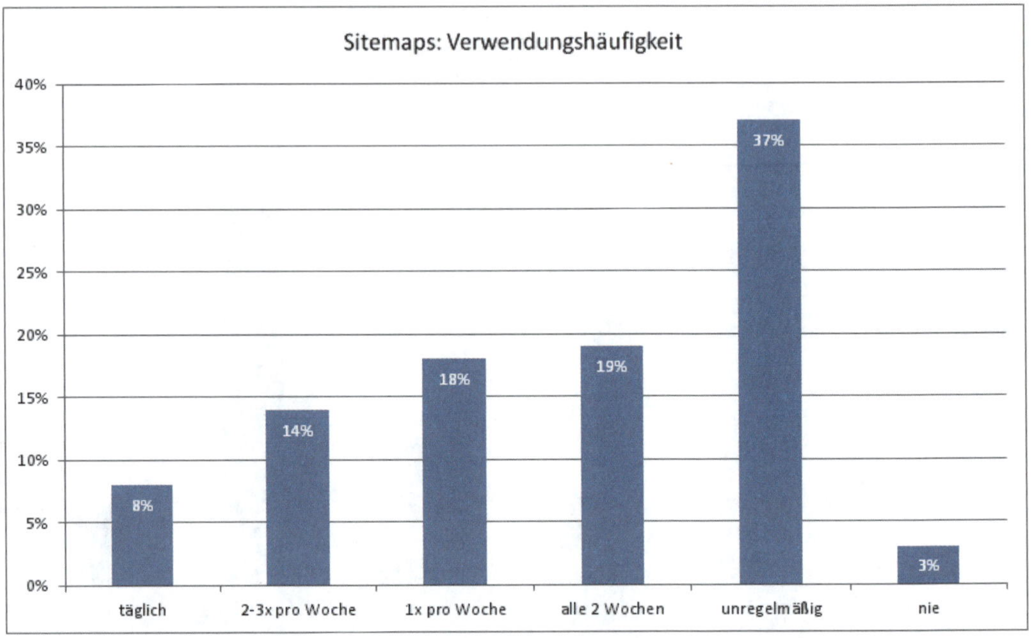

Abbildung A-22 ▲
Eine unregelmäßige Nutzung gaben die meisten Befragten bei der Sitemap-Funktion an.

Sitemaps sind ein durchaus hilfreiches Instrument für Suchmaschinen, da sie sicherstellen, dass Suchmaschinen über die Existenz von URLs und eventuell auf diesen enthaltene Medien informiert werden.

Tabelle A-22 ▶
Verwendung von Sitemaps

Sitemaps: Verwendungshäufigkeit		
Täglich	14	8%
2 bis 3 Mal pro Woche	24	14%
1 Mal pro Woche	30	18%
Alle 2 Wochen	31	19%
Unregelmäßig	62	37%
Nie	5	3%

URL-Parameter

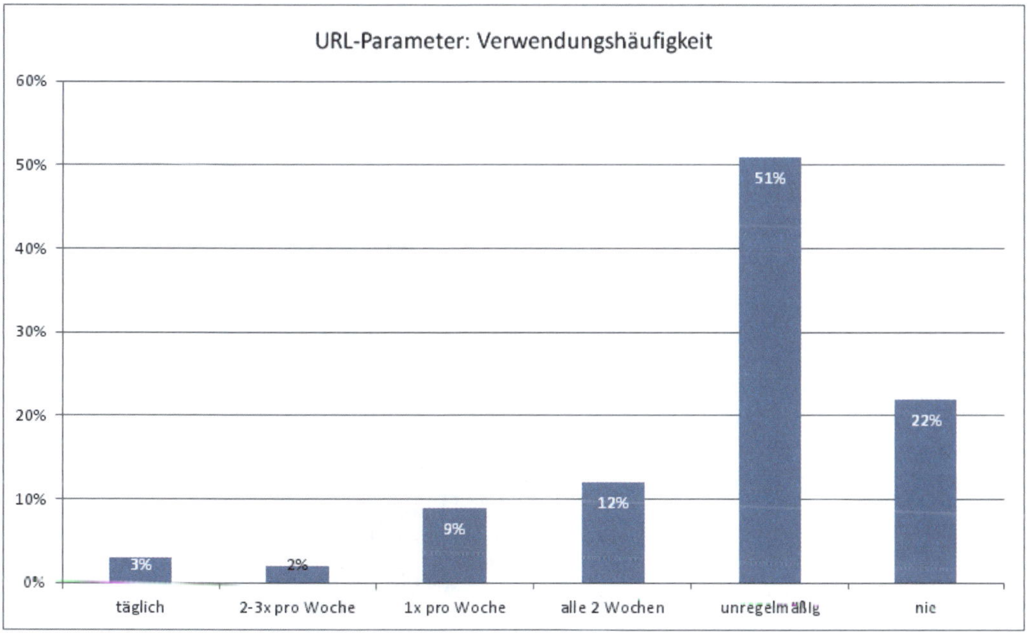

▲ **Abbildung A-23**
Nur wenige Befragte geben an, die Funktion regelmäßig aufzurufen.

Ich gehe davon aus, dass viele der Befragten auf das Canonical-Tag zurückgreifen, um alle Suchmaschinen darüber zu informieren, ob eine URL einen neuartigen Seiteninhalt darstellt oder nicht. Dadurch erklärt es sich, dass die meisten Befragten zur Verwendung der *URL-Parameter* mit »Unregelmäßig« geantwortet haben. Der Anteil an Nichtnutzern ist mit 22% vergleichsweise hoch.

◀ **Tabelle A-23**
Verwendung von URL-Parameter

URL-Parameter: Verwendungshäufigkeit		
Täglich	5	3%
2 bis 3 Mal pro Woche	4	2%
1 Mal pro Woche	15	9%
Alle 2 Wochen	20	12%
Unregelmäßig	85	51%
Nie	37	22%

Da ich mit der *URL-Parameter*-Funktion ganz unterschiedliche Erfahrungen sammeln konnte, habe ich die Frage gestellt, ob die Befragten die Funktion aktiv verwenden, statt nur zu betrachten, welche Parameter Google auf einer Website gefunden hat.

Es hat mich durchaus erstaunt, dass knapp die Hälfte mit »Ja« antworteten.

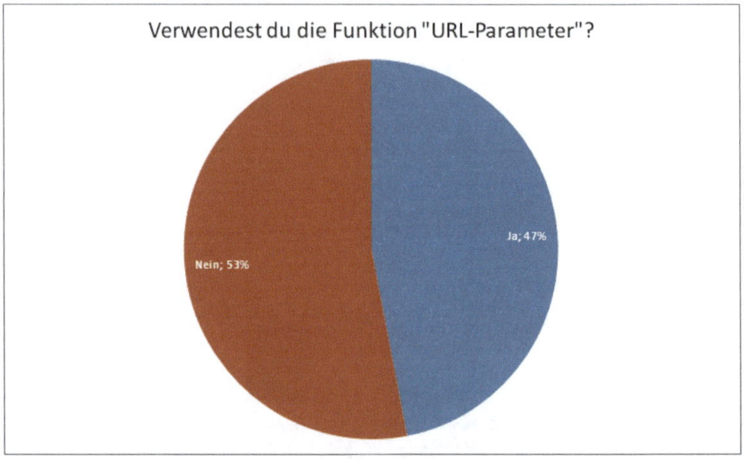

Abbildung A-24 ▶
47 % der Befragten verwenden die URL-Parameter-Funktion, um Google über das gewünschte Crawling-Verhalten zu informieren.

Tabelle A-24 ▶
Verwendung von »URL-Parameter«

Verwendest du die Funktion »URL-Parameter«?		
Ja	78	47 %
Nein	88	53 %

Interessant finde ich in diesem Zusammenhang die Frage, ob die Nutzung laut Einschätzung der Befragten überhaupt einen Einfluss auf das Crawling nimmt. Aus eigener Erfahrung kann ich sagen, dass trotz Crawling-Ausschluss weiterhin Zugriffe durch den Googlebot festgestellt werden konnten. Was ich in diesem Zuge nicht analysiert habe, ist, ob sich die Anzahl der Zugriffe durch die Einstellung reduziert hat.

Knapp über die Hälfte der Teilnehmer ist der Ansicht, dass eine Konfiguration von URL-Parametern das Crawling-Verhalten des Googlebot beeinflusst.

Tabelle A-25 ▶
Konfiguration der Parameter und das Crawling

Hat eine Konfiguration der Parameter Einfluss auf das Crawling?		
Ja	86	52 %
Nein	80	48 %

Datenexport

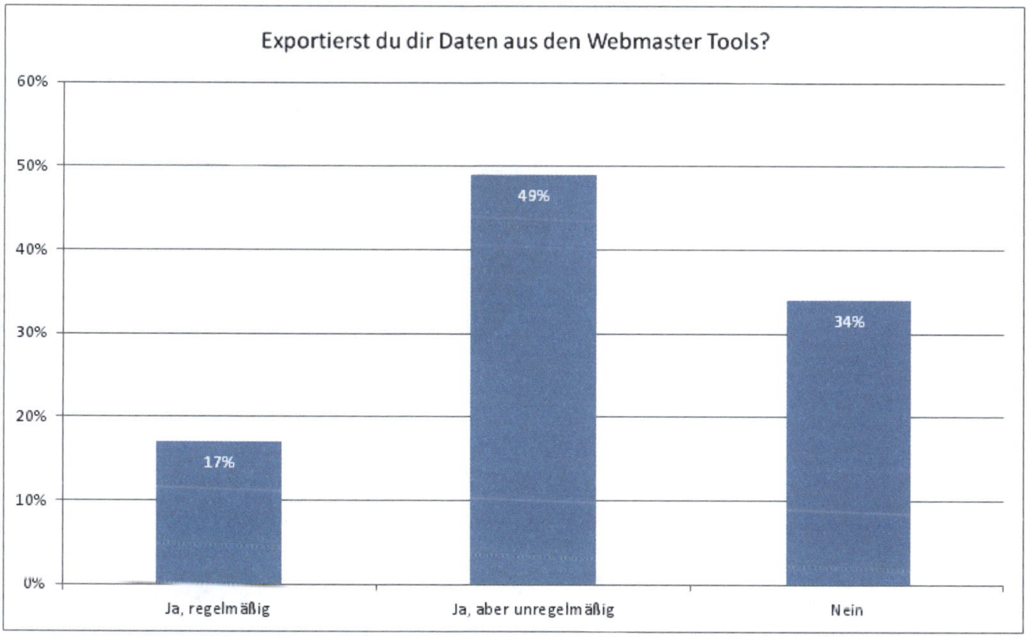

▲ **Abbildung A-25**
Nur knapp 17 % der Umfrageteilnehmer lädt Daten regelmäßig herunter.

Die Google Webmaster Tools bieten an vielen unterschiedlichen Stellen die Möglichkeit, Daten herunterzuladen. Speziell vor dem Hintergrund, dass viele Daten maximal für die vergangenen 90 Tage betrachtet werden können, ergibt das Abspeichern von Daten aus meiner Sicht Sinn. Denn andernfalls sind sie »weg«.

Es hat mich doch erstaunt, dass etwa ein Drittel der Befragten mit »Nein« antworteten.

◀ **Tabelle A-26**
Export von Daten aus den Google Webmaster Tools

Exportierst du dir Daten aus den Google Webmaster Tools?		
Ja, regelmäßig	29	17 %
Ja, aber unregelmäßig	81	49 %
Nein	56	34 %

Zusätzlich zum Download innerhalb des Webmaster-Tools-Interface können Downloads über die Webmaster-Tools-API gestartet werden. Besonders bei Crawling-Fehlern hat dies einen entscheidenden Vorteil: Im Export sind nicht nur alle Fehler enthalten, sondern zusätzlich zur fehlerhaften URL auch eine Übersicht über die auf die URL verweisenden Seiten.

Abbildung A-26 ▶
90 % der Umfrageteilnehmer gaben an, nicht auf die API zurückzugreifen.

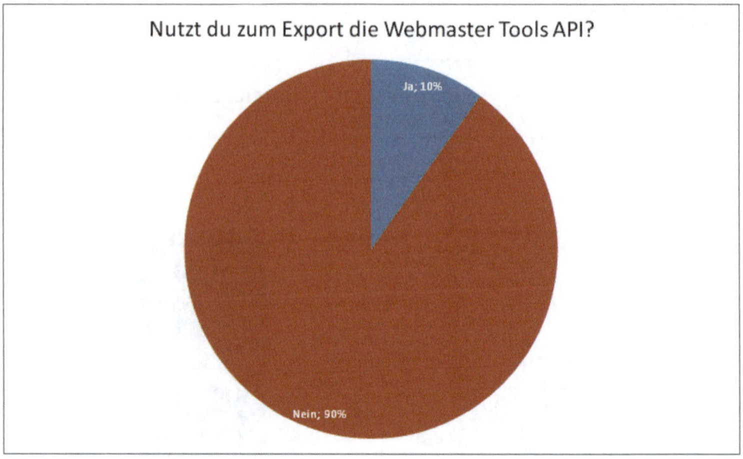

Da die API von Google fast überhaupt nicht in den Google Webmaster Tools genannt wird, ist es nicht verwunderlich, dass nur 10 % der Umfrageteilnehmer auf die API zum Datenexport zurückgreifen.

Tabelle A-27 ▶
Verwendung der API zum Export

Verwendest du zum Export die API?		
Ja	16	10 %
Nein	150	90 %

Verwendung der Bing Webmaster Tools

Abbildung A-27 ▶
Knapp die Hälfte der Befragten verwendet die Bing Webmaster Tools überhaupt nicht.

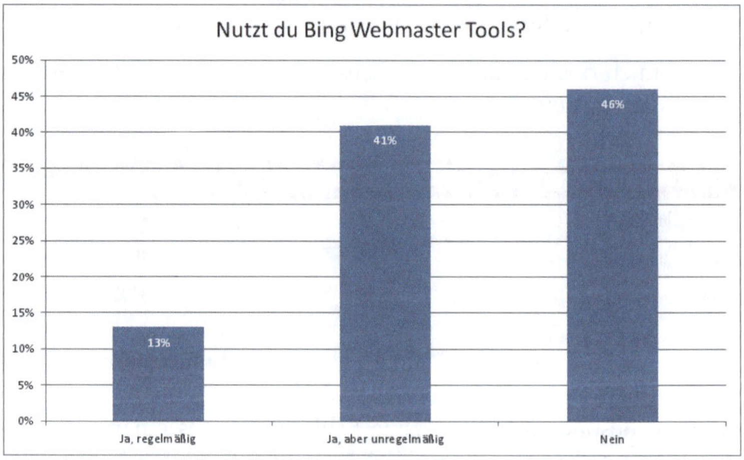

Dass der Einsatz der Bing Webmaster Tools trotz des überschaubaren Marktanteils der Suchmaschine in Deutschland ausgesprochen sinnvoll ist, wurde in diesem Buch gezeigt.

Auf die Frage nach der Nutzung der Bing Webmaster Tools antwortete dennoch knapp die Hälfte der Befragten mit »Nein«.

Nutzt du die Bing Webmaster Tools?		
Ja, regelmäßig	22	13 %
Ja, aber unregelmäßig	68	41 %
Nein	76	46 %

◀ Tabelle A-28
Nutzt du die Bing Webmaster Tools?

A

Downloads mit Excel verarbeiten

B

Wenn Sie Daten aus den Google Webmaster Tools exportieren möchten, können Sie beim Dateiformat zwischen CSV-Dateien (CSV = Comma-separated Values) und Google Docs wählen. Letztere Variante speichert die Dateien im ersten Schritt nicht lokal auf Ihrem Rechner. Um die Dateien auch lokal verfügbar zu machen, können Sie Google Docs-Dokumente in verschiedenen Dateiformaten herunterladen.

Die Weiterverarbeitung von CSV-Dateien bringt einige Tücken mit sich: Besonders die Kodierung bereitet regelmäßig Probleme. So wird aus einem Umlaut sehr schnell ein Fragezeichen.

Um Kodierungsprobleme bei der Anzeige von CSV-Dateien in Microsoft Excel von vornherein zu vermeiden, sollten Sie diese mit dem Textkonvertierungs-Assistenten öffnen.

Webmaster-Tools-Exporte in Microsoft Excel importieren

Um einen fehlerfreien Import der Daten zu gewährleisten, sollten Sie nachstehender Anleitung folgen:

1. Starten Sie Microsoft Excel.
2. Wechseln Sie zu *Daten*. Wählen Sie unter *Externe Daten abrufen* die Schaltfläche *Aus Text*.
3. Im nun erscheinenden Dialog sehen Sie Dateien Ihres Computers. Wechseln Sie zu dem Ordner, in dem sich die heruntergeladene Datei aus den Google Webmaster Tools befindet. Öffnen Sie diese durch einen Doppelklick. Dadurch wird der Textkonvertierungs-Assistent geöffnet.

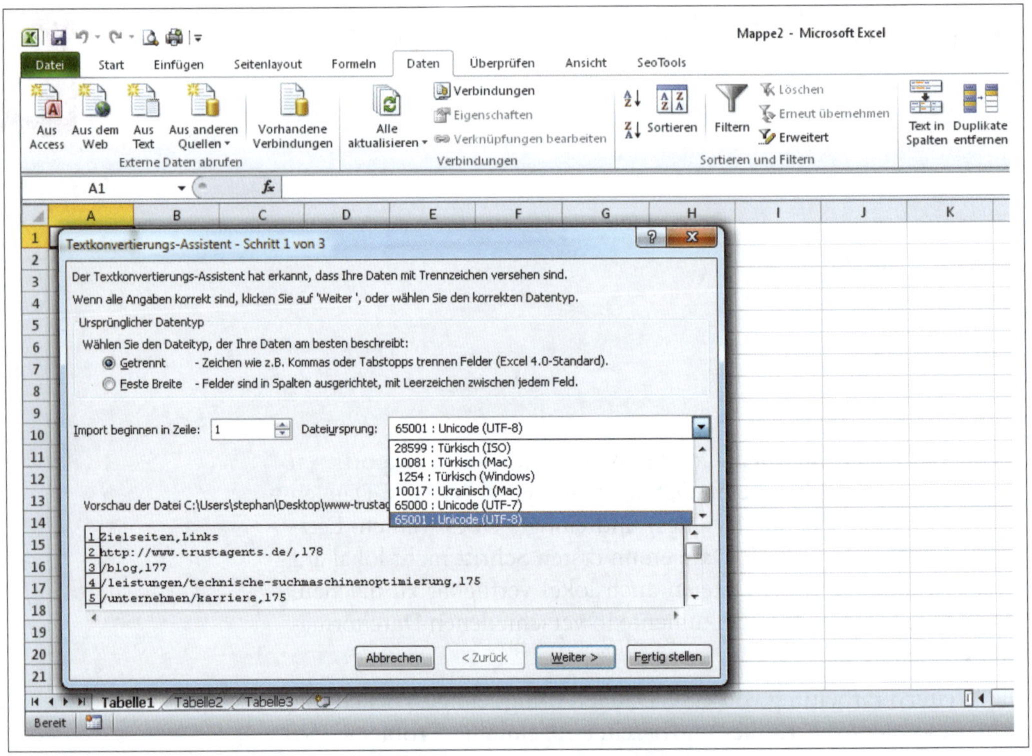

Abbildung B-1▲
Öffnen Sie die Datei über Daten → Aus Text.

4. Im unteren Bereich des Assistenten sehen Sie, wie die Daten aktuell vorliegen. Wenn Sie Fragezeichen anstelle von beispielsweise Umlauten sehen, liegt ein Problem mit der Kodierung vor.

   Konfigurieren Sie den Textkonvertierungs-Assistenten so, dass Sie die Kodierung unter *Dateiursprung* auf *65001: Unicode (UTF-8)* umstellen. In aller Regel führt die Verwendung von UTF-8 dazu, dass keine Konvertierungsprobleme auftreten. Sollte es dennoch der Fall sein, wählen Sie *Windows (ANSI)* aus.

   Da die Daten durch Kommata getrennt werden, sollten Sie oben als Einstellung *Getrennt* auswählen.

   Klicken Sie anschließend auf *Weiter*.

5. Im folgenden Dialogfenster wählen Sie unter *Trennzeichen* die Einstellung *Komma*.

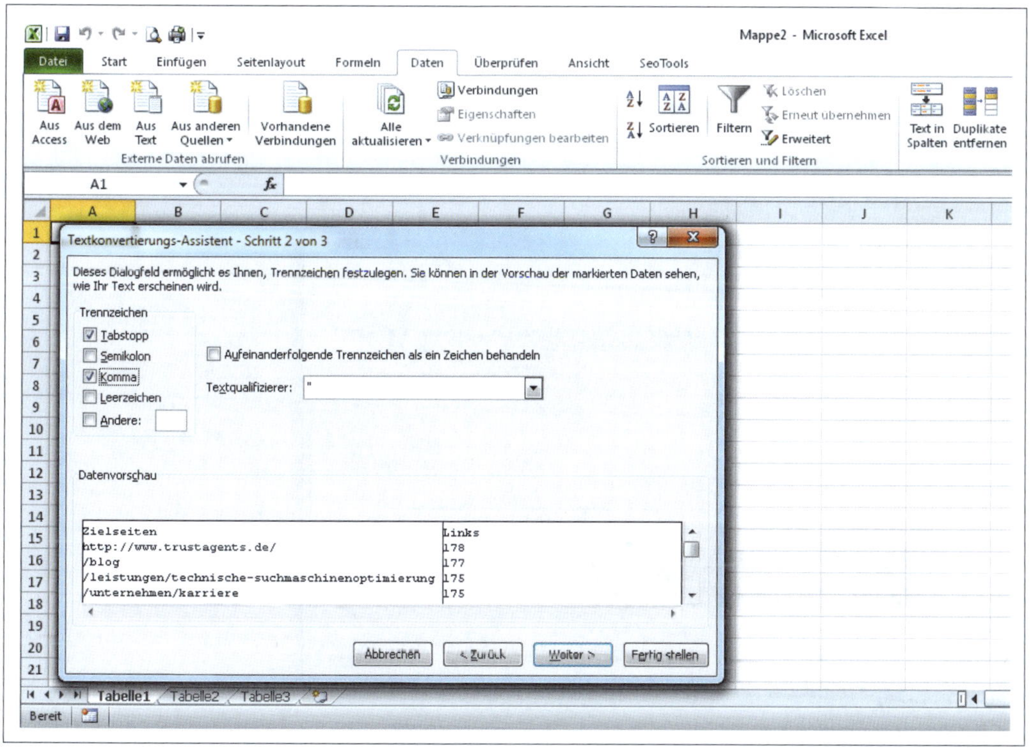

▲ **Abbildung B-2**
Wählen Sie unter Trennzeichen Komma aus. Im unteren Fenster sollten die Daten dadurch auf mehrere Spalten aufgeteilt sein.

Dadurch werden die Daten im Vorschaufenster jetzt in mehrere Spalten aufgetrennt. Wenn Ihnen das Ergebnis des Datenimports zusagt, klicken Sie wieder auf *Weiter*.

6. Im letzten Schritt können Sie das Datenformat der einzelnen Spalten bestimmen. So können Sie beispielsweise festlegen, dass einzelne Werte als Datum in Excel formatiert werden sollen. In aller Regel ist hier keine Änderung notwendig. Belassen Sie die Einstellung am besten auf *Standard*.

   Durch einen Klick auf *Fertigstellen* schließen Sie den Datenimport in Microsoft Excel ab. Die Daten sollten nun in einzelne Spalten getrennt und ohne Kodierungsfehler zur weiteren Verarbeitung vorliegen.

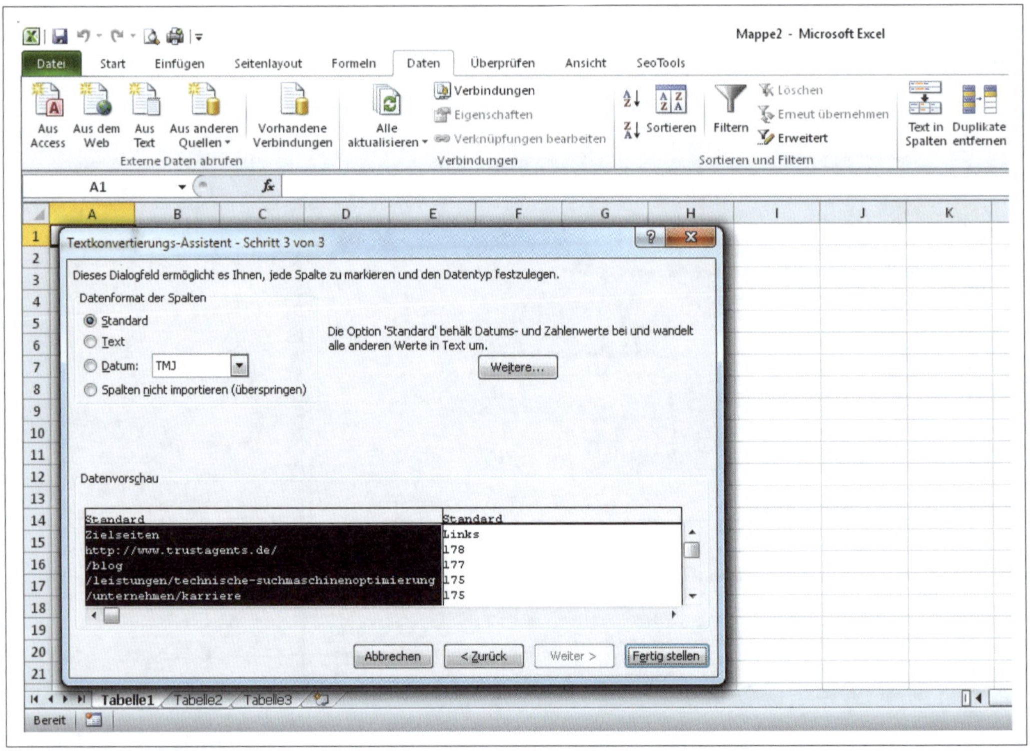

▲ **Abbildung B-3**
Optional: Ändern Sie das Datenformat der einzelnen Spalten.

Weiterführende Quellen

C

- Google Webmaster Tools (deutsch)

  http://www.google.com/webmasters/tools/?hl=de

  Die Startseite der Google Webmaster Tools.
- Google Webmaster Tools-Hilfe (deutsch)

  http://support.google.com/webmasters/?hl=de

  Bei offenen Fragen ist ein Blick in die offizielle Hilfe der Google Webmaster Tools empfehlenswert.
- Einführung in die Suchmaschinenoptimierung (deutsch)

  http://static.googleusercontent.com/external_content/untrusted_dlcp/www.google.de/de/de/webmasters/docs/einfuehrung-in-suchmaschinenoptimierung.pdf

  Wenn Sie mehr über das Thema Suchmaschinenoptimierung (SEO) erfahren möchten, können Sie das kostenlose PDF von Google herunterladen.
- Google Webmaster Central (englisch)

  http://googlewebmastercentral.blogspot.de/

  In der Webmaster Central finden Sie Informationen und Ankündigen rund um die Google Webmaster Tools und andere wichtige Informationen für Webmaster.
- Google Webmaster Central (deutsch)

  http://googlewebmastercentral-de.blogspot.de/

  In der deutschen Version der Webmaster Central werden alle wichtigen Nachrichten aus der englischsprachigen Version nochmals veröffentlich. Bitte beachten Sie, dass zwischen der Veröffentlichung von Neuigkeiten in der englischen und der deutschen Version mehrere Tage bis Wochen vergehen können.

- Google Webmaster Academy (englisch)

  https://support.google.com/webmasters/answer/6001102

  Webmaster-Neulinge sollten einen Blick in den Bereich Webmaster Academy werfen. Hier gibt Google Ihnen Tipps, wie Sie Ihren Webauftritt besser in der Google-Suche positionieren können.

- Google Inside Search Blog (englisch)

  http://insidesearch.blogspot.de/

  In diesem Blog finden Sie alle wichtigen Informationen rund um die Google-Suche, die nicht nur an Webmaster gerichtet sind. Besonders interessant sind die monatlich erscheinenden Search Quality Highlights, in denen Google über Änderungen am Suchalgorithmus informiert.

- Google Webmaster Help, YouTube-Kanal (englisch)

  http://www.youtube.com/user/GoogleWebmasterHelp

  In den regelmäßig erscheinenden Videopodcasts geht Google auf Fragen von Webmastern ein.

- Google Webmaster-Forum (deutsch)

  https://productforums.google.com/forum/#!forum/webmaster-de

  Wenn Ihre Frage nicht über die Webmaster-Hilfe beantwortet werden konnte, können Sie Ihr Anliegen auch im Google Webmaster-Forum diskutieren.

- Google Webmasters bei Google+ (englisch)

  https://plus.google.com/+GoogleWebmasters

  Über die Google+-Community kann direkt mit Mitarbeitern des Google Webmaster-Teams kommuniziert werden. Auf der Seite werden regelmäßig Tipps und Neuerungen verkündet.

- Bing Webmaster Tools (deutsch)

  http://www.bing.com/toolbox/webmaster

  Auch über die Webmastertools von Bing können Sie viele Informationen über Ihre Webseite erhalten.

- Bing Webmaster-Blog (englisch)

  http://www.bing.com/blogs/site_blogs/b/webmaster/default.aspx

  Im Webmaster-Blog von Bing werden Neuerungen zur Bing-Websuche und zu den Bing Webmaster Tools verkündet.

- Bing Webmaster-Forum (englisch)

  http://www.bing.com/blogs/site_blogs/f/default.aspx

  Bing bietet ebenfalls ein Frageforum für Webmaster an.

Glossar

D

A

Ankertext
Mit Ankertext werden die Wörter bezeichnet, die den klickbaren Teil eines Links ausmachen. In aller Regel wird der Ankertext unterstrichen dargestellt. Eine andere Bezeichnung ist Linktext.

C

Cache
Im Zusammenhang mit Suchmaschinen stellt der Cache ein Abbild eines indexierten Webdokuments dar. In der Google-Suche kann das Cacheabbild durch den Suchoperator *cache: Adresse-der-Seite* oder alternativ über den aktuell neben der URL angezeigten Pfeil aufgerufen werden. Durch die Metaangabe `<meta name="robots" content="noarchive">` kann die Erstellung eines Cacheabbilds ausgeschlossen werden.

Canonical-Tag
Wenn gleiche Inhalte unter verschiedenen Adressen zur Verfügung stehen (siehe Duplicate Content), kann über das sogenannte Canonical-Tag eine der Adressen als Primäradresse ausgezeichnet werden. Suchmaschinen versuchen dann, Signale von »nicht kanonischen« auf die »kanonische« Adresse zu übertragen.

Cloaking
Mit Cloaking (verhüllen) wird eine Technik bezeichnet, bei der Suchmaschinen beim Zugriff auf eine URL andere Inhalte angezeigt bekommen als Nutzer. Cloaking stellt einen Verstoß gegen die Richtlinien von Suchmaschinen dar.

Crawling
Mit Crawling wird der Vorgang bezeichnet, den Suchmaschinen durchführen, um Inhalte von Webdokumenten zu erschließen. Dieser Vorgang läuft automatisiert über sogenannte Crawler, Spider oder Robots ab.

CTR
CTR ist das Akronym für Click-Through-Rate (Klickrate). Die Klickrate stellt das Verhältnis zwischen Klicks und Impressionen dar. Wenn eine URL 100 Mal angezeigt und davon 3 Mal angeklickt wurde, beträgt die Klickrate 3 %.

D

Duplicate Content
Wenn Inhalte unter mehreren Webadressen in sehr ähnlicher oder exakt gleicher Form zur Verfügung stehen, wird von Duplicate Content (Doppelten Inhalten) gesprochen. Aus Sicht von Suchmaschinen stellen Duplikate keinen Mehrwert dar und sollten nach Möglichkeit verhindert werden.

G

Google AdSense

Werbeprogramm von Google, über das auf teilnehmenden Websites in einem themenrelevanten Umfeld Bild- oder Textanzeigen ausgespielt werden. Diese können vom Werbetreibenden über Google AdWords erstellt und ausgerichtet werden. Google vergütet die Bereitstellung der Werbefläche pro Klick (*http://adsense.google.de/*).

Google AdWords

Name des Werbeprogramms von Google, mit dem kostenpflichtige Anzeigen in der Google-Suche platziert werden können. Werbetreibende bieten über Google AdWords auf Suchanfragen. Neben dem Gebot ist der Qualitätsfaktor dafür entscheidend, ob eine Anzeige erscheint. Auch die Positionierung ist von diesen beiden Faktoren abhängig.

Über Google AdWords können Anzeigen so konfiguriert werden, dass diese über Google AdSense auf themenrelevanten Seiten erscheinen (*https://adwords.google.com/*).

H

Hostname

Ein Hostname setzt sich aus einem Domainnamen (z. B. *google.de*) und einer möglicherweise vorhandenen Subdomain (z. B. *www.*) zusammen. *www.google.de* ist also ein Hostname, zusammengesetzt aus der Subdomain *www.* und dem Domainnamen *google.de*.

I

Index

Im Zusammenhang mit Suchmaschinen bezeichnet der Index den bestand an bekannten Dokumenten. Damit ein Dokument gefunden werden kann, muss es im Suchmaschinenindex enthalten sein.

Impression

Unter einer Impression ist im Zusammenhang mit den Google Webmaster Tools die Anzeige einer URL auf der Suchergebnisseite zu verstehen, die ein Nutzer aufgerufen hat. Es ist dabei unerheblich, ob der Nutzer den Suchtreffer auch wahrgenommen hat.

K

Keyword

Unter einem Keyword wird eine vom Nutzer gestellte Suchanfrage verstanden. Im Sinne der Onpage-Optimierung ist es wichtig, die vom Nutzer zur Beschreibung eines Bedürfnisses verwendeten Keywords innerhalb der eigenen Inhalte zu verwenden.

M

Malware

Mit Malware wird eine Software bezeichnet, die vom Nutzer unerwünschte und häufig auch schädliche Funktionen oder Aktionen ausführt.

Meta Description

Über die sogenannte Meta Description kann Einfluss auf den Text genommen werden, den Suchmaschinen auf der Suchmaschinenergebnisseite (SERP) anzeigen. Grundsätzlich kann davon ausgegangen werden, dass Suchmaschinen bis zu 155 Zeichen anzeigen. Ist ein Beschreibungstext länger, wird er abgeschnitten.

Meta Robots

Über die Angabe `<meta name="robots" content="noindex">` können Suchmaschinen angewiesen werden, einen Inhalt nicht dem Suchmaschinenindex hinzuzufügen. Dadurch ist ein Dokument nicht über die Websuche auffindbar. Die Angabe muss im `head`-Bereich des HTML-Dokuments eingefügt werden.

Mikroformate

Durch die Auszeichnung von Daten mittels Mikroformaten können zusätzliche Informationen an Suchmaschinen übermittelt werden. So ist es beispielsweise möglich, eine Telefonnummer unmissverständlich als Telefonnummer auszuzeichnen. Suchmaschinen haben mit schema.org eine Sammlung von Mikroformaten definiert. Eine Auszeichnung der Daten muss in einem der vordefinierten Schemata stattfinden.

O

Onpage-Optimierung

Bei den Maßnahmen der Onpage-Optimierung geht es darum, die Inhalte einer Website so aufzubereiten, dass sie von Suchmaschinen besser verstanden werden. Zur Onpage-Optimierung zählt unter anderem die Erstellung von auf ein Keyword ausgerichteten Seitentiteln.

Offpage-Optimierung

Neben Onpage-Signalen analysieren Suchmaschinen, ob ein Dokument als Quelle in anderen Dokumenten genannt ist. Der Aufbau von eingehenden Verlinkungen auf ein Dokument ist der Hauptaspekt der Offpage-Optimierung.

R

Rich Snippets

Unter Rich Snippets sind Elemente zu verstehen, die zusätzlich zu den standardmäßig angezeigten Elementen Seitentitel, Beschreibungstext (Meta Description) und URL in der Websuche angezeigt werden. Rich Snippets basieren auf Mikroformatauszeichnung. Häufig anzutreffende Rich Snippets sind die Anzeige von Preisen, Bewertungen oder Eventdaten.

robots.txt

Mit der sogenannten *robots.txt* kann das Crawling von Webdokumenten durch Suchmaschinen gesteuert werden. Die *robots.txt* muss im Hauptverzeichnis des Webservers gespeichert werden und folglich unter *www.ihre-website.de/robots.txt* erreichbar sein. Unter *www.robotstxt.org/robotstxt.html* finden Sie die zu verwendende Syntax, um Verzeichnisse oder Dateien zu sperren. Es ist dagegen nicht notwendig, das Crawling explizit freizugeben.

S

SERP

SERP ist das Akronym für Search Engine Result Page (Suchmaschinenergebnisseite). In den meisten Fällen zeigt Google innerhalb der Websuche auf einer SERP zehn Suchtreffer an.

Sitemap

Eine Sitemap ist eine Übersicht über die auf einem Webauftritt vorhandenen Inhalte. Diese werden über URLs repräsentiert. Sitemaps können über die Webmaster-Tools an Suchmaschinen übermittelt werden. Dadurch wird sichergestellt, dass Suchmaschinen von der Existenz einer URL wissen.

U

User-Agent

Bei einem Zugriff auf eine Webseite wird vom anfragenden Client, also beispielsweise einem Browser oder einem Crawler, der sogenannte User-Agent übermittelt. Anhand des User-Agents kann bestimmt werden, welcher Seiteninhalt vom Webserver zurückgeliefert werden soll. Das ist beispielsweise für die Bereitstellung von mobile-optimierten Inhalten wichtig.

Über den User-Agent können mittels *robots.txt* Crawling-Einschränkungen festgelegt werden. Diese gelten nur für den angesprochenen User-Agent.

D

Index

Q

R

S

T

U

V

W

X

Z

Über den Autor

Stephan Czysch ist geschäftsführender Gesellschafter der Onlinemarketing-Agentur Trust Agents (*www.trustagents.de*). Die Berliner Agentur mit dem Schwerpunkt SEO unterstützt namenhafte Unternehmen dabei, ihre Reichweite im Internet zu erhöhen.

Der studierte Informationswissenschaftler arbeitete vor Gründung der Trust Agents im Onlinemarketing-Team der Rocket Internet GmbH (unter anderem Zalando, eDarling, Groupon) und unterstützte dabei viele Beteiligungen bei der Konzeption und Umsetzung von SEO-Strategien.

Stephan Czysch lehrt Suchmaschinenoptimierung an der Hochschule Darmstadt und veröffentlicht regelmäßig Fachbeiträge in einschlägigen Medien. Zudem ist er als Referent auf Onlinemarketing-Konferenzen aktiv.

Bei Fragen zum Buch können Sie Stephan Czysch unter der Mailadresse sc@*trustagents.de* kontaktieren.

Kolophon

Das Tier auf dem Cover von »Suchmaschinenoptimierung mit Google Webmaster Tools« ist eine Halloweenkrabbe (*Gecarcinus quadratus*). Halloweenkrabben leben in den Mangrovenwäldern und Sanddünen der mittel- und südamerikanischen Pazifikküste (von Mexiko bis Peru). Als sogenannte Landkrabben sind sie ausschließlich an Land unterwegs, auf Baumstämmen, Wurzeln und Steinen, auf lockerem Sandboden, in den sie sich gerne einbuddeln. Sie brauchen allerdings das Meer, um dort die Larven einzusetzen. Diese durchlaufen einige Larvenstadien, bevor sie nach ihrer Metamorphose als ausgewachsene Krabben wieder an Land kommen.

Halloweenkrabben haben einen farbenfrohen Panzer. Der Carapax oder Brustpanzer ist schwarz mit weißen Flecken und roter Unterseite, die Scheren haben einen violetten Ton mit weißlichen Spitzen, während die Beine rot bis orange gefärbt sind. Die Tiere erreichen eine Größe von ungefähr neun bis zehn Zentimetern.

Als Allesfresser sind Krabben nicht sehr wählerisch. Von Obst, Pflanzenteilen über kleine Insekten und Fische verschmähen sie auch Aas nicht. Da die Tiere recht friedliebend sind, eignen sich Halloweenkrabben gut als Terrarientiere. Man wird sie aber kaum beobachten können, da sie sich tagelang im Sand einbuddeln. Nur abends kommen sie ab und zu zur Nahrungsaufnahme heraus.